国家科学技术学术著作出版基金资助出版

21世纪先进制造技术丛书

小型光学非球面
纳米精度加工理论与技术

尹韶辉　陈逢军　等　著

科学出版社

北　京

内 容 简 介

本书针对小口径非球面光学元件制造，综述了小口径非球面纳米精度加工技术基础及发展概况，全面系统地总结了作者及其团队 15 年来在小口径非球面光学元件制造理论及技术方面的研究成果，主要内容包括：小口径非球面磨削、ELID 磨削、单点金刚石车削、磁流变抛光、玻璃透镜模压成型及非球面形状在位测量等，以小口径光学模具制造及玻璃透镜模压技术为核心，结合具体实例介绍了上述有关工艺方法的实际应用。

本书可供从事光学设计与制造、超精密加工与测量、光学精密仪器等精密工程领域研究的科技人员参考，也可供高等院校相关专业师生阅读。

图书在版编目（CIP）数据

小型光学非球面纳米精度加工理论与技术／尹韶辉等著. —北京：科学出版社，2021.10

（21 世纪先进制造技术丛书）

ISBN 978-7-03-070086-5

Ⅰ. ①小… Ⅱ. ①尹… Ⅲ. ①光学元件-超精加工 Ⅳ. ①TH74

中国版本图书馆 CIP 数据核字（2021）第 209551 号

责任编辑：裴 育 陈 婕 纪四稳／责任校对：任苗苗
责任印制：赵 博／封面设计：蓝正设计

科 学 出 版 社 出版

北京东黄城根北街 16 号
邮政编码：100717
http://www.sciencep.com

三河市春园印刷有限公司印刷
科学出版社发行 各地新华书店经销

*

2021 年 10 月第 一 版 开本：720×1000 1/16
2025 年 1 月第三次印刷 印张：18 1/2
字数：370 000

定价：168.00 元
（如有印装质量问题，我社负责调换）

作 者 简 介

尹韶辉　湖南大学教授、博士生导师，教育部新世纪优秀人才，岳麓学者。1967 年 10 月出生于湖南省湘潭县。2002 年在日本宇都宫大学获工学博士学位。2002～2006 年在日本理化学研究所工作，2006 年归国后在湖南大学工作。

现任湖南大学国家高效磨削工程技术研究中心副主任，湖南大学机械与运载工程学院学术委员会副主任，湖南大学微纳制造研究所所长，湖南大学机械制造工程系主任；中日超精密加工国际会议(CJUMP)理事会副理事长兼秘书长；国际磨粒技术委员会(ICAT)委员；中国机械工程学会生产工程分会委员会常务委员，生产工程分会磨粒技术专业委员会、精密工程与微纳技术专业委员会、光整加工专业委员会常务委员；中国机械工业金属切削刀具技术协会切削与先进制造技术研究会委员；机械工业现代精密磨削重点实验室学术委员会副主任；湖南省人民政府学位委员会学科评议组成员；湖南省侨联特聘专家；国家高效磨削工程技术研究中心工程技术委员会委员；湖南省数控精密磨床工程技术研究中心专家指导委员会委员；《湖南大学学报》《表面技术》《金刚石与磨料磨具工程》《机械与电子》等期刊编委。

主要研究方向：精密及超精密加工技术、特种加工技术、光学非球面纳米制造工艺与装备、半导体制造工艺与装备。

主持 863 计划项目、国家科技支撑计划重点项目、国家科技重大专项课题、国家重点研发计划项目、国家自然科学基金重点项目、教育部科学技术研究重点项目等 20 余项。

作为第一完成人，研究成果获湖南省科学技术进步奖一等奖 1 项，中国机械工业科学技术奖一等奖 1 项、二等奖 1 项，中国侨界贡献奖 1 项，上银优秀机械博士论文奖 1 项，中国出版政府奖(图书奖)提名奖 1 项，湖南省湖湘优秀出版物奖一等奖 1 项，日本理化学研究所理事长奖 1 项，国际会议最佳论文奖 8 项。出版《磁场辅助超精密光整加工技术》等专著 5 部，发表学术论文 260 余篇，授权国家发明专利 40 余项。

陈逢军 湖南大学副教授、博士生导师，国家高效磨削工程技术研究中心成员。2010 年在湖南大学获工学博士学位，曾留学日本理化学研究所。

从事光学、半导体领域的超精密微纳制造工艺及视觉智能制造领域的基础应用研究。参与建设了超精密磨抛实验室，研发了纳米精度磨抛智能加工装备；研发了图像视觉自动定位的全自动芯片划切设备并投入企业生产。主持国家、省部级项目 6 项，参与国家科技支撑计划、863 计划、国家科技重大专项等项目。先后获中国机械工业科学技术奖一等奖(2011)、二等奖(2018)，湖南省科学技术进步奖一等奖(2019)。入选"湖南省青年骨干教师"。发表 SCI/EI 研究论文 40 余篇，参编专著 1 部，授权专利 10 余项。

《21 世纪先进制造技术丛书》编委会

《21世纪先进制造技术丛书》序

21世纪，先进制造技术呈现出精微化、数字化、信息化、智能化和网络化的显著特点，同时也代表了技术科学综合交叉融合的发展趋势。高技术领域如光电子、纳电子、机器视觉、控制理论、生物医学、航空航天等学科的发展，为先进制造技术提供了更多更好的新理论、新方法和新技术，出现了微纳制造、生物制造和电子制造等先进制造新领域。随着制造学科与信息科学、生命科学、材料科学、管理科学、纳米科技的交叉融合，产生了仿生机械学、纳米摩擦学、制造信息学、制造管理学等新兴交叉科学。21世纪地球资源和环境面临空前的严峻挑战，要求制造技术比以往任何时候都更重视环境保护、节能减排、循环制造和可持续发展，激发了产品的安全性和绿色度、产品的可拆卸性和再利用、机电装备的再制造等基础研究的开展。

《21世纪先进制造技术丛书》旨在展示先进制造领域的最新研究成果，促进多学科多领域的交叉融合，推动国际间的学术交流与合作，提升制造学科的学术水平。我们相信，有广大先进制造领域的专家、学者的积极参与和大力支持，以及编委们的共同努力，本丛书将为发展制造科学，推广先进制造技术，增强企业创新能力做出应有的贡献。

先进机器人和先进制造技术一样是多学科交叉融合的产物，在制造业中的应用范围很广，从喷漆、焊接到装配、抛光和修理，成为重要的先进制造装备。机器人操作是将机器人本体及其作业任务整合为一体的学科，已成为智能机器人和智能制造研究的焦点之一，并在机械装配、多指抓取、协调操作和工件夹持等方面取得显著进展，因此，本系列丛书也包含先进机器人的有关著作。

最后，我们衷心地感谢所有关心本丛书并为丛书出版尽力的专家们，感谢科学出版社及有关学术机构的大力支持和资助，感谢广大读者对丛书的厚爱。

华中科技大学

2008 年 4 月

序

随着光电通信、光学、汽车、航空航天、生物医疗产业的迅速发展，小口径非球面光学元件在智能手机、数码相机、工业机器人、无人机、无人驾驶车、光纤通信、医用内窥镜、显微镜头、望远镜头、电荷耦合器件(CCD)摄像镜头、武器瞄准镜头等产品中的需求量急剧增长。而光学非球面加工对加工质量要求越来越高，一般要达到峰谷值 PV 100~300nm 的面形精度、纳米级的表面粗糙度和极低的亚表面损伤。如何实现高精度高效率的制造成为产业界的一个难题。国际学术界和产业界竞相研发小口径光学非球面的高精度高效率加工与测量技术。

近二十年来，光学非球面加工技术的一次重大革命是光学玻璃元件的超精密模压成型技术的诞生。其技术核心是超精密光学模具的加工技术及模压成型技术。针对小口径的超精密纳米磨削、研磨抛光、切削技术成为小口径透镜模具制造中最关键的工艺技术。我国非球面纳米精度加工工艺与装备整体水平相对落后，对其中的基础理论和核心工艺及装备技术缺乏系统的研究，致使我国的光学非球面模具的纳米精度加工机床及加工工具大部分依赖进口。

尹韶辉教授及其团队多年来承担了多项国家级科研项目，面向国家重大产业需求和国际学术前沿，深入开展小口径非球面超精密制造的基础理论、加工工艺、关键技术及装备的研究，取得了一系列创新性突出的研究成果并应用于工程实际，对我国小型非球面光学元件加工技术的创新发展具有重要的推动作用。他们将多年来的研究和应用成果总结成书，主要内容涵盖小口径非球面加工技术基础及发展概况、非球面磨削及误差补偿、ELID 磨削、单点金刚石车削、磁流变抛光、玻璃透镜模压成型及非球面形状在位测量等。该书以小口径光学非球面模具制造及玻璃非球面透镜模压技术为核心，结合具体实例介绍了工艺方法的实际应用，体现了作者及其团队在理论与试验研究、技术开发等方面良好的工作基础与经验积累。

非常高兴看到这样一本系统阐述小型光学非球面纳米精度加工理论及关键技术的优秀专著，该书结构严谨、资料丰富，具有很好的原创性和工程实用性。该书不仅适合从事光学设计与制造、超精密加工与测量、光学精密仪器研发的科技人员、企业管理者参考，也适合高等院校相关专业师生阅读。深信该专著的出版会对我国小口径非球面超精密制造技术的发展产生积极的推动作用。

郭东明

中国工程院院士

2020 年 10 月

前　言

　　非球面镜可消除球面镜在光传递过程中产生的球差、彗差、像散、场曲及畸变等诸多不利因素，减少光能损失，从而获得高质量的图像效果和高品质的光学特征。非球面镜具有重量轻、透光性能好、生产成本低且可使光学系统设计更具灵活性的优点，因此在军用和民用产品上的应用越来越广泛。特别是小口径非球面镜，在军用方面用于望远系统、导弹引导及激光武器系统，在民用方面主要用于光通信、数码相机、智能手机、摄像机、激光打印机、医用内窥镜等产品上。在尖端科技领域，光学非球面制造技术将成为重要的竞争方向。但是非球面的加工制造难度远远大于球面，传统的加工技术在精度、效率等方面难以满足各类非球面元件的加工需求。非球面高精度高效率加工与测量技术已经发展成为国际学术界和产业界的研究热点。

　　作者尹韶辉于1999～2006年在日本从事超精密加工与测量技术研究，2006年回国到湖南大学工作。他依托国家高效磨削工程技术研究中心平台，成立了湖南大学微纳制造研究所，带领团队致力于小口径光学非球面元件超精密制造的基础理论、加工工艺、关键技术及加工装备等方面的系统研究。在国家自然科学基金、国家科技重大专项、863计划、国家科技支撑计划、国家重点研发计划、国家国际科技合作专项等项目的支持下，他所在团队开展了小口径非球面的超精密磨削、超精密车削、纳米研磨抛光、玻璃透镜模压成型、非球面形状在位测量、超精密复合加工机床研制等领域的研究工作，取得了一系列研究成果。为了满足在光学设计与制造领域工作的广大科研工作者及生产技术人员的需要，作者将团队15年来在小型光学非球面纳米精度加工理论与技术方面的研究成果总结出版。本书共7章，主要内容如下。

　　第1章小口径非球面加工技术基础及发展概况，全面介绍小口径非球面加工的技术基础，包括非球面的特点、小口径非球面的应用及其加工难点、小口径非球面加工技术发展现状、非球面加工机床、小口径非球面模压制造技术发展趋势等。

　　第2章小口径非球面磨削及误差补偿，主要讨论小口径非球面磨削及误差补偿理论与工艺试验。首先分析目前小口径非球面磨削的常见方式，提出适合小口径非球面加工的斜轴磨削方式，并对小口径非球面磨削的加工误差进行分析，包括砂轮X向误差、B轴角度误差、砂轮半径误差、砂轮磨损误差等；然后探讨针对小口径非球面磨削面形误差的直接补偿及法向磨削补偿的原理，并利用微粉砂轮对碳化钨、单晶硅等材料的球面及非球面进行 X、Z 两轴与 X、Z、B 三轴误差补偿磨削工艺试验，并对试验结果进行深入分析，从而验证超精密磨削、测量和误差补偿方法的合理性；最后对非球面磨削补偿软件进行模块化开发。

第 3 章小口径非球面喷嘴 ELID 磨削，主要介绍非球面 ELID 磨削的分类及其基本原理，重点阐述喷嘴 ELID 磨削基本原理，介绍平面、非球面喷嘴 ELID 磨削系统的组成；分析与总结不同电极材料和接线方式下喷嘴 ELID 磨削过程中的氧化膜生成过程，对喷嘴 ELID 磨削氧化膜作用机理进行分析，建立不同电极材料与接线方式下喷嘴 ELID 磨削的氧化膜厚度模型，并通过实测数据进行对比分析；同时，介绍采用具备超精密在位测量系统和喷嘴 ELID 磨削系统的复合加工机床进行非球面喷嘴 ELID 磨削的实例。

第 4 章小口径非球面单点金刚石车削，首先针对传统两轴非球面车削、磨削加工与含 B 轴的三轴非球面车削、磨削的加工机理进行探讨，分析两者对形状精度、表面质量、刀具磨损等方面的影响，建立相应的加工模型；然后进行 X、Z 两轴加工(车削、磨削)与 X、Z、B 三轴加工(车削、磨削)工艺对比试验，研究与探讨不同误差补偿技术对形状精度的影响；最后着重深入分析两种加工方式对工件面形精度、表面加工质量、补偿工艺、工具磨损等方面的影响。

第 5 章小口径非球面抛光技术，主要介绍小口径非球面斜轴磁流变抛光技术。将磁流变抛光引入小口径非球面加工中，并将其与传统的超精密车削和磨削相结合，形成超精密车削、磨削与磁流变抛光的组合加工工艺，实现对小口径非球面的高效、高精度加工。

第 6 章小口径非球面玻璃透镜模压成型，概述玻璃透镜的模压成型理论，基于广义麦克斯韦模型建立成型过程的数值仿真模型，对模压成型过程中各阶段工艺参数与应力的关系进行有限元分析；基于结构松弛模型，建立数值仿真模型对成型透镜的轮廓偏移量进行预测；基于仿真预测结果进行补偿研究。开展非球面和双凸球面玻璃透镜的模压成型试验，研究模压成型工艺并验证仿真结果的有效性。

第 7 章非球面形状在位测量，主要介绍非球面形状的离线与在位测量系统，分析常见的非球面检测方法与技术，提出采用接触式测头结合激光干涉原理进行在位测量的方法，并研发相应装置，探讨接触式在位测量数据误差的修正处理方法；深入分析在位测量系统的测头曲率半径误差、被测物对称轴半径方向误差、被测物对称轴倾斜误差、弹性变形产生的测量误差；最后研究在位测量系统所获得测量数据的处理方法。

全书由尹韶辉和陈逢军组织撰写，其中，第 1 章由尹韶辉撰写，第 2 章由陈逢军、王宇、尹韶辉撰写，第 3 章由唐昆、尹韶辉撰写，第 4 章由王宇、尹韶辉撰写，第 5 章由徐志强、尹韶辉撰写，第 6 章由朱科军、尹韶辉撰写，第 7 章由陈逢军撰写。真诚感谢湖南大学微纳制造研究所的所有老师，以及所有毕业的和在读的博士生、硕士生对本书的贡献。

　　本书涉及的研究成果大部分来自作者及其团队承担的国家重点研发计划项目(2017YFE0116900)、国家高档数控机床与基础制造装备(04)重大专项(2010ZX04001-151、2010ZX04012-072-3、2010ZX04016-041)、863 计划项目(2006AA04Z335)、国家科技支撑计划重点项目(2007BAF29B03)、国家自然科学基金项目(50975804、51175167、50675064)、国家国际科技合作专项(2012DFG70640)、教育部新世纪优秀人才支持计划资助项目(2009)、教育部"十二五"装备预先研究项目(2011)等研究工作，在此特向国家自然科学基金委员会、科学技术部、教育部、工业和信息化部等项目资助部门表示诚挚的感谢。特别感谢国家科学技术学术著作出版基金对本书出版的资助。

　　由于作者水平有限，书中难免会有不妥之处，敬请广大读者批评指正。

作　者

2020 年 10 月

目　　录

第 1 章　小口径非球面加工技术基础及发展概况

1.1　非球面的特点

　　常用的光学元件一般分为平面光学元件、球面光学元件、非球面光学元件三大类，如图 1.1 所示。而非球面光学元件又分为两类：旋转轴对称曲面光学元件与旋转非轴对称曲面光学元件。

```
                  ┌── 平面光学元件
                  │
光学元件 ─────────┼── 球面光学元件(凸球面、凹球面)
                  │
                  │                ┌── 旋转轴对称曲面(旋转二次曲面+高次修正项)光学元件
                  └── 非球面光学元件┤
                                   └── 旋转非轴对称曲面(离轴非球面、自由光学曲面)光学元件
```

图 1.1　光学元件分类

　　球面是一种旋转曲面，球面上每一点的曲率半径都是相同的。球面镜片的表面有一定的弧度，且其横切面也呈弧状。不同波长的光线平行于光轴入射到镜片上的不同位置后，经过球面镜片的折射作用，在胶片平面上不能聚焦成一点，会形成像差，如图 1.2 所示。像差有球差、彗差、像散等，会影响成像的质量，出现清晰度下降和变形等现象。此情况下通常采用多片校正透镜来进行改善，如图 1.3 所示，但校正透镜会带来透光度降低、体积变大的问题。

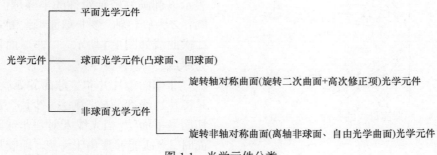

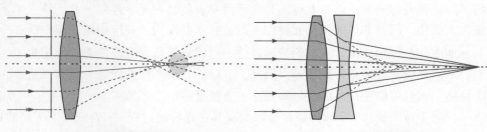

图 1.2　球面透镜的球差　　　　　　　　图 1.3　透镜组消除球差

非球面是没有一定曲率半径的曲面，可以分为旋转轴对称曲面与旋转非轴对称曲面，前者包括抛物面、椭球面、渐开面、双曲面等二次曲面以及高次曲面，后者包括离轴非球面和自由光学曲面等。

轴对称非球面的母线公式可表达为

$$Z = \frac{C_v x^2}{1+\sqrt{1-(k+1)C_v^2 x^2}} + \sum_{j=2}^{N} A_{2j} x^{2j} \tag{1.1}$$

其中，$C_v = 1/R_c$，R_c 为非球面基础曲率半径；k 为曲线的形状参数，$k<-1$ 表示双曲面(双曲线)，$k=-1$ 表示抛物面(抛物线)，$-1<k<0$ 表示以椭圆的长轴对称的半椭球面(椭圆)，$k=0$ 表示球面(圆)，$k>0$ 表示以椭圆的短轴对称的半椭球面(扁圆)；Z 为旋转轴。该非球面母线的各种二次曲线如图 1.4 所示，以非球面顶点为原点。

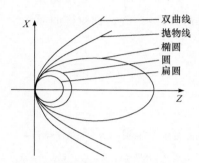

图 1.4　非球面母线的各种二次曲线(R_c 一定)

非球面镜片并非呈球面的弧度，而是镜片边缘部分被"削去"少许，其横切面呈平面状。当光线入射到非球面镜面时，光线能够聚焦于一点，即胶片平面上，以消除各种像差。自从 1638 年笛卡儿第一个提出无球差非球面光学透镜结构之后，牛顿、卡塞格林和格里高利等在他们发明的望远镜中都使用过非球面反射镜。1940 年，美国宝丽来(Polaroid)公司首先发表了非球面透镜的理论，但未真正实现商品化。1966 年，德国徕卡(Leica)公司在科隆生产了世界上第一支采用两片非球面镜片的标准定焦镜，该定焦镜以人工研磨的方式加工而成。随后，瑞士光学(Swiss Optics)公司、美国爱特蒙特光学(Edmund Optics)公司、美国莱特巴斯(LightPath)光学仪器公司、日本豪雅公司等针对高质量、小体积非球面玻璃透镜进行了广泛研究与开发。由于非球面光学元件具有优良的光学性能，并能使光学系统大大简化，随着非球面光学元件加工制造技术的发展，其应用越来越广泛。

如图 1.5 所示，单片非球面透镜理论上可以将平行光线高度有效地聚焦于一点，不需要校正透镜来补偿像差。因此，非球面透镜不但能保证产品有高质量光学性能，而且可以使产品满足轻薄短小、方便携带的市场需求。

相对于球面镜片，非球面镜片可以消除其在光传递过程中产生的球差、彗差、像散、场曲及畸变等诸多不利因素，减少光能损失，获得高质量的图像效果和高品质的光学特征。一般来说，在光学仪器上，单片非球面透镜的作用相当于多片球面透镜，且非球面透镜具有重量轻、透光性能好、成本低、设计灵活等优点，因此光学仪器设备多采用非球面透镜。采用非球面的光学系统不仅在体积、重量方面远优于球面系统，而且成像质量优于球面系统。以空间相机为例，它采用全反射非球面的光学结构，在保证高成像质量的同时，在体积、重量、可靠性、发射成本等方面均优于球面系统。

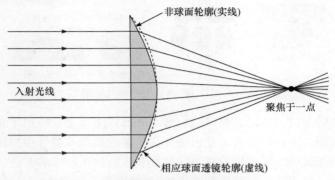

图 1.5　非球面透镜调整光学轨迹成像于一点

因此，非球面光学元件在航空、航天、国防以及高科技民用领域得到了广泛应用。近年来，非球面光学元件在军用和民用产品上的应用也越来越普及，如在卫星红外望远镜、录像机镜头、激光视盘装置、光纤通信接头、医用内窥镜、手机摄像头、相机摄像头、工业机器人和视觉系统等中都有广泛的应用。但是非球面的加工难度远大于球面，传统的加工技术在精度、效率等方面已难以满足日益增长的各类非球面元件的加工需求。非球面高精度高效率加工技术已经发展成为一个研究与开发的热点。

1.2　小口径非球面的应用及其加工难点

随着光通信产品的小型化和精密化，对小口径非球面高精度光学玻璃透镜的需求日益增加。目前，小口径非球面透镜广泛应用于航天、航空、天文、电子、激光以及光通信的各种新的光电产品，如图 1.6 所示[1]，如军事上的枪用瞄准镜、热成像装置、微光夜视仪、导弹引导头、激光武器等，民用上的 CD/VCD/DVD 光盘读取头、数码相机、数码摄像机、激光打印机等电子产品，医疗上的激光手术刀、内窥镜等各种诊断和治疗仪器。因此，在军事、经济及相关高科技领域，小口径光学非球面制造技术将成为重要的竞争方向。

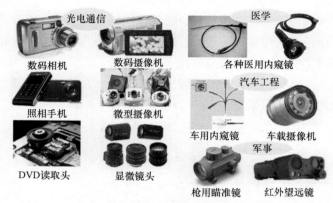

图 1.6　小口径非球面透镜的应用

　　本书涉及的小口径透镜，其口径均为 10mm 以下，主要应用于光纤通信的接头、医用内窥镜、手机摄像头、相机摄像头、激光视盘装置等小型镜头中。常用的材料有塑料与玻璃。随着塑胶种类的增加和表面加工技术的改进，各产业广泛采用塑料透镜。烯丙基二甘醇碳酸酯(CR-39)、聚苯乙烯(PS)、聚碳酸酯(PC)是常用的光学塑料透镜材料。塑料的主要优点在于重量轻、易加工成型、成本低。

　　小口径非球面透镜如图 1.7 所示。与塑料相比，玻璃材料硬度高、热膨胀系数低，具有较高的抗变形、抗高温和抗表面刮伤等能力。此外，玻璃透镜的成像品质高，材料种类多，折射率和影响色散的阿贝数等选择范围比光学塑料宽广。因此，在高品质透镜市场需求的推动下，鉴于玻璃材料具有塑料材料难以超越的优势，使用玻璃镜头的厂家越来越多，尤其是高像素的手机、相机镜头采用玻璃材料的越来越多。

图 1.7　小口径非球面透镜

　　传统的非球面光学玻璃元件制造一般采用材料去除的机械加工法，例如，玻璃透镜通过粗磨、精磨、抛光、磨边等十几道工序加工而成，制造周期长，加工精度不稳定，其生产效率和工艺稳定性无法满足迅速发展的产业需求。因此，后来发展出玻璃光学元件模压成型技术，即采用高精度的光学模具，通过加温加压直接压制成型超精密光学元件，从此开创了大批量、高效率制造玻璃光学元件的新时代。该技术也给光电仪器的光学系统设计带来了新的变革和发展，不仅使光学仪器体积减小、重量减轻，节省了材料和装配工作量，降低了成本，而且提高了光学仪器的性能，使得光学成像的质量得到提高。该技术效率高、成本低，适合大批量生产；超精密模压成型的光学元件面形精度高，而且精度稳定。

与传统的研磨抛光加工方法相比，光学玻璃透镜模压成型技术重复精度高；容易实现非球面光学零件的超精密加工批量生产，已成为国际上最先进的光学零件制造技术方法之一，这项技术的普及推广应用是光学行业在光学玻璃零件加工方面的重大革命。日本豪雅、松下、东芝机械，德国蔡司，荷兰飞利浦，美国柯达、康宁等公司已经处于生产实用阶段。国内代表性企业有浙江蓝特光学、中扬光电、中山联合光电、豪雅光电、信泰光学、江西联创光电等公司。

由于应用热压成型法的模具形状会复映至玻璃坯料，所以模具的精度直接决定着透镜的精度。因此，超精密模具的制造方法成为热压成型的关键技术之一。小口径非球面透镜模压时所需的超精密模具，要求具有高抗压强度、高硬度、高弹性模量、良好的导热性能、较低的热膨胀系数等，因此硬质合金材料 WC、SiC 等成为制造该类模具的主流材料。但是，该类硬质合金模具具有高硬度和高耐磨性，在加工时加工空间狭小，实现其高精度、高效率加工比较困难。如何实现微小球面、非球面光学透镜成型加工所用模具的高精度化(高面形精度与表面粗糙度)、高效率化的加工和制造，一直是困扰业界的难题。对于超精密复杂型面模具的制造，目前国内缺乏高精度的加工设备和先进的制造方法。

非球面模具超精密加工的难点在于：材料是硬质合金，形状是非球面，尺度很小，在几十微米到几毫米之间，加工精度要求很高，面形精度要求 PV 200nm 以下，表面粗糙度要求达到纳米级；所用设备为具备纳米级分辨率的磨床，加工环境要求恒温恒湿净化；加工空间十分狭小，散热条件差；砂轮直径很小，刚度低，容易引起变形进而影响加工精度，要达到一定的线速度要求，必须使砂轮高速旋转，转速常达到 40000～100000r/min。就磨削发展的方向而言，精度是从普通到精密再到超精密再到纳米级精度发展；效率是从普通到高效率发展；形状是从规则的圆柱面、平面到球面、非球面、自由曲面发展；尺度是从常规尺度到极端制造(极小极大制造)方向发展；材料是从金属材料到硬脆材料方向发展。小口径非球面模具磨削集中了这些发展方向的所有特点：高精度、高速、非球面、极小制造及硬脆材料。

模压成型关键技术包括模具超精密制造技术、玻璃透镜热压成型技术以及非球面超精密测量和光学性能评价技术。在模压成型技术中，高面形精度和高表面质量的光学玻璃透镜对模压其成型的模具提出了很高的要求。光学透镜模具的成型非球面，一般要求达到 PV 200nm 以下的面形精度、纳米级的表面粗糙度和极小的亚表面损伤。磨削/研磨加工是最常用的手段。纳米磨削/研磨抛光成为小口径透镜模具制造中最关键的工艺技术。因此，本书主要介绍应用于小口径非球面模具加工的误差补偿磨削、在线电解修整(electrolytic in-process dressing, ELID)镜面磨削、磁流变抛光、单点金刚石车削、玻璃透镜模压成型及非球面形状在位测量等内容。

　　结合模压成型关键技术，作者课题组应用自主研发的非球面超精密加工机床加工出碳化钨非球面模具，并模压出合格的非球面玻璃透镜。图 1.8 为小口径非球面透镜批量制造流程。

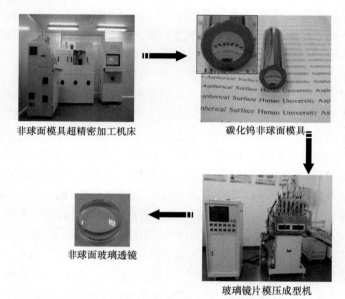

图 1.8　小口径非球面透镜批量制造流程

1.3　小口径非球面加工技术发展现状

1.3.1　超精密磨削技术

　　非球面光学元件材料越来越多地使用硬脆性材料(光学玻璃、光学晶体、陶瓷等)和难切削材料(高强度钢及超硬合金非球面模芯)，一般的超精密车削很难加工这些材料。随着超硬磨料砂轮及砂轮修整技术的发展，超硬脆材料的超精密磨削技术逐渐成熟并迅速发展，可以达到纳米级表面粗糙度值和高精度要求。

　　超精密磨削主要用于磨削硬脆材料，如碳化钨、碳化硅及玻璃等。超精密磨削常采用直交轴磨削[2-4]、斜轴磨削[5-7]、平行磨削[8-12]和 ELID 磨削[13-18]等方法。当前广泛应用的非球面超精密磨削方法包括直交轴与斜轴的非球面加工，如图 1.9 所示。非球面直交轴磨削，顾名思义，其工件主轴与砂轮主轴垂直，如

图 1.9(a)所示，效率较高，但这种方法一般只适合加工浅度非球面。目前常用的磨削方法是采用斜轴磨削，其示意如图 1.9(b)所示。

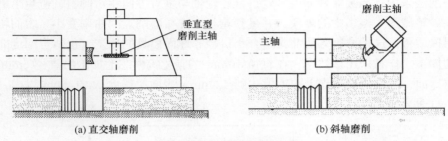

(a) 直交轴磨削　　　　　　　　(b) 斜轴磨削

图 1.9　常用的非球面超精密磨削方式

在小口径非球面磨削加工工艺研究中，以日本东北大学和日本理化学研究所为代表成果显著。日本东北大学与东芝机械株式会社合作，在 1993 年就采用斜轴磨削方式，利用微小树脂基砂轮，对小口径镜片模具的磨削加工进行了研究。非球面斜轴磨削法的原理和装置如图 1.10 所示。由于砂轮直径小，为了获得足够的磨削速度，需要采用高速工件主轴。但使用的树脂基砂轮直径小，长径比高，刚性低，易于变形，并且在加工过程中砂轮磨损较大，砂轮形状的高精度修整较为困难。为了克服树脂基砂轮加工方式的缺点，东京大学的中川威雄教授于 20 世纪80 年代发明了铸铁基金属结合剂的金刚石砂轮。在此基础上，1987 年，日本理化学研究所大森整教授发明了金属基金刚石砂轮的 ELID 技术，实现了针对硬脆材料的高品位镜面磨削加工，提出了硬脆材料在延性方式下的磨削理论，成功地应用于球面、非球面的纳米级精度加工[13]。为提高光学透镜模具磨削加工效率、表面质量及砂轮使用寿命，Saeki 等[10]开发了平行磨削技术。Huang 等[19]采用平行磨削法，在碳化钨模芯表面成功加工出直径 200～1000μm 的非球面，并对加工过程中的误差补偿技术进行了研究。

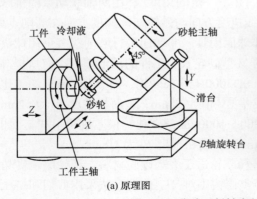

(a) 原理图　　　　　　　　(b) 装置图

图 1.10　非球面斜轴磨削法

非球面斜轴磨削法，采用直径非常小的树脂结合剂金刚石砂轮，并且磨削过程中砂轮轴线相对于工件旋转轴线倾斜一定角度。相对于传统非球面磨削法，斜轴磨削法采用具有圆弧截面的砂轮，且砂轮轴与垂直方向相对倾斜，避免了磨削点在砂轮截面一点集中的现象，并且砂轮与工件在磨削点的曲率变小，表面粗糙度得以改善。这种磨削方法非常适合小口径非球面模具的加工，也适合深度非球面的加工。作者采用该技术，在直径 10mm 的碳化钨模芯上加工出直径 6mm 的凹非球面，工件的面形误差 PV 值达到 122nm，表面粗糙度 R_a 在 5nm 以内，如图 1.11 所示。

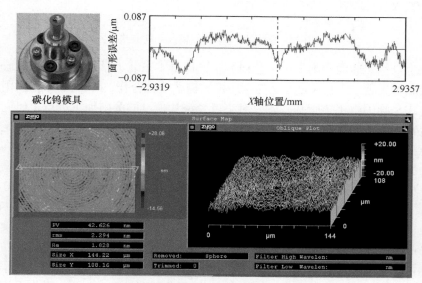

图 1.11　碳化钨模具非球面斜轴磨削样品及其检测结果

非球面平行磨削法的原理和装置如图 1.12 所示。在加工非球面时，砂轮轴线与工件轴线同时位于 XOZ 平面内并呈一定的角度，利用两轴联动数控机床控制砂轮沿非球面路径移动，工件旋转线速度方向与砂轮切削速度方向在磨削点处平行。理论上，采用该方法可以加工非球面模具。非球面平行磨削法多采用球头砂轮作为磨削工具，砂轮寿命较传统的 V 型砂轮长，工件的面形精度也有所提高，而且加工范围较大。Saeki 等[10]使用 SD3000B 球头砂轮，对直径 2mm 的碳化钨模芯进行了加工，加工后工件面形误差 PV 值为 98nm，表面粗糙度 R_y 为 52nm。Chen 等[11, 12]采用平行磨削法对直径 200～1000μm 的碳化钨模芯进行了加工，加工后工件的面形误差 PV 值为 0.2～0.4μm，表面粗糙度 R_a 为 10nm。

由金刚石砂轮组成的超硬磨料砂轮适于磨削硬脆材料。超硬磨粒砂轮具有优良的耐磨性，但在使用磨钝后修整修锐困难[20]。传统方法采用剪切和挤压作用去除磨粒达到修整目的，修整过程难控制、精度低、砂轮损耗大[21]。为此，国内外

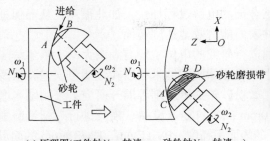

(a) 原理图(工件轴N_1，转速ω_1；砂轮轴N_2，转速ω_2)　(b) 装置图

图 1.12　非球面平行磨削法

学者提出了多种修整方法，如 ELID[15, 22]、电化学在线控制修整(electrochemical in-process control dressing, ECD)[23]、干式 ECD[24]、接触式电火花修整(electro-contact discharge dressing, ECDD)[25,26]、电化学放电加工(electro-chemical discharge machining, ECDM)[27]、激光辅助在线修整[28,29]、喷射压力在线修整(water-jet in-process dressing)[30]、超声振动修整[31]等。

Ohmori 等于 1987 年提出了砂轮的 ELID 镜面磨削新工艺[32,33]。该工艺是利用 ELID 作用连续修锐砂轮来获得恒定的出刃高度和良好的容屑空间；同时在砂轮表面逐渐形成一层钝化膜，当砂轮表面的磨粒磨损后，钝化膜被工件表面磨屑刮擦去除，电解过程继续进行并修整，加工后表面粗糙度 R_a 为 0.01～0.001μm，达到镜面效果。该工艺现已广泛应用于各种硬脆材料的超精密表面加工，其原理如图 1.13 所示。

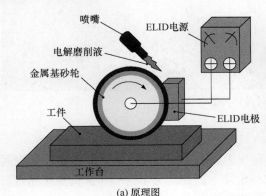

(a) 原理图　(b) 装置图

图 1.13　ELID 镜面磨削原理与装置

电源正极通过电刷连接到导电砂轮，而电源负极连接到 ELID 电极上，砂轮与 ELID 电极间存在微小间隙，从喷嘴中喷出的具有电解功能的磨削液充满在间隙之间。在直流脉冲电源作用下，砂轮表面金属结合剂发生电化学作用溶解，露出下层磨粒，同时生成一层致密而绝缘的氧化膜减缓砂轮的过度电解。当磨粒及

氧化膜因磨削加工而磨损时，金属结合剂的电解过程加快，如此循环，从而保证了加工过程中砂轮的锋利性，使工件表面能有效地达到镜面。

我国对小口径非球面超精密磨削进行研究的单位主要有湖南大学、哈尔滨工业大学等。湖南大学针对硬脆材料小口径非球面的纳米精度在位测量误差补偿及定量去除算法、固定点磨削新工艺、微粉砂轮纳米磨削等展开研究，采用纳米磨削的方法，对直径和曲率半径均为 10mm 的小口径透镜 WC 模具进行超精密磨削试验，获得了 R_a 5.98nm、R_z 34.95nm 的表面粗糙度，PV 113nm、RMS 23nm 的面形精度[34]；哈尔滨工业大学曾利用斜轴磨削方式进行过微细磨削加工的研究，并利用 ELID 技术对硬质合金、微晶玻璃进行了平面磨削加工，获得了纳米级表面粗糙度。

作者所在课题组成功研制了如图 1.14 所示的非球面超精密复合加工机床。该机床进给分辨率达到 10nm，可实现斜轴镜面纳米磨削、斜轴复合流体研磨和车削三种超精密工艺的复合加工，能够取得良好的加工效果，磨削后加工表面面形误差 PV 值达到 150~200nm，表面粗糙度 R_a 为 2~6nm，研磨后表面粗糙度 R_a 达到 1nm[35,36]。

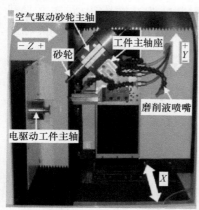

图 1.14　小口径超精密复合加工机床

1.3.2　小口径非球面抛光技术

超精密车削和磨削不可避免地会在加工表面残留加工痕迹以及表面、亚表面缺陷[37]，直接影响系统的光学性能和稳定性。因此，为了进一步提高加工精度，还需要在超精密车削和磨削后继续进行超精密抛光。

对于非球面抛光有许多方法可以选择，如柔性抛光头抛光、磁流变抛光、超声振动抛光[38-43]、射流抛光、离子束抛光、化学抛光等[44-50]。但是考虑到小口径非球面加工空间狭小，以及高精度的加工要求，适合小口径非球面的抛光方法并不是很多。

Beaucamp 等[51,52]在多轴超精密机床上，采用车削修整过的聚氨酯薄膜抛光头作为抛光工具，对直径 25mm 的小口径碳化钨非球面模具进行抛光加工(图 1.15)，通过在位修整和误差补偿技术，零件的最终面形精度为 PV 值从最初的λ降到低于 λ/20，同时零件的表面粗糙度 R_a 也达到 1nm。由于抛光头采用软质材料的聚氨酯膜制成，在加工过程中，抛光工具容易产生磨损，需要不断修整抛光头的形状来保证非球面的轮廓精度。

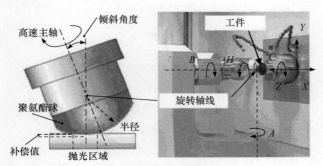

图 1.15　小口径非球面柔性抛光头抛光法

Suzuki 等[53,54]利用三轴超精密机床，在抛光压力为 2mN 的情况下，对直径为 2mm 的碳化钨非球面采用两轴超精密超声振动抛光方法，如图 1.16 所示，获得了面形误差 PV 值小于 70nm、表面粗糙度 R_y 为 7nm 的高质量表面。Guo 等[55]在此基础上，将超声振动抛光头进行改进，在振动头内部加入磁场，使之具备既有两轴超声振动又能实现磁力研磨的抛光方法，最后获得了面形误差 PV 值大于 100nm、表面粗糙度 R_z 为 3.3nm(R_a 为 0.4nm)的高质量表面。

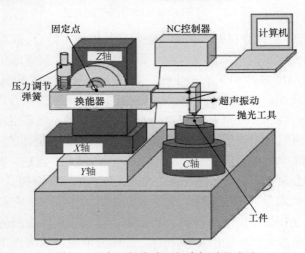

图 1.16　小口径非球面超声振动抛光法

Singh 等[56,57]用球头形状的磁流变抛光头，用来抛光不同类型 3D 形状的工件表面，在计算机控制下，抛光工具头底部的磁流变液在磁场的作用下在抛光头底部形成具有去除能力的抛光缎带，如图 1.17 所示，采用此方法对不锈钢非球面模具进行加工，在 20min 的时间内，零件表面粗糙度由原来的 R_a 414.1nm 变为 R_a 317.2nm。该种方法在抛光过程中，抛光工具头底部的磁流变液容易聚集成团，磁流变液的循环更新困难，造成加工精度降低。

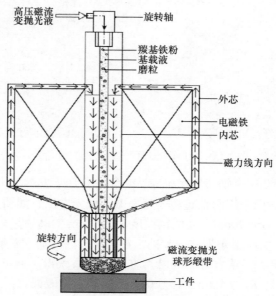

高压磁流变抛光液
旋转轴
羰基铁粉
基载液
磨粒
外芯
电磁铁
内芯
磁力线方向
旋转方向
磁流变抛光球形缎带
工件

图 1.17　小口径非球面磁流变抛光法

Kordonski 等[58-61]将磨料射流技术与磁流变加工技术结合，成功开发了磁射流加工技术，该种技术可以用来加工球面、非球面、自由曲面等形状的零件，特别适合小口径的非球面零件和深陡非球面。如图 1.18 所示，采用此方法对深度为 10mm 的多晶氧化铝深腔零件进行抛光，零件的面形精度提高，PV 值从原来的 304nm 降到 47nm，RMS 从原来的 73.4nm 降到 6nm。戴一帆等也在磁射流加工技术方面做了很多研究工作[62,63]。虽然该种加工方式对于工件型面的适应性较强，但是射流加工的去除率相对于其他加工方式较低，另外磁场、流速、射入角度等因素都对抛光确定性去除有影响，工件材料的抛光去除函数难以掌握。

磁流变抛光技术是一种确定性的光学表面先进加工技术，它利用磁流变液在磁场作用下的流变特性对磨料进行约束和控制，以实现工件表面的超精密研磨抛光。传统的磁流变抛光原理如图 1.19 所示。磁流变液通过泵的作用沿着抛光轮进入抛光区域，由于抛光区域下方放置有能产生高强度梯度磁场的励磁装置，磁流变液在高强度的梯度磁场作用下，由牛顿流体变成具有黏塑性质的宾厄姆(Bingham)体，形成具有一定硬度的"柔性抛光模"(磁流变液在磁场作用下形成的凸起缎带)。

同时抛光磨料在磁场的作用下从"柔性抛光模"中析出，由于工件与抛光轮之间存在很小的间隙，"柔性抛光模"在经过这个小间隙时会在工件表面产生很大的剪切应力，从而实现零件表面的材料去除[64-67]。

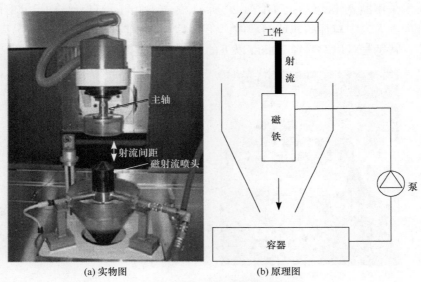

(a) 实物图　　　　　　　　　　(b) 原理图

图 1.18　小口径非球面磁射流抛光法

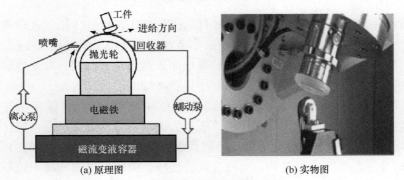

(a) 原理图　　　　　　　　　(b) 实物图

图 1.19　传统的磁流变抛光原理

由于磁流变抛光液具有流变特性，且能够通过调节磁场来改变"柔性抛光模"的大小和形状，磁流变抛光具备其他抛光方法无可比拟的优势：①去除函数稳定，易于实现自动化加工。②抛光效率高，磁流变液在加工过程中不断循环更新，磨粒也得到了不断更新，在加工区域形成一个永不磨钝的抛光头。③加工质量高，一方面磁流变抛光能够实现材料的稳定去除，使其具备修型的能力，提高了零件的面形精度；另一方面，磁流变液的加工工具为"柔性抛光模"，比起传统的刚性抛光体，加工面不会残留表面或亚表面损伤，能获得更高的表面质量。

磁流变抛光方法具有去除函数稳定、加工效率高等特点，能够获得高质量且无亚表面缺陷的光学表面，是微粉砂轮镜面磨削和单点金刚石车削加工后进一步提高零件表面质量和减少亚表面缺陷的最佳工序。但是，目前国内外磁流变抛光机床大多采用抛光轮式结构，如图 1.20 所示，抛光轮由于受自身结构尺寸的限制，只适合加工大、中口径的非球面零件，在加工小口径非球面零件时，容易引起加工干涉，特别是难以对直径 10mm 以下的凹非球面进行加工。

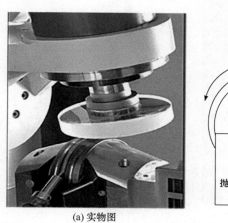
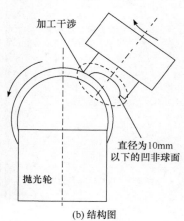

(a) 实物图　　　　　　　　　　　　(b) 结构图

图 1.20　传统磁流变抛光轮式结构及干涉

针对传统抛光工艺无法对小口径非球面进行加工，以及传统轮式磁流变抛光技术无法适应小口径非球面抛光的问题，作者课题组提出了斜轴磁流变抛光技术，利用口径为几毫米的小抛光头对小口径非球面进行超精密抛光，有效地解决了抛光过程中的加工干涉问题，详见第 5 章小口径非球面磁流变抛光。

电流变液(electrorheological fluid, ERF)是在外加电场作用下流变特性发生急剧变化的功能材料。它在无外场作用下表现为流动良好的液体状态，但在电场作用下可短时间(毫秒级)内黏度增加 2 个数量级以上，并出现类似固体的力学性质，且黏度的变化是连续、可逆的。电流变效应连续、可逆、迅速和易于控制的特点使得电流变加工技术与装置能够在众多非球面超精密加工技术中占有一席之地。Kaku 等[68]利用电流体抛光磨削后的碳化钨非球面模具，将工件和微型抛光头设置为正负电极，显著提高了磨削后的表面质量。Kuriyagawa 等[69]进一步探讨了电场强度、电极形状、磨粒类型对电流体抛光的影响，他们开发了电流变抛光装置，如图 1.21 所示，加工口径为 $\phi10mm$ 的 BK7 玻璃，抛光前先进行磨削，工件表面粗糙度为 R_a 18.6nm，抛光后达到 R_a 4.4nm。

Saito 等[70]用磨粒射流加工磨削后的碳化钨非球面工件，使用微细的碳化硅和氧化铝磨粒以不同的喷射角度加工工件，加工后工件表面粗糙度可以达到 R_a 4nm 以下。

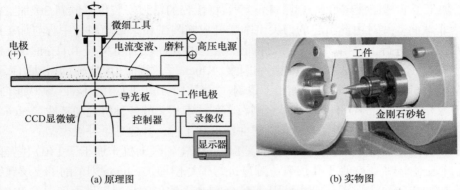

(a) 原理图　　　　　　　　　　　　(b) 实物图

图 1.21　电流变抛光原理和实物图

1.3.3　非球面单点金刚石车削技术

单点金刚石车削技术是美国国防科研机构于 20 世纪 60 年代率先开发，80 年代得以推广应用的一项非球面光学零件加工技术，它是在超精密数控车床上，采用天然单晶金刚石刀具，在对机床和加工环境进行精确控制条件下，直接利用天然金刚石刀具单点车削加工出符合光学质量要求的非球面光学零件，该技术主要用于加工中小尺寸、中等批量的红外晶体和软金属材料的光学零件，其特点是生产效率高、加工硬度较低、重复性好、适合批量生产、加工成本比传统的加工技术明显降低。目前采用单点金刚石车削技术可以加工的材料有有色金属、锗、塑料、红外光学晶体、无电解镍等。

国外许多学者都对单点金刚石车削技术展开了研究。例如，Yan 等[71-75]对单晶红外材料进行了试验，探讨了材料性能、刀具形状、车削参数等加工机理；利用直线切削刃通过 X、Z、B 三轴联动加工小口径单晶氟化钙非球面，在延性切削条件下探讨了切削对晶格各向异性的影响，加工之后表面质量为 R_y 18.5nm、R_a 3.3nm；此外，对大口径单晶硅非球面工件进行了试验，单晶硅工件口径 100mm，加工之后面形误差 PV 值为 1.36μm，表面粗糙度 R_a 为 78nm。Cogburn 等[76]针对红外硫卤玻璃材料透镜，探讨了单点金刚石车削技术对非球面棱镜形状、误差、表面质量的影响。Latimer 等[77]研究了工业化生产红外小口径光学镜片的技术。Klingmann 等[78]结合亚纳米级的在位干涉测量技术，加工了大口径光学棱镜。Chon 等[79]对无电解镍镀层的内反射非球面 X 射线透镜进行了试验，加工后面形误差 PV 值为 270nm，表面粗糙度 R_a 为 3nm；另外，对黄金的非球面 X 射线反射镜进行了加工试验，加工后面形误差 RMS 为 34nm，表面粗糙度 R_a 为 1.1nm。Kim 等[80]加工了口径为 620mm 的离轴非球面，通过在位测量进行补偿加工，加工之后面形误差 PV 值达到 0.7mm。Leung 等[81]结合软光刻技术与单点金刚石车削技术，加工了非球面液体可调棱镜。Liu 等[82]将传统的车刀安装位置倾斜 30°加工深凹槽非球面，并对由此引起的刀尖由圆弧变成椭圆弧和车刀倾斜后中心与加工中心两种误差进行了补偿，加工后工件面形误差 PV 值从 22μm 降至 0.11μm。Zhong 等[83]探讨了红铜车削表面质量的影响因素。Klocke 等[84]将超声波辅助振动引入单点金刚石车削，从而可以直接加工不锈钢，并探讨了其工业应用。Solk 等[85]加工了用于激光传输的光学元件，探讨了金刚石车削技术相关的各种机理和特性。Valencia 等[86]利用 CNC 机床加工了非退化圆锥曲线形状工件，并建立了补偿模型。

在国内，Chen 等[87]利用 Toshiba ULG-100C4 轴联动机床加工了 LED 棱镜阵列，并通过泰勒-霍普森干涉仪离位测量进行了补偿加工；Jiang[88]车削了表层镀镍的小离轴非球面注塑模具，并采用 ZYGO 白光干涉仪测量，工件面形误差 PV 值达到了 0.13μm；Pun 等[89]提出了高效率微小口径模具的单点金刚石车削技术与微小口径注塑技术的整合；张晓东等[90]探讨了非球面和非回转对称的非球面阵列工件单点金刚石车削技术；韩成顺等[91-93]通过将车刀安装在旋转臂上实现了非轴对称的非球面加工；谢晋等[94]在延性切削条件下研究了红外光学透镜加工和补偿技术，加工后工件面形误差 PV 值为 0.36μm，表面粗糙度 R_a 为 0.04μm；曹银华等[95]针对红外成像系统加工了口径 240mm 铝合金工件，加工之后工件面形误差 PV 值为 0.5μm。

1.3.4　光学玻璃模压成型技术

如图 1.22 所示，非球面玻璃透镜加工的传统冷加工方法主要以磨抛为主，主要经过断料、倒角、粗磨、精磨、局部研抛等十几道工序，制造周期长，加工精度不稳定，其生产效率和工艺稳定性难以满足迅速发展的市场需求。

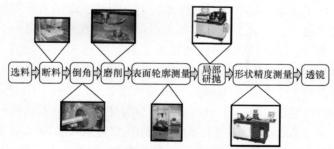

图 1.22　传统非球面玻璃透镜制造流程

冷加工方法加工玻璃透镜时，主要存在以下问题：①只能逐个加工，加工工序多，时间长；②非球面加工设备复杂，对加工环境、传动系统、定位精度、检测系统、补偿系统的要求很高，生产成本偏高；③加工过程中使用的磨削液或抛光液污染环境；④加工产生边角废料，易导致原料浪费。

玻璃模压成型技术是在一定温度、压力条件下，使用具有预定设计形状的高精度模具来直接压制高温软化的玻璃预形体并使其变形，从而快速获得具有最终产品形状和光学功能的玻璃透镜产品的一种先进加工方法[96]。如图 1.23 所示，使用模压成型技术制造光学玻璃有如下优点[96]：①工序简单，具有较好的尺寸精度、面形精度和表面粗糙度；②能够节省大量的人力与物力，一个小型车间就可具备较高的生产力；③容易经济地实现精密非球面光学零件的大批量生产；④精确控制模压成型过程中的工艺参数，可提高光学零件的成型精度；⑤可以模压小型非球面透镜阵列或其他光学阵列元件；⑥光学零件和安装基准件可以制成一个整体。

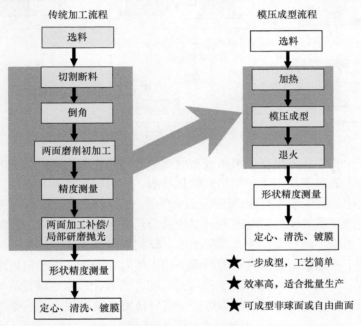

图 1.23　传统玻璃透镜制造技术与玻璃模压成型技术过程比较

在玻璃模压成型过程中，模具与预形体是紧密接触的，在模压力作用下玻璃预形体完成塑性变形，直接成型出达到使用要求的光学透镜，不需研磨抛光即可直接使用，如图 1.24 所示[97]。以日本东芝机械公司研发的单工位玻璃模压成型机床 GMP-311 为例，模压成型步骤包括进料、去氧、加热、均热、模压、退火、冷却、脱模八个阶段，如图 1.25 所示[98]。

图 1.24　成型模具及成型透镜产品

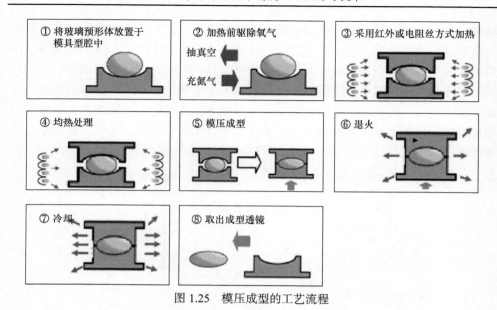

图 1.25　模压成型的工艺流程

　　20 世纪 50 年代，出现了模压成型的雏形。当时在制造玻璃毛坯时，把重量达到规定要求的玻璃块用电炉加热到软化状态，然后将其放入常温的压型机内压制成型，俗称二次压型或再加热压型。1960 年，美国的康宁公司开始采用连续焙拣工艺来生产玻璃眼镜片。1965 年日本豪雅公司首次用铂金坩埚来连续熔炼光学玻璃。随后出现了滴料压型或直接压型法，即将从熔炼炉流出的玻璃溶液，在精确流量控制下根据设定重量自动剪断成小块，然后立即送入压型机内进行压制成型。1975 年，开始将滴料压型而成的高温玻璃产品直接送入连续徐冷炉内，在传送带上缓慢退火，并将这种连续熔炼炉→滴料压型→精密退火的一条龙生产方式称为 3D 法。

　　二次压型工艺的缺点是毛坯收缩率大、面形精度低、氧化皮层厚、表面质量差、加工余量大。虽然 3D 法可高效生产玻璃毛坯，较大幅度提高其面形精度，改善其表面质量，但成型的元件表面仍有缩坑、波纹、褶皱等疵病。产生上述各种缺陷是因为压制成型时模具的温度远低于玻璃料块的温度，过大的温差导致与模具接触的玻璃表面在短时间内因急冷而产生固化现象，而玻璃内部的降温和固化相对较慢，所以表面容易产生褶皱和波纹。

　　针对温差引起褶皱和波纹、成型透镜表面粗糙度难以达到光学镜面的问题，许多学者[99-102]就该工艺的改进提高进行了卓有成效的研究。Budinski 等[103]将模压成型技术应用于微结构的光学玻璃元件，发明了微结构玻璃模压成型的方法。该方法是将玻璃预形体直接放置在微结构模具型腔中，对两者同时加热，待玻璃软化后马上进行模压，并通入氮气进行保护[104]。日本豪雅公司整合了欧美国家的技术，于 1995 年研发出回转式连续型量产模压机床，可缩短生产周期。该机床的主要特点是：熔融玻璃液直接滴落到模具型腔内作为玻璃镜片的预形体，然后传送到高温炉内，通过调节炉温以控制预形体玻璃的黏度再进行模压成型。这种方法工艺过程简单，但难以精准控制滴落玻璃液的体积，因此压制出的镜片厚度及面形精度不稳定。

此外，美国柯达，日本佳能、松下电器和住田光学等公司也都开展了相关研究[105-107]。Shishido 等[108]对玻璃模压成型时玻璃与模具之间的贴合程度进行了研究，发现贴合程度随玻璃表面张力的变化而改变，而贴合程度的变化也会影响模压成型工艺的复制能力。Hosoe 等[109]以降低模压时间、提高复制精度与可靠度为目标，通过独立分布的多模具配置、模具与模具组合、改善加热系统，以及在自动控制过程中由计算机执行高度的误差恢复，实现高速、大批量玻璃模压成型、延长模具使用寿命等目的。Aoyama 等[110]则利用模压成型技术将平面透镜阵列复制于玻璃基板上，此技术后来应用于液晶显示器(LCD)上。Wittwer 等[111]针对周期性微结构复制于玻璃表面的各种应用加以讨论，认为玻璃模压成型技术可应用于反射表面、光栅耦合器等光学玻璃元件。Zhong 等[112]研究发现，在模压成型过程中，减少玻璃与模具界面间的化学反应有助于模具使用寿命的延长。

随着模压成型技术的发展，模压成型机床逐渐被研发出并应用于实际加工[113-115]。模压成型机床按工位多少可分为单工位和多工位两种，如图 1.26 所示。单工位模压成型机床就是模压成型的全部工艺流程在同一个工位上完成，其特点是：先将玻璃预形体放置于模具型腔，然后通入氮气，防止氧化和保护模具，快速加热并均热 3min，接着进行模压和退火降温，模具和玻璃预形体的位置不会发生改变，如图 1.27 所示。单工位模压机床多用于大尺寸、小型量产光学元件的模压成型，如东芝机械公司的 GMP-211、美国摩尔公司(Moore Nanotechnology

(a) 单工位　　　　　　　　(b) 多工位

图 1.26　单工位和多工位的模压成型机床

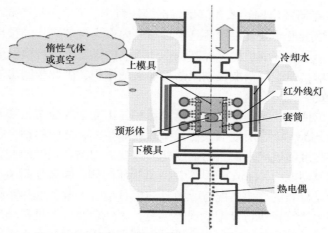

图 1.27　某模压成型机床成型室的局部结构示意图

System)的 Nanotech 140GPM 等。多工位模压成型机床则是在多个不同的工位上分别实现模压成型的工艺流程，通过移动组合模具使其在不同的工位上分别完成加热、均热、模压、退火、冷却等工艺流程，每个工位的处理时间相同，如东芝机械公司的 GMP-54-7S、松下的 SYS PFLF7-60A、台湾盟立自动化有限公司的 GP-27 等。多工位模压机床可以提高生产效率，更适合高效批量生产小尺寸的光学元件。

　　按模压成型时上、下模具的合模方式，可将模压成型机床分为开放式和闭合式两种，如图 1.28 所示。按模压成型时，玻璃预形体与光学模具的温度是否相等，模压成型机床也可分为等温模压和非等温模压两种。

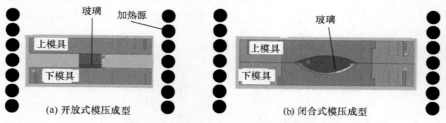

图 1.28　开放式与闭合式模压成型示意图

　　目前，玻璃模压成型技术在国际上处于领先地位的国家有日本、美国、德国、韩国等，进行玻璃模压成型技术研发的公司有美国的莱特巴斯、柯达、爱特蒙特、康宁，日本的住田光学、东芝、大原、豪雅、奥林巴斯、松下，德国的肖特、蔡司，中国的亚洲光学、富士康等。国内进行该技术研发的高校有湖南大学、北京理工大学、中国科学技术大学、西北工业大学、苏州大学、浙江科技学院等，公司有舜宇光学、蓝特光学、联创光学、一品光学、富士康等。

　　光学玻璃透镜的设计形状并不能直接作为光学模具的设计形状，需要考虑的因素很多：模压成型过程中玻璃内部的温度分布、玻璃的黏弹性及结构松弛、玻璃与模具的热胀冷缩、透镜内部的应力、模压成型工艺参数(模压温度、模压速度、退火率、持压力、玻璃与模具的界面性质等)等。玻璃模压成型是在封闭的成型室内完成的，黏弹性玻璃的流变过程及充模情况难以观察，测量也不方便。如图 1.29 所示，借助有限元数值仿真软件，可以实现玻璃透镜模压成型过程的可视化，并对应力、应变、轮廓偏移量进行预测，实现对模压成型参数进行工艺优化，从而缩短产品的开发周期和生产成本，提高成型透镜的成型质量和光学性能。

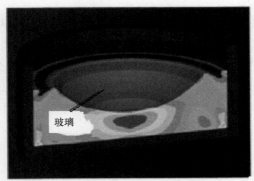

图 1.29　仿真预测的玻璃应力分布图

　　Gurtin 等[116]通过引入虚拟时间来解释温度-时间的等效特性，计算出模压成型过程中的瞬时应力。Lalykin 等[117]提出了一种用于改进玻璃退火阶段应力计算的方法，发现在退火速率增大的情况下玻璃的热膨胀系数有所下降，残余应力的大小对结构松弛有影响。Mauch 等[118]用热黏弹性理论框架去模拟玻璃退火和淬火，并用这个模型去计算应力和应变。Zhou 等[119]应用冷却平板间的玻璃熔融层的固化现象来模仿模压成型过程中残余应力的组成结构，并假设了简单的热黏弹性模型。Saotome 等[120]对两种光学玻璃在玻璃化转变温度(T_g)点到 T_g 点+30℃的温度范围条件下进行模压成型试验，得到不同温度下真实应力与应变率的关系，证实了该温度区间玻璃可视为牛顿黏滞流。Yan 等[121-125]主要研究了玻璃在玻璃化转变温度以上时的黏弹性行为，讨论了高温玻璃的不同蠕变模型，对非球面和微结构玻璃元件的模压成型技术进行了探讨分析。Haken 等[126]研究了假想温度在热处理过程中对磁性玻璃折射率分布的影响。Fotheringham 等[127]在 Tool Narayanaswamy Moynihan 模型的基础上研究了玻璃模压成型中透镜折射率下降的现象，并对该规律进行了总结。Yi 等开展了比较系统的研究工作[128-135]，其中包括玻璃透镜模压成型的数值仿真，成型过程中的残余应力与应力松弛的预测、工艺优化分析以及折射率改变等问题。

　　我国在模压成型技术领域的起步较晚，一些学者也开展了相应的研究。例如，郑超等对模压成型用硫系红外玻璃制造的热处理工艺、玻璃材料成分优化进行了基础性研究[136,137]；沈萍等采用矩形沟槽形状的光学模具来考察模压成型工艺技术的填充机制，研究了压印温度、压印力和压印时间对充填效果的影响[138-141]；曾召等对 $Ge_{23}Se_{67}Sb_{10}$ 玻璃的结构、性能及其微晶化工艺进行了系统研究，同时对该玻璃的模压成型工艺进行了初步研究[142,143]；赵玮等采用试验与仿真研究相结合的方式，对精密热压成型工艺过程中成型透镜的折射率和密度变化规律、产生机理及其对光学系统所造成的影响进行了深入研究，最后还探索了精密热成型透镜折射率偏差的校正方法[144-147]。

　　作者所在课题组也对光学玻璃模压成型进行了数值仿真研究，取得了一系列成果[148-157]：利用非线性有限元软件对非球面光学玻璃透镜模压成型进行了数值模拟分析，研究发现成型透镜和模具的最大残余应力随着模压速率的减小而减小，随着模压温度的升高而减小。图 1.30 和图 1.31 分别是玻璃透镜模压成型阶段结束后的应力、应变分布。

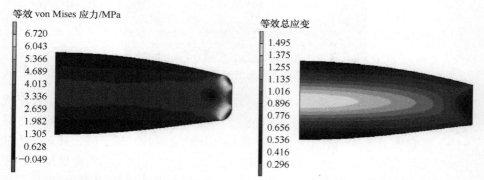

图 1.30　模压阶段结束后的应力分布　　　　　图 1.31　模压阶段结束后的应变分布

1.4　非球面加工机床

　　目前主要生产非球面超精密加工机床的公司主要有美国摩尔公司、AMETEK 集团旗下的 Precitech 公司、Taylor Hobson 公司、日本东芝机械公司、长濑精机和丰田工机等。

　　美国摩尔公司生产销售的主要产品是 Moore M-18、M-40 型非球面加工机床；Precitech 公司的 Freeform 204、Nanoform 2000、Optimum 2400 系列非球面加工机床，数控采用全封闭反馈，进给分辨率可达 1nm，可加工各种光学零件和非球面透镜模压成型用金属模具；可以使用单点金刚石刀具车削，也可以使用砂轮磨削，既能加工各种高精度平面、球面和非球面光学零件，又能加工模具表面和其他表面。

日本东芝机械公司的 ULC-100、ULG-100 系列非球面超精密加工机床，分别以进行金刚石车削和磨削为主，有 2 轴控制、3 轴控制、4 轴控制多种型号。主轴采用高刚性超精密空气静轴承，数控采用全封闭反馈，进给分辨率可达 10nm 和 1nm，可加工各种光学零件和非球面透镜模压成型用金属模具。日本丰田工机研发的 AHN05、AHN15、AHN15-3D 系列超精密加工机床，最多可以扩展到 5 轴加工，最小分辨率达到 1nm，最大加工口径可以达到 150mm。而日本 NAGASE 公司研发的 RG 系列超精密加工机床可达到高性能的加工要求。另外，日本理化学研究所开发采用在线电解修整复合磨削技术的 UPL 六轴加工机床，能高效磨削球面、非球面和平面透镜等高硬度和高脆性电子及光学材料的功能零件，以及塑性金属零件，尺寸精度和面形精度可达亚微米级，表面粗糙度可达纳米级。

而在超精密研磨抛光设备领域，美国 QED 公司开发和生产了 Q22-XE、Q22-400X、Q22-X/Y、Q22-750P 等磁流变系列研磨抛光设备，同时也开发了磁射流加工设备，用于微小光学零部件及光学模具的超精密研磨抛光。

国内，中国航空精密机械研究所成功研制出 Nanosys-300 非球面超精密复合加工系统，在非球面超精密光学加工机床各项关键技术的研究上取得了许多突破性成果；哈尔滨工业大学开发了 KDP 晶体超精密飞切加工机床等多种超精密机床；北京机床研究所研制出了多种不同类型的超精密机床；中国科学院长春光学精密机械与物理研究所曾于 1992 年成功研制出国内首台实用型非球面数控光学加工中心 FSGJ-I；国防科技大学自主研发了集铣磨成型、研磨、抛光于一体的光学非球面复合加工机床 AOCMT，利用该机床可以进行光学玻璃、碳化硅等硬脆性材料的光学非球面加工，也开发出 KDMRF-1000F 大口径非球面磁流变加工机床，用于大口径非球面光学零件的抛光。湖南大学开发了集超精密车削、磨削、磁流变抛光于一体的超精密复合加工机床，具有纳米级精度的在位测量装置，可实现各种复合加工。

1.5 小口径非球面模压制造技术发展趋势

小口径非球面加工制造向小型化、微型化，离轴非球面、高次自由光学曲面、微结构阵列，大批量、高效率，自动化柔性生产技术，高精度方向发展。随着高像素智能手机、光纤通信、5G 系统、无人机、无人驾驶系统的快速发展，非球面玻璃透镜的应用越来越广泛，精度要求也越来越高。超精密加工技术的发展促使光学模具的加工精度得到进一步提高；模压成型技术也在进一步发展，使得模压成型技术获得亚微米级面形精度和纳米级表面粗糙度成为可能。现在模具加工机床、测量仪器、模具材料、玻璃材料、模压机、镀膜设备绝大部分是进口的，如何实现国产化，降低成本，是推广应用的核心问题，急需开发多轴联动的非球面超精密复合加工机床设备、非球面加工与测量补偿软件、非球面检测技术及装备。而就非球面光学玻璃元件模压技术方面而言，主要应集中在这些方面努力：

(1) 模压仿真技术的研究。对模压成型过程进行数值仿真分析，并不断提高仿真模型的有效性，实现精准仿真；探讨模压阶段的蠕变行为、退火阶段的结构松弛，对残余应力、轮廓偏移、折射率等在模压成型过程中的变化进行预测；借助有限元软件对成型参数进行优化，降低成型透镜内部的残余应力；开展模压成型补偿技术的研究，基于仿真预测结果，对模具型腔的轮廓曲线进行预补偿修正，提高成型透镜的面形精度。

(2) 模压成型工艺的研究。模压成型机床本身的制造技术朝着低成本、自动化、高精度、高效率的方向发展；对模压成型的成型参数如模压温度、模压速率、退火速率等进行深入研究，探讨其对残余应力、轮廓偏移量的影响规律；对成型工艺参数进行优化，降低成型透镜的残余应力和轮廓偏移量。新模压工艺的开发方兴未艾，如超声辅助模压、非等温模压、多工位模压、极小尺度模压、微结构模压、阵列模压等。

(3) 新型模具材料的开发。模压用模具材料要求耐高温且高温下不易氧化，有足够的硬度，不与玻璃发生化学反应；有较低的热膨胀系数；易于加工出光学镜面。目前可用于模压的模具材料有碳化硅、碳化钨、玻璃碳、铜镍合金等。易于加工、无须镀膜且又满足使用性能要求的材料亟待开发。

(4) 光学模具的超精密制造技术的研究。在模压成型中，高质量的模具表面质量是成型透镜精度的有力保证。需要不断提高现有加工工艺的精度和开发出新的模具制造工艺、工具及加工机床。

(5) 模具镀膜技术的研究。对成型用模具表面进行镀膜，能有效避免氧化和延长模具的使用寿命，主要是镀膜材料和镀膜工艺的研究。

(6) 模压成型用玻璃材料的研究。目前光学玻璃模压成型一般是在 600℃ 以下的高温条件下，过高的温度给模压成型工艺成本带来了困难。亟待开发低熔点、环境友好型的新型光学玻璃材料。

参 考 文 献

[1] 尹韶辉, 大森整, 林伟民, 等. 一种光学材料高效超精密加工方法[J]. 中国机械工程, 2008, 19(21): 2540-2543.

[2] 铃木浩文, 田中克敏. マイクロ非球面の超精密研削に関する研究(第 2 报)[J]. 精密工学会议, 1998, 64(8): 1211-1215.

[3] 铃木浩文. 非球面光学部品の超精密加工に関する研究[D]. 仙台: 日本东北大学, 1997.

[4] 欧阳渺安. 超精密非球面镜面模具直轴磨削的研究[J]. 光学精密工程, 2006, 14(4): 545-552.

[5] Suzuki H, Kodera S, Maekawa S, et al. Study on precision grinding of micro aspherical surface feasibility study of micro aspherical surface by inclined rotational grinding[J]. Journal of the Japan Society of Precision Engineering, 1998, 14(4): 619-623.

[6] Suzuki H, Tankka K, Takeda H, et al. Study on precision grinding of micro aspherical surface(2nd Report): Effects of tool errors on workpiece form accuracies and its compensation methods[J]. Journal of the Japan Society of Precision Engineering, 1998, 64(8): 1211-1215.

[7] Suzuki H, Kuriyagawa T, Syoji K, et al. Study on ultra-precision grinding of micro aspherical surface(3rd Report) : Micronizing of aspherical surface in inclined rotational grinding[J]. Journal of the Japan Society of Precision Engineering, 1998, 64(9): 1350-1354.

[8] Saeki M, Kuriyagawa T, Lee J S, et al. Machining of aspherical opto-device utilizing parallel grinding method[C]. The 16th American Society for Precision Engineering Annil Metting, 2001, 433-436.

[9] 李立军, 张飞虎, 董申. 非球面平行法磨削技术研究[J]. 机械工程师, 2007, (1): 31-32.

[10] Saeki M, Kuriyagawa T, Syoji K, et al. Machining of aspherical molding dies utilizing parallel grinding method[J]. Journal of the Japan Society of Precision Engineering, 2002, 68(8): 1067-1071.

[11] Chen W K, Tsunemoto K, Huang H, et al. Machining of micro aspherical mould inserts[J]. Precision Engineering, 2005, 29(3): 315-323.

[12] Chen W K, Tsunemoto K, Huang H, et al. A novel form error compensation technique for tungsten carbide mould insert machining utilizing parallel grinding technology[J]. Key Engineering Materials, 2004, 257-258: 141-146.

[13] 张春河. 在线电解修整砂轮镜面磨削理论及应用技术的研究[D]. 哈尔滨: 哈尔滨工业大学, 1996.

[14] Ohmori H. Electrolytic in-process dressing(ELID)grinding method for ultra-precision mirror surface grinding[J]. Journal of Japan Society for Precision Engineering, 1993, 59(9): 1451.

[15] Ohmori H, Nakagawa T. Analysis of mirror surface generation of hard and brittle materials by ELID grinding with superfine grain metallic bond wheels[J]. CIRP Annals Manufacturing Technology, 1995, 44(1): 287-290.

[16] 周曙光, 关佳亮, 郭东明, 等. ELID 镜面磨削技术——综述[J]. 制造技术与机床, 2001, (2): 38-40.

[17] 李立军, 张飞虎, 董申. 非球面模芯 ELID 磨削技术研究[J]. 航空精密制造技术, 2006, 42(6): 12-14.

[18] Morita S, Suzuki T, Liu Q, et al. Ultraprecision ELID micro grinding for micro lens mold (nanoprecision elid grinding)[J]. Journal of the Japam Society for Abrasive Technology, 2005, 49(1): 243-246.

[19] Huang H, Kuriyagawa T. Nanometric grinding of axisymmetric aspherical mould inserts for optic/photonic applications[J]. International Journal of Machining & Machinability of Materials, 2007, 2(1): 71.

[20] Ohmori H. Mirror surface grinding of spherical and aspherical lens with electrolytic in-process

dressing[C]. 1992 年度磨粒加工学会学术演讲会, 1992: 129-130.

[21] Komanduri R, Lucca D A, Tani Y. Technological advances in fine abrasive process[J]. CIRP Annals Manufacturing Technology, 1997, 46(2): 545-595.

[22] Yin S H, Ohmori H, Lin W M, et al. Development on micro precision truing method for metal bonded diamond grinding wheel on ELID-grinding (2nd Report: Application to edge sharpening)[J]. Key Engineering Materials, 2005, 291-292: 213-218.

[23] Kramer D, Rehsteine F, Schumacher B. ECD (electrochemical in-process controlled dressing) a new method for grinding of modern high-performance cutting materials to highest quality[J]. CIRP Annals Manufacturing Technology, 1999, 48(1): 265-268.

[24] Wang Y, Zhou X J, Hu D J. An experimental investigation of dry-electrical discharge assisted truing and dressing of metal bonded diamond wheel[J]. International Journal of Machine Tools & Manufacture, 2006, 46(3): 333-342.

[25] Ohmori H. Electrolytic in-process dressing (ELID) grinding technique for ultraprecision mirror surface machining[J]. International Journal of the Japan Society for Precision Engineering, 1992, 26(4): 273-278.

[26] 滕燕, 盖玉先, 董申. 超精密磨削中的超硬砂轮修整技术[J]. 航空精密制造技术, 2000, 36(1): 17-20.

[27] Bhattacharyya B, Doloi B N, Sorkhel S K. Experimental investigations into electrochemical discharge machining(ECDM)of non-conductive ceramic materials[J]. Journal of Materials Processing Technology, 1999, 95(1): 145-154.

[28] Zhang C, Shin Y C. A novel laser-assisted truing and dressing technique for vitrified CBN wheels[J]. International Journal of Machine Tools & Manufacture, 2002, 42(7): 825-835.

[29] 陈根余, 谢小柱, 李力钧, 等. 超硬磨料砂轮修整与激光修整新进展[J]. 金刚石与磨料磨具工程, 2002, (2): 8-12.

[30] Hirao M, Izawa M. Water-jet in-process dressing(1st report)—Dressing property and jet pressure[J]. Proceedings of JSPE Semestrial Meeting, 1998, 64(9): 1335-1339.

[31] Ikuse Y, Nonokawa T, Kawabatan N, et al. Development of new ultrasonic dressing equipment[J]. Proceedings of JSPE Semestrial Meeting, 1996, 30(3): 217-222.

[32] Ohmori H, Nakagawa T. Mirror surface grinding of silicon wafers with electrolytic in-process dressing[J]. CIRP Annals Manufacturing Technology, 1990, 39(1): 329-332.

[33] Ohmori H, Katahira K. Electrolytic In-Process Dressing Grinding of Ceramic Materials[M]. Boca Raton: CRC Press, 2007.

[34] 尹韶辉, 唐昆, 朱勇建, 等. 小口径玻璃透镜热压成形模具的超精密微细磨削加工[J]. 中国机械工程, 2008, 19(23): 2790-2792, 2811.

[35] 尹韶辉, 龚胜, 何博文, 等. 小口径非球面斜轴磨削及磁流变抛光组合加工工艺及装备技术研究[J]. 机械工程学报, 2018, 54(21): 205-211.

[36] 尹韶辉, 陈逢军, 龚胜, 等. 小口径非球面光学玻璃透镜模具超精密数控复合机床的研发与应用[J]. 世界制造技术与装备市场, 2016, (4): 24-29.

[37] 杨辉. 超精密加工设备的发展与展望[J]. 航空制造技术, 2008, (24): 42-46.

[38] Beaucamp A, Freeman R, Morton R, et al. Removal of diamond-turning signatures on X-ray

mandrels and metal optics by fluid-jet polishing[J]. Proceedings of SPIE, 2008, 7018: 351-359.

[39] Gao S, Kang R K, Guo D M, et al. Study on the subsurface damage distribution of the silicon wafer ground by diamond wheel[J]. Advanced Materials Research, 2010, 126-128: 113-118.

[40] 王云飞, 姚英学, 余顺周. 回转对称非球面气囊抛光控制算法研究[J]. 现代制造工程, 2006, (8): 9-11.

[41] 倪颖, 李建强, 王毅, 等. 一种高效率小口径非球面数控抛光方法[J]. 光学技术, 2008, 34(1): 33-35.

[42] 王健, 郭隐彪, 朱睿. 光学非球面元件机器人柔性抛光技术[J]. 厦门大学学报, 2010, 49(5): 636-639.

[43] Ji S M, Zeng X, Jin M S. A new method for free surface polishing based on soft-consolidation abrasive pneumatic wheel[J]. Advanced Materials Research, 2012, 497: 190-194.

[44] Walker D D, Beaucamp A T H, Binghama R G, et al. Precessions aspheric polishing: New results from the development programme[J]. Proceedings of SPIE, 2004, 5180: 15-29.

[45] 袁巨龙, 吴喆, 吕冰海, 等. 非球面超精密抛光技术研究现状[J]. 机械工程学报, 2012, 48(23): 167-177.

[46] Nagano M, Yamaga F, Zettsu N, et al. Development of fabrication process for aspherical neutron focusing mirror using numerically controlled local wet etching with low-pressure polishing[J]. Nuclear Instruments and Methods in Physics Research A, 2011, 634: 112-116.

[47] 张巨帆, 王波, 董申. 大气等离子体抛光技术在超光滑硅表面加工中的应用[J]. 光学精密工程, 2007, 15(11): 1749-1755.

[48] 廖文林, 戴一帆, 周林, 等. 离子束作用下的光学表面粗糙度演变研究[J]. 应用光学, 2010, 31(6):1041-1045.

[49] 武建芬, 卢振武, 张红鑫, 等. 光学非球面离子束加工模型及误差控制[J]. 光学精密工程, 2009, 17(11): 2678-2683.

[50] Morj Y, Yamamura K, Endo K, et al. Creation of perfect surfaces[J]. Journal of Crystal Growth, 2005, 275(1-2): 39-50.

[51] Beaucamp A, Namba Y, Inasaki I, et al. Finishing of optical moulds to $\lambda/20$ by automated corrective polishing[J]. CIRP Annals Manufacturing Technology, 2011, 60(1): 375-378.

[52] Beaucamp A T, Namba Y, Charlton P, et al. Advances in corrective finishing of optical moulds for future aspheric hard X-ray telescopes[J]. Optical Society of America-Frontiers in Optics, 2013, 675: 468-472.

[53] Suzuki H, Moriwaki T, Okino T, et al. Development of ultrasonic vibration assisted polishing machine for micro aspheric die and mold[J]. CIRP Annals Manufacturing Technology, 2006, 55(1): 385-388.

[54] Suzuki H, Hamada S, Okino T, et al. Ultraprecision finishing of micro aspheric surface by ultrasonic two-axis vibration assisted polishing[J]. CIRP Annals Manufacturing Technology, 2010, 59(1): 347-350.

[55] Guo J, Moritab S Y, Hara M, et al. Ultra-precision finishing of micro-aspheric mold using a magnetostrictive vibrating polisher[J]. CIRP Annals Manufacturing Technology, 2012, 61(1): 371-374.

[56] Singh A K, Jha S, Pandey P M. Design and development of nanofinishing process for 3D surfaces using ball end MR finishing tool[J]. International Journal of Machine Tools & Manufacture, 2011, 51(1): 142-151.

[57] Singh A K, Jha S, Pandey P M. Magnetorheological ball end finishing process[J]. Materials and Manufacturing Processes, 2012, 27(4): 389-399.

[58] Kordonski W, Shorey A. Magnetorheological(MR) jet finishing technology[J]. Journal of Intelligent Material Systems and Structures, 2007, 18(12): 1127-1130.

[59] Kordonski W I, Shorey A B. Magnetorheological jet(MRJet) finishing technology[J]. Journal of Fluids Engineering,Transactions of the ASME, 2006, 128(1): 20-26.

[60] Tricard M，Shorey A. Magnetorheological jet finishing of conformal, free form and steep concave optics[J]. CIRP Annals Manufacturing Technology, 2006, 55(1): 309-312.

[61] Kordonski W, Shorey A B, Sekeres A. New magnetically assisted finishing method: Material removal with magnetorheological fluid jet[J]. Optical Manufacturing and Testing V, 2003, 5180: 107-144.

[62] 戴一帆, 张学成, 李圣怡, 等. 确定性磁射流抛光技术[J]. 机械工程学报, 2009, 45(5): 171-176.

[63] Peng W Q, Li S Y, Guan C L, et al. Improvement of magnetorheological finishing surface quality by nanoparticle jet polishing[J]. Optical Engineering, 2013, 52(11): 410-416.

[64] Kordonski W I, Golini D. Fundamentals of magnetorheological fluid utilization in high precision finishing[J]. Journal of Intelligent Material Systems and Structures, 1999, 10(9): 683-689.

[65] Lim C H, Kim W B, Lee S H, et al. Surface polishing of three dimensional micro structures[C]. Proceedings of the IEEE International Conference on MEMS, 2004: 709-712.

[66] Don G, Mike D M, William K, et al. MRF polishes calcium fluoride to high quality [J]. Laser Focus World, 2001, 37(7): 5-9.

[67] Tricard M, Dumas P R, Golini D, et al. SOI wafer polishing with magnetorheological finishing(MRF)[C]. IEEE International SOI Conference, 2003: 127-129.

[68] Kaku T, Kuriyagawa T, Yoshihara N. Electrorheological fluid-assisted polishing of WC micro aspherical glass moulding dies[J]. International Journal of Manufacturing Technology and Management, 2006, 9(1-2): 109-119.

[69] Kuriyagawa T, Saeki M, Syoji K. Electrorheological fluid-assisted ultra-precision polishing for small three-dimensional parts[J]. Precision Engineering, 2002, 26(4): 370-380.

[70] Saito T, Ito S, Mizukami Y, et al. Precision abrasive jet finishing of cemented carbide[J]. Key Engineering Materials, 2005, 291-292: 371-374.

[71] Yan J W, Tamaki J, Syoji K, et al. Ductile regime machining of single-crystal CaF_2 for aspherical lenses[J]. Key Engineering Materials, 2004, 257-258: 95-100.

[72] Yan J W, Tamaki J, Syoji K, et al. Development of a novel ductile-machining system for fabricating axisymmetric aspheric surfaces on brittle materials[J]. Key Engineering Materials, 2003, 238-239: 43-48.

[73] Yan J W, Syoji K, Kuriyagawa T. Fabrication of large-diameter single-crystal silicon aspheric lens by straight-line enveloping diamond-turning method[J]. Journal of the Japan Society of Precision Engineering, 2002, (68): 561-565.

[74] Yan J W, Tamaki J, Kubo A. Ultraprecision diamond turning of optical crystals for advanced infrared optical components[J]. Proceedings of the SPIE—The International Society for Optical Engineering, 2003, 2: 173-175.

[75] Yan J W, Syoji K, Tamaki J.Crystallographic effects in micro/nanomachining of single-crystal calcium fluoride[J]. Journal of Vacuum Science & Technology B, 2004, 22(1): 46-51.

[76] Cogburn G, Mertus L, Symmons A. Molding aspheric lenses for low-cost production versus diamond turned lenses[J]. Proceedings of the SPIE—The International Society for Optical Engineering, 2010, 7660: 766-820.

[77] Latimer D G, Fantozzi L R. Fast 8-to 12-μm objectives utilizing multiple aspheric surfaces[J]. Proceedings of SPIE—The International Society for Optical Engineering,1999, 3698: 882-890.

[78] Klingmann J L, Sommargren G E. Sub-nanometer interferometry and precision turning for large optical fabrication[M]. California: Lawrence Livermore National Laboratory, 1999.

[79] Chon K S, Namba Y, Yoon K H. Single-point diamond turning of aspheric mirror with inner reflecting surfaces[J]. Key Engineering Materials, 2008, 364-366: 39-42.

[80] Kim H S, Kim E J, Song B S. Diamond turning of large off-axis aspheric mirrors using a fast tool servo with on-machine measurement[J]. Journal of Materials Processing Technology, 2004, 146(3): 349-355.

[81] Leung H M, Zhou G, Yu H, et al. Diamond turning and soft lithography processes for liquid tunable lenses[J]. Journal of Micromechanics and Microengineering, 2010, 20(2): 250-262.

[82] Liu X D, Lee L C, Ding X, et al. Ultraprecision turning of aspherical profiles with deep sag[C]. IEEE International Conference on Industrial Technology, 2002: 1152-1157.

[83] Zhong Z W, Lu Y G. Fractal roughness structure of diamond-turned copper mirrors[J]. Materials and Manufacturing Processes, 2003, (18): 219-227.

[84] Klocke F, Dambon O, Bulla B. Diamond turning of aspheric steel molds for optics replication[J]. Proceedings of the SPIE—The International Society for Optical Engineering, 2010, 7590: 759-770.

[85] Solk S V, Shevtsov S E, Yakovlev A A. Characteristic features of the diamond turning method of fabrication of optical components for laser radiation transport systems[J]. Journal of Optical Technology, 1999, 66(11): 997-999.

[86] Valencia J C, Bedoya I H. Explicit parallel curves of non-degenerate conic curves for the turned CNC of aspheric conic lenses and mirrors[J]. Revista EIA, 2008, (10): 31-43.

[87] Chen C A, Chen C M, Chen J. Toolpath generation for diamond shaping of aspheric lens array[J]. Journal of Materials Processing Technology, 2007, 192-193: 194-199.

[88] Jiang W D. Diamond turning aspheric projector mirrors[J]. Proceedings of the SPIE—The International Society for Optical Engineering, 2007, 6722: 227-250.

[89] Pun A M, Wong C, Chan N S, et al.Unique cost-effective approach for multisurfaced micro-aspheric lens prototyping and fabrication by single-point diamond turning and micro-injection molding technology[J]. Proceedings of the SPIE—The International Society for Optical Engineering, 2004, 5252: 217-224.

[90] Zhang X D, Fang F Z, Cheng Y, et al. High-efficiency ultra-precision turning for complex aspheric mirrors[J]. Nanotechnology and Precision Engineering, 2010, (8): 346-351.

[91] Han C S, Zhang L J, Dong S. Research on mathematical models of new diamond turning for nonaxisymmetric aspheric mirrors[J]. Key Engineering Materials, 2008, 364-366: 35-38.

[92] Han C S, Zhang L J, Dong S, et al. Error analysis of a rotating mode diamond turning large aspherical mirrors[J]. Proceedings of the SPIE—The International Society for Optical Engineering, 2990, 7282: 282-283.

[93] Han C S, Zhang L J, Dong S, et al. A new method of ultra-precision diamond turning large optical aspheric surface[J]. Journal of Harbin Institute of Technology, 2007, (39): 1062-1065.

[94] Xie J, Geng A B, Xiong C X, et al. Single-point diamond mirror turning of infrared aspheric lens[J]. Optics and Precision Engineering, 2004, (12): 566-569.

[95] Cao Y H, Li L, Gao G J, et al. Design of aspherical metal mirrors used in infrared thermal imaging systems[J]. Proceedings of the SPIE—The International Society for Optical Engineering, 2005, 5638: 344-351.

[96] 尹韶辉, 朱科军, 余剑武, 等. 小口径非球面玻璃透镜模压成形[J]. 机械工程学报, 2012, 48(15): 182-192.

[97] Ananthasayanam B. Computational modeling of precision molding of aspheric glass optics[D]. Clemson: Clemson University, 2008.

[98] Shibaura Machine[EB/OL]. http://www.toshiba-machine.co.jp/jp/index.html[2020-10-20].

[99] Hirota S, Sugawara K, Izumitani T. Method of molding glass body[P]: US4778505. 1988-10-18.

[100] Taniguchi Y, Hirabayashi K. Mold for forming an optical element[P]: US5676723. 1997-10-14.

[101] Meden-Piesslinger G A A, van de Heuvel J H P. Precision pressed optical components made of glass and glass suitable therefore[P]: US4391915. 1983-7-5.

[102] Kubo H, Nomura T, Tanaka H, et al. Glass molding process and molding apparatus for the same[P]: US5250099. 1993-10-5.

[103] Budinski M K, Nelson J J, Bourdage P D, et al. Mold and compression molding method for microlens arrays[P]: US6305194. 2001-10-23.

[104] Budinski M K, Pulver J C, Nelson J J, et al. Glass mold material for precision glass molding[P]: US6363747. 2002-4-2.

[105] Fujiwara S, Komine N, Jinbo H. Forming method of silica glass and forming apparatus thereof[P]: US6505484. 2003-1-14.

[106] Hatakeyama S, Kikuchi K. Optical element having integrated optical lens and lens holder, and production method therefore[P]: US6567224. 2003-5-20.

[107] Chuang H. Method for manufacturing mold[P]: US20090278269A1. 2008-10-30.

[108] Shishido K, Sugiura M, Shoji T. Aspect of glass softening by master mold[J]. Proceedings of SPIE—The International Society for Optical Engineering, 1995, 2536: 421-433.

[109] Hosoe S, Masaki Y. High-speed glass-molding method to mass produce precise optics[J]. Proceedings of SPIE—The International Society for Optical and Photonics, 1995, 2576: 115-120.

[110] Aoyama S, Yamashita T. Planar microlens arrays using stumping replication method[J]. Proceedings of SPIE—The International Society for Optical and Photonics,1997, 3010: 11-17.

[111] Wittwer V, Gombert A, Rose K, et al. Applications of periodically structured surfaces on glass[J].

Glass Science and Technology, 2000, 73(4): 116-118.

[112] Zhong D, Mustoe G G W, Moore J J, et al. Finite element analysis of a coating architecture for glass-molding dies[J]. Surface and Coatings Technology, 2001, 146-147: 312-317.

[113] Fukuyama S, Matsuzuki I, Fujii H. Press forming machine for optical devices[P]: US6823697. 2004-11-30.

[114] Murakoshi H, Matsumura S. Apparatus for forming glass elements[P]: US20030056545. 2003-3-27.

[115] Shibaura Machine[EB/OL]. https://www.shibaura-machine.co.jp/cn/product/nano/lineup/gmp/shiyo.html [2020-11-15].

[116] Gurtin M, Sternberg G. Further Study of Thermal Stresses in Viscoelastic Materials with Temperature Dependent Properties[M]. Jerusalem: Jerusalem Academic Press, 1962.

[117] Lalykin N, Mazurin O. Mathematical model for the process of annealing flat glass[J]. Glass and Ceramics, 1984, 41(2): 9-13.

[118] Mauch F, Jackle J. Thermo-viscoelastic theory of freezing of stress and strain in a symmetrically cooled infinite glass plate[J]. Journal of Non-Crystalline Solids, 1994, 170(1): 73-86.

[119] Zhou H M, Xi G D, Li D Q. Modeling and simulation of shrinkage during the picture tube panel forming process[J]. Journal of Manufacturing Science and Engineering, 2007, 129(2): 380-387.

[120] Saotome Y, Kenichi I, Narihito S. Micro-formability of optical glasses for precision molding[J]. Journal of Materials Processing Technology, 2003, 140(1-3): 379-384.

[121] Yan J W, Zhou T F, Masuda J, et al. Modeling high-temperature glass molding process by coupling heat transfer and viscous deformation analysis[J]. Precision Engineering, 2009, 33(2): 150-159.

[122] Yan J W, Zhou T F, Oowada T, et al. Precision machining of microstructures on electroless plated NiP surface for molding glass components[J]. Journal of Materials Processing Technology, 2009, 209(10): 4802-4808.

[123] Yan J W, Zhou T F, Oowada T, et al. Shape transferability and microscopic deformation of molding dies in aspherical glass lens molding press[J]. Journal of Manufacturing Technology Research, 2009, 1(1-2): 85-102.

[124] Zhou T F, Yan J W, Masuda J, et al. Investigation on ultraprecision molding process for microgrooves on glass plate[C]. The 3rd International Conference of Asian Society for Precision Engineering and Nanotechnology, 2009: 65-68.

[125] Zhou T F, Yan J W, Yoshihara N, et al. Investigation on the transferability of precision molding press for aspherical glass lens[C].The 8th International Conference on Frontiers of Design and Manufacturing, 2008: 1-6.

[126] Haken U, Humbach O, Ortner S, et al. Refractive index of silica glass: Influence of fictive temperature[J]. Journal of Non-Crystalline Solids, 2000, 265(1): 9-18.

[127] Fotheringham U, Baltes A, Fischer P, et al. Refractive index drop observed after precision molding of optical elements: A quantitative understanding based on the Tool-Narayanaswamy-Moynihan model[J]. Journal of the American Ceramic Society, 2008, 91(3): 780-783.

[128] Jain A. Experimental study and numerical analysis of compression molding process for manufacturing precision aspherical glass lens[D]. Columbus: The Ohio State University, 2006.

[129] Yi A Y, Jain A. Compression molding of aspherical glass lens a combined experimental and numerical analysis[J]. Journal of the American Ceramic Society, 2003, 88(3): 579-586.

[130] Jain A, Yi A Y. Numerical modeling of viscoelastic stress relaxation during glass lens forming process[J]. Journal of the American Ceramic Society, 2005, 88(3): 530-535.

[131] Jain A, Yi A Y. Finite element modeling of structural relaxation during annealing of a precision molded glass lens[J]. Journal of Manufacturing Science and Engineering, 2006, 128(3): 683-690.

[132] Jain A, Firestone G, Yi A Y. Viscosity measurement by cylindrical compression for numerical modeling of precision lens molding process[J]. Journal of the American Ceramic Society, 2005, 88(9): 2409-2414.

[133] Jain A, Yi A Y. Finite element modeling of stress relaxation in glass lens moulding using measured temperature-dependent elastic modulus and viscosity data of glass[J]. Modelling and Simulation in Materials Science and Engineering, 2006, 14(3): 465-477.

[134] Jain A, Yi A Y. Viscoelastic stress analysis of precision aspherical glass lens forming process using finite element method[C]. The 19th Annual ASPE Conference on Precision Engineering, 2004: 1-8.

[135] Jain A, Yi A Y. Numerical simulation of compression molding of aspherical glass lens[C]. The 8th International Conference on Numerical Methods in Industrial Forming Processes, 2004: 1-5.

[136] 郑超. 精密模压成型用硫系红外玻璃研究[D]. 西安: 西安工业大学, 2009.

[137] 郑超, 坚增运, 常芳娥, 等. 成分对 Gexse90-xSb10 玻璃特征温度及性能的影响[J]. 西安工业大学学报, 2009, 29(l): 52-55.

[138] 沈萍. 红外玻璃的模压制造研究[D]. 西安: 西安工业大学, 2011.

[139] 刘卫国, 沈萍. 粘弹性聚合物微压印过程的仿真[J]. 西安工业大学学报, 2010, 30(6): 511-516.

[140] 刘卫国, 沈萍. 硫系玻璃的粘弹性及模压工艺的仿真[J]. 红外与激光工程, 2012, 41(3): 569-574.

[141] Liu W G, Shen P, Jin N. Viscoelastic properties of chalcogenide glasses and the simulation of their molding processes[J]. Physics Procedia, 2011, 19: 422-425.

[142] 曾召. 硫系红外玻璃的微晶化及精密模压成型[D]. 西安: 西安工业大学, 2011.

[143] 坚增远, 曾召, 萤广志, 等. 硫系红外玻璃的研究进展[J]. 西安工业大学学报, 2011, 31(1): 1-8.

[144] 赵玮. 精密热成型光学玻璃透镜的折射率场偏差及矫正方法研究[D]. 合肥: 中国科学技术大学, 2009.

[145] Zhao W, Chen Y, Shen L, et al. Refractive index and dispersion variation in precision optical glass molding by computed tomography[J]. Applied Optics, 2009, 48(19): 3588-3595.

[146] Zhao W, Chen Y, Shen L, et al. Investigation of the refractive index distribution in precision compression glass molding by use of 3D tomography[J]. Measurement Science and Technology, 2009, 20(5): 055109.

[147] Shu Z, Shen L, Zhao W, et al. Numerical optimized design of cooling system for 8MeV irradiation accelerator[C]. The 11th International Conference on Electrical Machines and System, 2008: 932-936.

[148] Zhu K J, Yin S H, Yu J W, et al. Finite element analysis on non-isothermal glass molding[J]. Advanced Materials Research, 2010, 497: 240-244.

[149] Zhu K J, Yin S H, Yu J W, et al. Influences of model's shape on molding time in glass molding pressing[J]. Advanced Materials Research, 2011, 581-582: 645-648.

[150] Zhang D C, Zhu K J, Zhu Y J, et al. Application of orthogonal test in numerical simulation of glass lens molding[J]. Advanced Materials Research, 2012, 497: 245-249.

[151] 尹韶辉, 王玉方, 朱科军, 等. 微小非球面玻璃透镜超精密模压成形数值模拟[J]. 光子学报, 2010, 39(11): 2020-2024.

[152] 王玉方. 非球面光学玻璃透镜超精密模压成形数值模拟[D]. 长沙: 湖南大学, 2010.

[153] 尹韶辉, 霍建杰, 周天丰, 等. 小口径非球面透镜模压成形加热加压参数仿真[J]. 湖南大学学报(自然科学版), 2011, 38(1): 35-39.

[154] 霍建杰. 非球面玻璃透镜模压成型应力状态及成型形状的数值模拟与仿真[D]. 长沙: 湖南大学, 2010.

[155] 尹韶辉, 靳松, 朱科军, 等. 非球面玻璃透镜模压成型的有限元应力分析[J]. 光电工程, 2010, 37(10): 110-115.

[156] 靳松. 光学玻璃镜片模压成形的温度场及应力场有限元仿真研究[D]. 长沙: 湖南大学, 2010.

[157] Yin S H, Zhu K J, Wang Y F, et al. Numerical simulation on two-step isothermal glass lens molding[J]. Advanced Materials Research, 2009, 128(126): 564-569.

第 2 章 小口径非球面磨削及误差补偿

随着加工精度向纳米级方向发展，通过提高机床本身精度、降低内部热源发热量、严格控制加工环境来减小加工误差而达到纳米级精度，在技术上实现起来越来越困难，成本也越来越高。即使使用纳米精度机床，也需要通过误差补偿的方法进一步提高加工精度。超精密机床误差补偿的基本思想就是通过测量、分析、统计及归纳等措施掌握原始误差的特点和规律，建立误差数学模型，尽量抵消或减少原始误差，从而减少加工误差，提高零件的加工精度[1]。软件误差补偿法既可以实现单项误差补偿，也可以实现综合误差补偿。

2.1 小口径非球面磨削方式

2.1.1 直交轴磨削

传统的轴对称光学非球面的磨削，多采用直交轴磨削方式。如图 2.1 所示，砂轮主轴平行于 Y 轴，而工件主轴平行于 Z 轴，两者相互位置是垂直关系；砂轮的磨削轨迹是一条平行于 XOZ 平面的曲线，即非球面子午线。这样在加工过程的某个时刻，砂轮上只有一点同工件接触，因此磨削时砂轮的磨损也主要发生在这一点上。采用这种方式进行磨削时，砂轮的旋转方向同工件的旋转方向也是相互垂直的，因此加工后在零件表面会产生明显的磨痕。如果曲面的最小曲率半径较

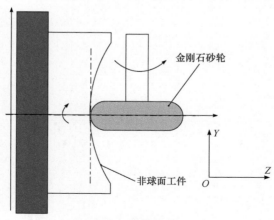

图 2.1 直交轴磨削

小，此时只能用小直径的金刚石砂轮进行磨削加工；若该零件凹面较深，则当砂轮与工件垂直放置时，砂轮轴会与工件发生干涉。因此，直交轴磨削主要应用于大口径非球曲面零件加工。而对于微小非球凹面零件的加工，该加工方法会受到限制。

2.1.2　平行磨削

在加工轴对称非球面时，砂轮轴线与工件轴线同时位于 XOZ 平面内并呈一定的角度，如图 2.2 所示，此时轴对称非球面子午线为 XOZ 平面内关于工件主轴轴线 N_1 对称的曲线，砂轮按角速度 ω_2 绕砂轮轴线 N_2 高速旋转，工件绕机床主轴 N_1 以角速度 ω_1 旋转，控制磨削点轨迹可加工出任意面形的轴对称非球面光学零件。平行磨削时，不再使用 V 形砂轮，而是采用球头砂轮作为磨削工具，通过砂轮球形截面包络出被加工表面，在砂轮包络磨削过程中，砂轮与工件的起始接触点在磨削过程中将随着被加工非球面在加工点的曲率半径变化而沿着砂轮圆弧形截面移动到另外一点，而不是固定的一点，砂轮的使用区域增大为球面的一部分，因而提高了砂轮的使用寿命，降低了砂轮的磨损，也相应地降低了被加工工件的表面粗糙度，减小了砂轮在半径方向上的磨损，提高了被加工工件的面形精度。平行磨削方式可以避免传统磨削方式中在大陡度及大口径非球面磨削加工过程中砂轮与工件的干涉。

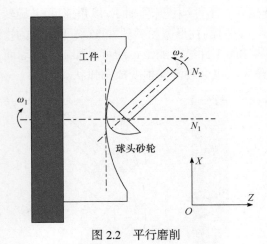

图 2.2　平行磨削

2.1.3　单点斜轴磨削

如图 2.3 所示，单点斜轴磨削可以有效避免砂轮与工件发生干涉，加工时砂轮轴线与工件轴线同时位于 XOZ 平面内并呈一定的角度 θ_ω。砂轮沿非球面路径移动，同时砂轮绕砂轮轴线高速旋转，工件绕机床主轴低速旋转[2]。与传统的直交轴磨削加工方法相比,采用单点斜轴磨削方法时,砂轮的磨损得到了一定的改善,砂轮的使用寿命得到了提高,工件的面形精度也得到了提高[3]。

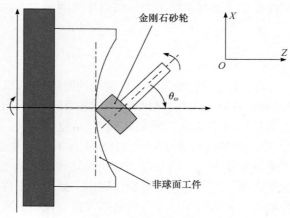

图 2.3　单点斜轴磨削

1. X、Z 两轴控制斜轴磨削

加工时,砂轮轴线 N_2 与工件轴线 N_1 同时位于 XOZ 平面内并呈一定的角度 $\theta=45°$,利用两轴联动数控机床控制砂轮沿非球面路径移动,使砂轮按角速度 ω_1 绕砂轮轴线 N_2 高速旋转,工件绕机床主轴 N_1 以角速度 ω_2 旋转。采用圆柱形微粉砂轮,如图 2.4 所示,此时圆柱形微粉砂轮在 XOZ 平面内的投影为一个直角,利用砂轮直角尖点对非球面工件进行加工,便可以加工出非球面。两轴控制时磨削点会不断变化,直角尖点也会逐渐磨损变成圆弧状。

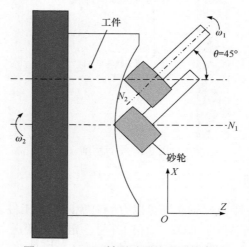

图 2.4　X、Z 两轴联动圆柱形砂轮磨削

2. X、Z、B 三轴控制斜轴磨削

图 2.5 为采用 X、Z、B 三轴联动圆柱形砂轮磨削示意图。利用圆柱形微粉砂轮，初始加工时的砂轮轴线 N_2 与工件轴线 N_1 同时位于 XOZ 平面内并呈一定的角度 $\theta=45°$。由于圆柱形微粉砂轮在 XOZ 平面内的投影为一个直角，对刀时让砂轮直角投影的尖点在 XOZ 平面内对正工件的中心点。通过 X、Z、B 三轴联动，砂轮沿非球面路径移动进行加工，砂轮按角速度 ω_1 绕砂轮轴线高速旋转，工件绕机床主轴以角速度 ω_2 旋转，则可以加工出任意面形的非球面光学零件。加工时 B 轴的旋转始终使砂轮轴线 N_2 与对应非球面曲线上过加工点 (x_m, z_m) 的法线 N_m 相交成固定角度 45°，同时与过该点的切线 L_m 也相交为 45°，这样理论上在 XOZ 平面内砂轮与工件的接触点为固定点[4]。

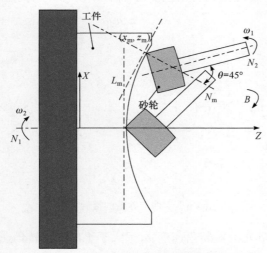

图 2.5　X、Z、B 三轴联动圆柱形砂轮磨削

2.2　小口径非球面磨削误差分析

2.2.1　砂轮 Y 向误差

砂轮 Y 向误差会使工件中心出现小凸台，但对测量的面形误差曲线基本没有很大的影响。刀具向上或向下偏差，凸台的形状会不一样。Y 向误差除了对凸台有影响，还会影响另外两个因素[5]：一是实际的加工范围要比设定值偏大；二是它会使实际的切削深度比理论设定切削深度大。

1. Y 向误差判别

在磨削过程中，工件与砂轮的接触关系如图 2.6 所示。砂轮轴线相对工件轴线倾斜一定角度，砂轮沿 X 向进给，Y 向固定。实际上，砂轮与工件在 Y 向可能存在对刀定位误差，导致无法加工到中心位置，从而使磨削后的工件中心形成一个小的圆弧锥形。根据砂轮对刀位置与工件旋转中心的位置关系，将产生两种形式的偏差：$d>0$ 的正偏差和 $d<0$ 的负偏差。如图 2.6 所示，当砂轮在工件旋转中心的正上方 d 处，设非球面工件磨削点处的径向距离为 R_d，工件轴的旋转角速度为 ω_1，则该加工点处的工件线速度 V_1 为

$$V_1 = \pi\sqrt{R_d^2 + d^2}\,\omega_1 \tag{2.1}$$

若砂轮的半径为 r，砂轮的旋转角速度为 ω_2，则砂轮外周线速度 V_2 为

$$V_2 = \pi r \omega_2 \tag{2.2}$$

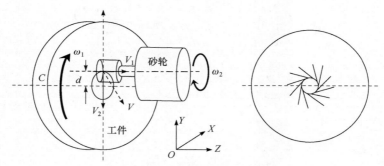

图 2.6　工件与砂轮的接触关系

一般情况下，砂轮的旋转角速度 ω_2 远大于工件的旋转角速度 ω_1，当 X 向的磨削距离为 R_d 时，相对线速度为砂轮与工件在 R_d 处的线速度的合成速度，且两者不平行。如图 2.6 所示，磨粒的磨削痕迹微观上呈涡旋状，当到达工件中心附近时，工件的旋转速度非常小，因此在中心附近的磨粒划痕更为明显。磨粒划痕的方向与该点处的砂轮旋转方向有关。

2. Y 向误差对工件形状的影响

如图 2.7 所示，假设理想的加工轮廓方程为 $f(x)$，XOY 面上的理想加工进给路径为 $A_1B_1C_1O$。由于存在正向对刀误差，砂轮实际上沿 AB_2C 路径进给磨削，而工件依然绕中心 O 旋转。当砂轮磨削至 B_2 点位置时，由于同心原理，实际磨削量与 B_1 位置相同，设此时 B_1 点的 X 向坐标为 x，则该点的实际磨削轮廓范围为 $d \leqslant x \leqslant D/2$，$D$ 为球面工件直径。实际的砂轮加工到 C 点时，即理论的 X 向已经

到达中心，此时在 X 向实际磨削只到 C_1 点，有 $x = d$。在 $x < d$ 的工件中心区域，砂轮无法磨削。切深误差 ΔZ 与误差 d 的关系可以表示为

$$\Delta Z = f(x) - f\left(\sqrt{x^2 - d^2}\right), \quad d \leqslant x \leqslant D/2 \tag{2.3}$$

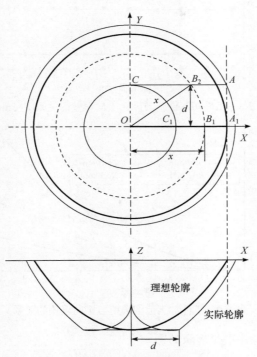

图 2.7　砂轮 Y 向误差形成的工件误差

图 2.8 显示了工件切深误差与砂轮 Y 向误差的关系。图中，X 表示球面工件半径方向的位置值。当 Y 向误差分别为 5μm、10μm、20μm 和 30μm，而球面工件半径 R 为 5mm 时，砂轮加工的切深误差各有区别。可以得到：总的切深误差的变化值不是很大；加工同样口径的工件，砂轮 Y 向误差越大，则工件切深误差越明显；对于小口径工件的磨削，在径向方向的切深误差变化并不大。

另外，Y 向误差同样会造成工件加工范围的增大，其关系可以表示为

$$\Delta X = \sqrt{R^2 + d^2} - R \tag{2.4}$$

式中，ΔX 为球面工件半径的增大值；R 为球面工件半径。

图 2.9 显示了工件半径分别为 5mm、10mm、20mm 和 30mm 时加工范围误差与 Y 向误差 d 的关系。由图可以得到：相同 Y 向误差时，对于小口径的工件，加工范围误差更为明显，但是总体来说加工范围的变化不是很大。

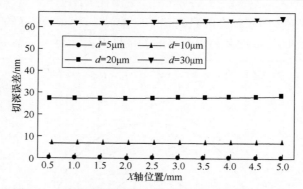

图 2.8　工件切深误差与砂轮 Y 向误差的关系(R=5mm)

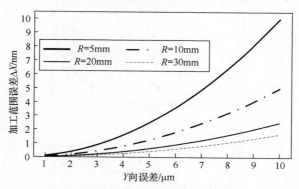

图 2.9　工件加工范围误差与 Y 向误差的关系

3. Y 向误差对工件中心形状的影响

工件中心残余的凸起形状与砂轮的形状及加工方式有关。图 2.10(a)为直角或

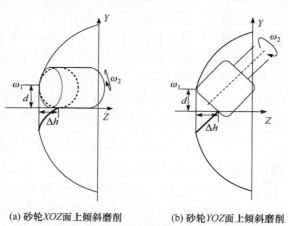

(a) 砂轮XOZ面上倾斜磨削　　　　(b) 砂轮YOZ面上倾斜磨削

图 2.10　砂轮 Y 向误差对工件中心形状的影响

圆弧砂轮水平倾斜(*XOZ* 面上倾斜)加工方式，砂轮磨削点位于圆柱上的一个倾斜的椭圆面上，即图中所示的虚线。当加工到中心附近时，砂轮的椭圆弧去除工件中心部分区域，剩余部分则为圆弧锥形。当砂轮以如图 2.10(b)所示的方式进行倾斜加工(*YOZ* 面上倾斜)时，可以得到形状近似为一个三角锥形的工件中心的磨削区域。此时产生的圆弧锥形的直径 d 与锥形高度 Δh 可以表示为

$$\Delta h = d \tan \alpha_{\mathrm{d}} \tag{2.5}$$

式中，角度 α_{d} 为工件面与砂轮轴的夹角。

2.2.2　砂轮 *X* 向误差

砂轮对刀时，X 向的对刀误差对加工面形精度有很大的影响。通常的非球面超精密磨削中，曲面形状有凹形与凸形，而 X 向也有两种对刀误差形式，即"向外偏差"与"向内偏差"。由此相应产生的轮廓误差曲线的形状可以看成 V 形与 Λ 形。如果凹面加工时的砂轮"向外偏差"(图 2.11(a))或者凸面的砂轮"向内偏差"，则通过测量后可以获得一个 V 形轮廓误差曲线。同样，如果凹面加工时的砂轮"向内偏差"(图 2.11(b))或者凸面的砂轮"向外偏差"，则通过测量可以获得一个 Λ 形的轮廓误差曲线。因此，通过测量加工后的工件表面，可以区分砂轮在 X 向的对刀误差类型。

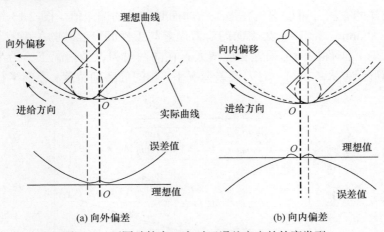

图 2.11　不同砂轮在 X 向对刀误差产生的轮廓类型

1. 球面加工 *X* 向误差

图 2.12 显示了砂轮的 X 向误差与磨削后的球面工件轮廓误差的关系。e_i 为在任意一点 T_i 处测量的轮廓误差，R 为球面工件的半径，x_i 为在任意点 T_i 处的 X 向坐标。e_x 为砂轮在 X 向的对刀误差，有如下关系：

$$e_x = x_i - \sqrt{R^2 - \left(\sqrt{R^2 - x_i^2} + e_i\right)^2} \tag{2.6}$$

$$e_i = \sqrt{R^2 - (x_i - e_x)^2} - \sqrt{R^2 - x_i^2}, \quad x_i \geqslant e_x \tag{2.7}$$

当凹球面工件为 Λ 形(向内偏移)时，e_x 可表示为

$$e_x = \sqrt{R^2 - \left(\sqrt{R^2 - x_i^2} - e_i\right)^2} - x_i \tag{2.8}$$

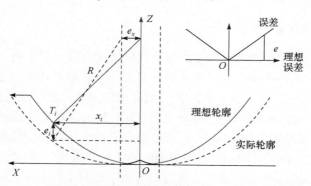

图 2.12　砂轮的 X 向误差与磨削后的球面工件轮廓误差的关系

　　用同样的方法，可以求出在加工凸球面时砂轮的偏差值。图 2.13 给出了当工件口径为 5mm 时，砂轮在 X 向的对刀误差与工件面形误差的关系。当对刀误差 e_x 变大时，工件的面形误差相应增大；在同一对刀误差情况下，沿半径方向外周的面形误差大；在同一对刀误差情况下，相同的磨削位置，磨削半径大时误差小。

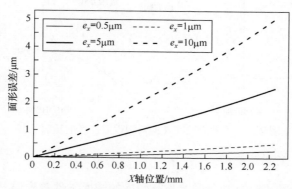

图 2.13　砂轮加工凹球面时 X 向对刀误差与工件面形误差的关系

2. 非球面加工 X 向误差

当轮廓型面为非球面时，必须根据非球面的轮廓方程进行计算。图 2.14 为凹非球面向外偏移的情况，则砂轮的 X 向对刀误差 e_x 与某磨削点 T_i 测量的轮廓误差 e_i 的关系可以表示为

$$f(x_i - e_x) + e_i = f(x_i) \tag{2.9}$$

式中，$f(x)$ 为理想非球面轮廓曲线方程。该式直接计算比较困难，可以用牛顿迭代法进行迭代求解获得 e_x。当凹非球面向内偏移时，砂轮在 X 向的对刀误差 e_x 与某切削点 T_i 测量的轮廓误差 e_i 的关系同样可以类似表示为

$$f(x_i + e_x) = f(x_i) + e_i \tag{2.10}$$

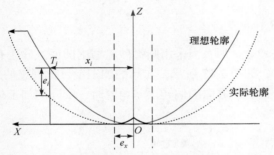

图 2.14 凹非球面曲线的砂轮 X 向向外偏移对刀误差的计算

图 2.15 为工件半径为 2.5mm 时，砂轮磨削非球面时 X 向对刀误差与工件面形误差的关系。其误差关系与磨削球面时相似。

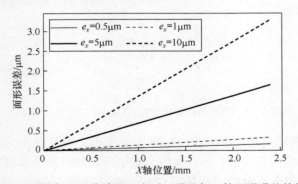

图 2.15 砂轮加工凹非球面 X 向对刀误差与工件面形误差的关系

2.2.3 B 轴角度误差

斜轴磨削加工平缓曲面时，砂轮的角度偏转误差对工件的加工影响比较小，但是当球面、非球面的曲率比较大或者高陡度时则会有一定影响。理想的斜轴磨

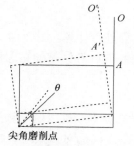

图 2.16　斜轴磨削砂轮偏转情况

削方式是工件轴线和砂轮轴线为一定的角度(45°)。如果 B 轴旋转中心点位于砂轮磨削点,那么当砂轮进行直角尖点加工,或者砂轮前端圆弧非常小时(图 2.16),若 B 轴偏转一个角度 θ,其误差非常小,对于加工非高陡度的工件面,该误差完全可以忽略不计。当 B 轴旋转中心点不是在加工点,而是在砂轮轴线上的某个位置点或者是在砂轮的中心,或者砂轮圆弧较大时,若初始接触点的角度调整不准确,则会产生较大的工件面形误差。

1. 圆弧砂轮 B 轴角度误差

如果旋转点在 O 点,那么当采用圆弧砂轮磨削凹面且砂轮有一个顺时针方向的偏转误差角度时,如图 2.17 所示,实际的加工量要比理想的加工量大;反之,当圆弧砂轮有一个逆时针方向的偏转误差角度时,实际的加工量要比理想的加工量小。

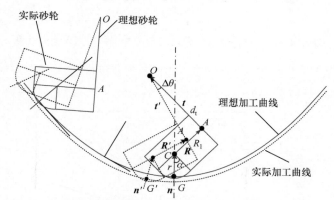

图 2.17　圆弧砂轮磨削凹面时顺时针旋转角度误差

对于 X、Z 两轴磨削加工方式,如图 2.17 所示,假设 O 点为砂轮轴的旋转参考点,C 点为砂轮圆弧的中心点,实线为理想砂轮的位置及理想加工曲线,虚线为 B 轴存在旋转误差时的实际砂轮位置及实际的加工曲线。理想的曲线设为 $Z=f(x)$,假设磨削点法矢量 $\boldsymbol{n}$ 与轴线矢量 $\boldsymbol{t}$ 的夹角为 α,则 GC 与 CA 的夹角为 $90°-\alpha$。砂轮前端圆弧(磨削断面处的圆弧)的半径为 r,CA 的长度为 R_1,CA 对应的矢量为 $\boldsymbol{R_1}$,AO 的距离为 d_t,且对应的矢量为 $\boldsymbol{t}$,即砂轮的轴线矢量为

$$E^{\Delta\theta} = \begin{bmatrix} \cos\Delta\theta & 0 & \sin\Delta\theta \\ 0 & 1 & 0 \\ -\sin\Delta\theta & 0 & \cos\Delta\theta \end{bmatrix} \qquad (2.11)$$

矢量 R_1 可以看成磨削点法矢量 n 顺时针旋转 $90°-\alpha$ 获得，或者可以看成砂轮的轴线矢量 t 顺时针旋转 $90°$ 获得，即

$$R = E^{(-90°+\alpha)} \times n = E^{-90°} \times t \qquad (2.12)$$

则理想磨削点 G 与理想的砂轮参考点 O 的矢量关系为

$$O = G + r \times n + R_1 \times R + d_t \times t = G + r \times n + R_1 \times E^{(-90°+\alpha)} \times n + d_t \times E^{\alpha} \times n \qquad (2.13)$$

由式(2.13)可以知道，由磨削点 G 坐标可以计算出理想的砂轮参考点 O 的坐标位置以及转角值(与矢量 t 的夹角)。图 2.18 给出了轴心在磨削点 G 时的砂轮偏转误差。实际上，在对刀或者调整砂轮的位置时，砂轮的转角可能产生误差，即实际的砂轮轴线的转角与理想的转角偏差一个值 $\Delta\theta$。此时必须推导出实际磨削点的位置。在虚线所示的矢量关系中，实际的轴线矢量 t' 由理想的轴线矢量 t 顺时针旋转一个偏差角度 $\Delta\theta$ 获得，则有

$$\begin{aligned} G' &= O - d_t \times t' - R_1 \times R' - r \times n' \\ &= O - d_t \times E^{\alpha-\Delta\theta} \times n - R_1 \times E^{-90°+\alpha-\theta} \times n - r \times E^{-\Delta\theta} \times n \end{aligned} \qquad (2.14)$$

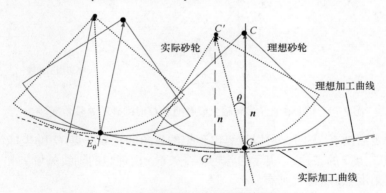

图 2.18　轴心在磨削点 G 时砂轮偏转误差

在一般情况下，将圆弧顶点作为磨削点，角度 α 设置为 $45°$，可以根据理想的磨削点的坐标获得实际的磨削点。如果砂轮轴半径 R_1、砂轮轴长度 d_t 都为零，即轴心设置为磨削点 G。角度误差情况则变为

$$G' = G + r \times E^{\Delta\theta} \times n - r \times n \qquad (2.15)$$

在获得实际的磨削点 G' 后，则可以获得整个实际的加工曲线。假设 G' 处的坐标为 (X'_g, Z'_g)，将 X_g 代入目标曲线 $f(x)$，则可以获得理想曲线上 B 点的坐标值为

$(X_g, f(X_g))$。相应的曲线误差 E_θ 为

$$E_\theta = f(X'_g) - Z'_g \tag{2.16}$$

以上为对于凹面曲线及砂轮顺时针转角偏差的分析，对 θ 值为正值，当偏差角为逆时针角度时，θ 值相应变为负值，其计算方法一样。

2. 直角砂轮 B 轴角度误差

当砂轮为直角砂轮时，B 轴角度误差如图 2.19 所示。在磨削点 G 处法矢量为 n，由于直角砂轮加工过程中，砂轮轴线 t 始终与法矢量 n 保持 45°，则有

$$t = E^{45°} \times n \tag{2.17}$$

对于理想磨削点 G_1，理想的砂轮参考点 O 的矢量关系为

$$O = G_1 + r_z \times n + d_z \times t = G + r_z \times n + d_z \times E^{45°} \times n \tag{2.18}$$

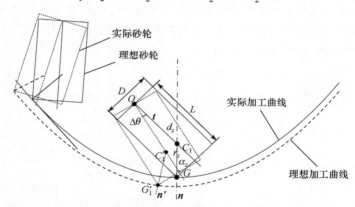

图 2.19　轴心在直角砂轮轴上或磨削点 G 时的砂轮 B 轴角度误差

当确定磨削点 G 时，可以计算出理想的直角砂轮参考点 O 的坐标位置以及转角值(与矢量 t 的夹角)。实际的砂轮轴线矢量 t' 由理想的轴线矢量 t 顺时针旋转一个偏差角度 $\Delta\theta$ 所得，则有

$$t' = E^{-\Delta\theta} \times t = E^{-\Delta\theta} \times E^{45°} \times n = E^{45°-\Delta\theta} \times n \tag{2.19}$$

实际的磨削点法矢量 n' 为实际轴线矢量 t' 顺时针旋转 45° 所得，有

$$n' = E^{-45°} \times t' = E^{-45°} \times E^{45°-\Delta\theta} \times n = E^{-\Delta\theta} \times n \tag{2.20}$$

实际的磨削点 G' 的位置可以由以下矢量式获得

$$G'_1 = O - d_z \times t' - r \times n' = O - d_z \times E^{45°-\Delta\theta} \times n - r_z \times E^{-\Delta\theta} \times n \tag{2.21}$$

图 2.20 显示了当球面工件直径为 5mm，砂轮前端圆弧(砂轮磨削断面处的圆弧)半径 r 为 0.1mm，B 轴角度误差 β 分别为 −10°、−5°、0°、5°、10° 时的理想加工

曲线和实际加工曲线比较，$\beta=0°$ 时为设计的理想曲线。如图 2.20 所示，砂轮前端小圆弧半径为 0.1mm，当 B 轴角度误差为 ±5° 时，实际加工曲线多切了约 0.4μm；当 B 轴角度误差为 ±10° 时，实际加工曲线多切了约 1.8μm。当 B 轴角度误差为正或者负时，其曲线相同，只是曲线误差的开始点与结束点不同。

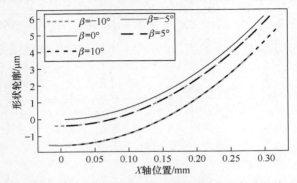

图 2.20　B 轴角度误差与工件形状的关系(球面工件直径为 5mm)

图 2.21 为当加工球面工件直径为 6mm，砂轮前端半径 r 为 0.1mm，B 轴角度误差 β 分别为 0.1°、1°、5° 时的加工后面形误差的比较，$\beta=0°$ 时为设计的理想曲线，表明：偏转角度误差增大、圆弧砂轮前端半径增大都会使面形误差变化较大；对于一定的角度误差和圆弧砂轮前端半径，在整个工件加工径向区域变化不大。

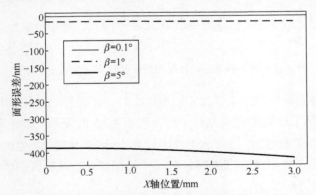

图 2.21　B 轴角度误差与面形误差的关系(球面工件直径为 6mm)

2.2.4　砂轮半径误差

砂轮在修整时会产生尺寸误差，或者砂轮经过上次磨削后因磨损等各种因素也会产生尺寸误差，使其理想半径与实际半径存在一定的误差，从而使工件产生明显的加工误差。因此，砂轮的半径误差是超精密误差补偿磨削中重点考虑的因素之一[6-9]。图 2.22 为加工凹球面时砂轮理想半径比实际半径小的情况。R 为球面工件的半径，ΔR 为砂轮半径误差，理想砂轮大小与理想加工曲线为虚线，而实际的砂轮大小与实际砂轮加工曲线为实线。Δh 为磨削点 X_i 处的实际加工曲线与理想曲线偏差值，h 为 X_i 处的设计曲线，有 $h = f(x)$，根据三角形 OAB 的几何关系：

$$\Delta h = R - \Delta R - h - \sqrt{(R - \Delta R)^2 - x_i^2} = -\Delta R + \sqrt{R^2 - x_i^2} - \sqrt{(R - \Delta R)^2 - x_i^2} \tag{2.22}$$

当然，也可以反推出磨削点处的测量误差 Δh 再计算砂轮半径误差 ΔR：

$$\Delta R = R - \frac{x_i^2 + (h + \Delta h)^2}{2(h + \Delta h)} = R - \frac{x_i^2 + \left(R - \sqrt{R^2 - x_i^2} + \Delta h\right)^2}{2\left(R - \sqrt{R^2 - x_i^2} + \Delta h\right)} \tag{2.23}$$

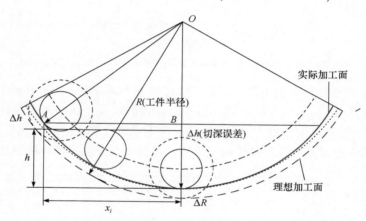

图 2.22　加工凹球面时砂轮理想半径比实际半径小的情况

当加工凹球面砂轮理想半径比实际半径小时，ΔR 变为 $-\Delta R$，则相应 Δh 变为 $-\Delta h$。

图 2.23 显示了砂轮半径误差与工件面形误差 Δh 的关系。砂轮半径误差越大，产生的工件面形误差越大。当球面工件半径有 1mm 变化时，产生的工件面形误差趋势相同。球面工件半径 R 变大时，在同样的位置处，其相同的砂轮半径误差产生的面形误差要小。

图 2.24 为加工凹非球面时的砂轮半径偏大产生的面形误差示意图。$f(x)$ 为设计的理想加工曲线。由点 A、B、C 的几何关系可以得到

$$\Delta h(x + \Delta R \sin \theta_1) = f(x + \Delta R \sin \theta_1) - f(x) + \Delta R \cos \theta_1 - \Delta R \tag{2.24}$$

式中，$\tan \theta_1 = f'(x)$，图中，$x' = x + \Delta R \sin \theta_1$，角度 θ_1 为设计曲线在 X 处的法线夹角。当确定 X 后，则可以确定 $x' = x + \Delta R \sin \theta_1$，可以获得该点的残余偏差 $\Delta h(x')$。同理，当砂轮偏小产生误差时，ΔR 为负值即可。

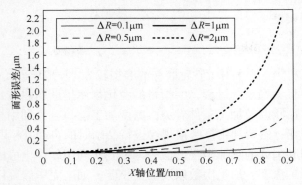

图 2.23 砂轮半径误差与工件面形误差的关系(R=1mm)

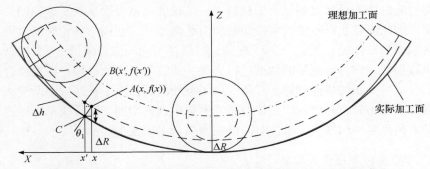

图 2.24 加工凹非球面时砂轮半径误差情况(理想半径比实际半径小)

图 2.25 显示了当加工口径为 1mm 时砂轮半径误差ΔR 分别取 0.1μm、0.5μm、1μm、2μm 时与面形误差之间的关系，相关参数采用后面章节开发软件的非球面参数。由图可以看出：当半径误差增大时，面形误差增大；具体的形状偏差与非球面方程的偏离值也有关系。一般在 X=0 即工件轴心附近为不连续的误差曲线，其与砂轮的形状有关，同样会产生凸起或者凹陷。

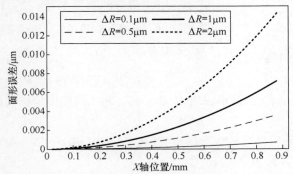

图 2.25 砂轮半径误差与工件面形误差的关系(加工口径为 1mm)

2.2.5　砂轮磨损误差

1. 砂轮磨损测试方法

在磨削硬脆材料的过程中，砂轮磨粒的磨损较大[10]，造成砂轮尺寸的变化[11]。磨损是一个复杂且不稳定的过程，磨损量的变化规律呈渐变曲线，它与砂轮和加工工件的材料、形状以及加工条件有关。磨削加工前，首先利用相同的磨削条件测试砂轮磨损规律，然后利用该磨损规律进行磨削时的自动补偿[12]。首先将砂轮修整为直角，即磨削处的圆弧半径近似为零；其次利用软件生成的试加工程序磨削工件，确定加工深度、加工次数以及加工长度，加工完毕后，用磨损后的砂轮在石墨材料上加工一条短的直线型凹槽。磨削石墨材料时，砂轮的磨损非常小，可以将砂轮的磨损形状复制到石墨材料上，该轮廓误差直接反映了砂轮的几何误差情况，因此能够获得砂轮的半径误差和面形误差[13]。利用形状轮廓仪对该石墨加工区域的横截面进行测量，为了准确，可以在不同的位置测量 3～5 次；利用计算机数据处理软件对测量的数据进行去噪、滤波与平均化处理；再选择合适的区域拟合成一个新的最佳砂轮半径值。加工点处的圆弧由于被磨损逐渐变大，当加工圆弧非常小时，其磨损比较快；随着磨削次数的增加，圆弧曲率半径逐渐变大；随着圆弧半径的变大，单位时间内的磨损量逐渐变小。

2. 砂轮磨损半径最佳拟合

为了获得磨损后砂轮圆弧的最佳半径，根据处理后的测量数据，本书采用最

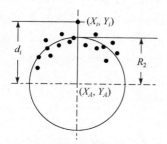

图 2.26　圆弧半径的最小二乘
法拟合

小二乘法对加工后的砂轮圆弧轮廓进行拟合。如图 2.26 所示，假设测量数据拟合的圆弧曲线表示为

$$R_2^2 = (X - X_A)^2 + (Y - Y_A)^2$$
$$= X^2 - 2XX_A + X_A^2 + Y^2 - 2YY_A + Y_A^2 \tag{2.25}$$

式中，R_2 为拟合的圆弧半径；(X_A, Y_A) 为拟合圆弧的圆心坐标。假设 $a = -2X_A$，$b = -2Y_A$，$c = X_A^2 + Y_A^2 - R_2^2$，则有

$$X^2 + aX + Y^2 + bY + c = 0 \tag{2.26}$$

只要求出 a、b、c，就可以求出 X_A、Y_A、R_2，即能确定圆弧的拟合半径及圆弧中心。

假设测量的砂轮外形轮廓数据集为 (X_i, Y_i)，$i=1, 2, \cdots, N$，每个点到中心坐标 (X_A, Y_A) 的距离分别为 d_i，则有

$$d_i^2 = (X_i - X_A)^2 + (Y_i - Y_A)^2 = X_i^2 + aX_i + Y_i^2 + bY_i + c + R^2 \tag{2.27}$$

根据最小二乘法原理，每个数据点到圆心的距离平方与拟合的最佳半径平方 R_2^2 的差的所有和值为

$$\text{Fit}(a,b,c) = \sum_{i=1}^{n} \delta_i^2 = \sum_{i=1}^{n} (d_i^2 - R^2)^2 = \sum_{i=1}^{n} (X_i^2 + aX_i + Y_i^2 + bY_i + c)^2 \quad (2.28)$$

求得 a、b、c 使得 $\text{Fit}(a,b,c)$ 最小。对 $\text{Fit}(a,b,c)$ 函数分别求 a、b、c 的偏导数，当函数为极值时，其偏导数为零，则可以得到最佳最小二乘拟合值：

$$X_A = -0.5a, \quad Y_A = -0.5b, \quad R_2 = 0.5\sqrt{a^2 + b^2 - 4c}$$

3. 砂轮磨损状况分析

随着磨削次数的增加，砂轮磨损量逐渐增加，但是磨损速度逐渐下降。如果考虑不同粒度砂轮磨损情况，则如表 2.1 所示，砂轮磨粒越大，磨损情况对加工件面形精度的影响越明显；砂轮的磨粒越小，砂轮越致密，磨损量越小。

表 2.1　不同砂轮磨损情况[14]

砂轮型号	总切入量/μm	单次切入量/μm	总磨损量/μm
325#	260	2	50
1200#	40	0.5	30
4000#	8	0.5	3
8000#	8	0.5	1

2.2.6　X 向、偏角、磨损与半径误差分离方法

在实际加工过程中，由于多种因素融合在一起，加工后测量的误差曲线包含了所有的误差值。为了将上述各种误差影响进行分离与提取，可以采用最小二乘法从误差曲线分离出主要的误差影响值。主要考虑的误差有 X 向误差 Δx、砂轮半径误差 ΔR、角度偏转误差 $\Delta \theta$、磨损误差 ΔW，其他误差影响比较小，可以忽略。因此，总的误差可以表示为

$$E_i(\Delta x, \Delta R, k, \tau) = E_{\Delta x}(x_i) + E_{\Delta \theta}(x_i) + E_{\Delta R}(x_i) + E_{\Delta W}(x_i) \quad (2.29)$$

式中，k、τ 为拟合函数的特定参数，

$$E_{\Delta x}(x_i) = F(x_i) - F(x_i - e_x) \quad (2.30)$$

$$E_{\Delta \theta}(x_i) = E_\theta = F(X_g) - Z_g \quad (2.31)$$

$$E_{\Delta R}(x_i) = E_{\Delta R}(x + \Delta R \sin \theta_1) = \Delta h(x + \Delta R \sin A)$$
$$= f(x + \Delta R \sin A) - f(x) + \Delta R \cos A - \Delta R \tag{2.32}$$

$$E_{\Delta W}(x_i) = k(R - x_i)^\tau - kR^\tau \tag{2.33}$$

测量的点集为(x_i, E_i)，$i=1, 2, \cdots, N$，选取测量曲线远离中心的部分点。采用最小二乘法求解，则有残差平方和为

$$S(\Delta x, \Delta R, k, \tau) = \sum (E_i(\Delta x, \Delta R, k, \tau) - E_{\Delta\theta}(x_i) - E_{\Delta x}(x_i) - E_{\Delta R}(x_i) - E_{\Delta W}(x_i))^2 \tag{2.34}$$

对式(2.34)中各个参数求偏导数有

$$\frac{\partial S(\Delta x, \Delta\theta, \Delta R, k, \tau)}{\partial \Delta x} = 0, \quad \frac{\partial S(\Delta x, \Delta\theta, \Delta R, k, \tau)}{\partial \Delta\theta} = 0, \quad \frac{\partial S(\Delta x, \Delta\theta, \Delta R, k, \tau)}{\partial \Delta R} = 0$$

$$\frac{\partial S(\Delta x, \Delta\theta, \Delta R, k, \tau)}{\partial \tau} = 0, \quad \frac{\partial S(\Delta x, \Delta\theta, \Delta R, k, \tau)}{\partial k} = 0 \tag{2.35}$$

利用非线性方程组可以求得各个系数值，则可以根据测量的工件面形误差数据来分离出各个主要的单项误差值。

2.3　小口径非球面磨削面形误差补偿方法

根据实际加工方法与加工条件不同等情况，深入考虑各种误差因素对加工工件面形精度的影响程度，对单项误差分别进行分析，实现逐个或者部分组合消除，从而逐渐提高精度。对于超精密磨床磨削非球面，各种因素产生的面形误差由测量所获得的面形误差统一表现出来。先对加工后的工件进行形状测量，测量数据经处理后得到实际磨削曲线，再与目标曲线进行比较，得到误差函数；将其引入修正的 NC 程序中再加工，从而降低面形误差。

2.3.1　直接补偿法

在磨削补偿过程中直接考虑 Z 向补偿，同时综合考虑补偿次数与补偿量的关系。在误差补偿过程中，设第 i 次加工时加工点的坐标值为 $(x, z_x^{(i)})$，面形误差为 $e_x^{(i)}$，则第 i+1 次加工时有[10]

$$z_x^{(i+1)} = z_x^{(i)} - K \cdot e_x^{(i)} \tag{2.36}$$

式中，K 值的确定可以通过如下步骤。设

$$z_x^{(i+1)} = \frac{1}{n}\sum_i \left(z_x^{(i)} - e_x^{(i)}\right)n \tag{2.37}$$

其中，n 为参照过去误差数据处理的次数。例如，当 $n=2$ 时，参照过去两次的误差数据，有

$$z_x^{(i+1)} = \frac{1}{2}\left\{\left(z_x^{(i)} - e_x^{(i)}\right) + \left(z_x^{(i-1)} - e_x^{(i-1)}\right)\right\} \tag{2.38}$$

则有如下递推表达式：

$$z_x^{(2)} = z_x^{(1)} - e_x^{(1)}$$

$$z_x^{(3)} = \frac{1}{2}\left\{\left(z_x^{(2)} - e_x^{(2)}\right) + \left(z_x^{(1)} - e_x^{(1)}\right)\right\} = \frac{1}{2}\left\{\left(z_x^{(2)} - e_x^{(2)}\right) + z_x^{(2)}\right\} = z_x^{(2)} - \frac{e_x^{(2)}}{2}$$

$$z_x^{(4)} = \frac{1}{3}\left\{\left(z_x^{(3)} - e_x^{(3)}\right) + \left(z_x^{(2)} - e_x^{(2)}\right) + \left(z_x^{(1)} - e_x^{(1)}\right)\right\}$$

$$= \frac{1}{3}\left\{\left(z_x^{(3)} - e_x^{(3)}\right) + 2z_x^{(3)}\right\} = z_x^{(3)} - \frac{e_x^{(3)}}{3} \tag{2.39}$$

$$\cdots$$

$$z_x^{(i+1)} = \frac{1}{i}\left\{\left(z_x^{(i)} - e_x^{(i)}\right) + \left(z_x^{(i-1)} - e_x^{(i-1)}\right) + \cdots + \left(z_x^{(2)} - e_x^{(2)}\right) + \left(z_x^{(1)} - e_x^{(1)}\right)\right\}$$

$$= \frac{1}{i}\left\{\left(z_x^{(i)} - e_x^{(i)}\right) + (i-1)\cdot z_x^{(i)}\right\} = z_x^{(i)} - \frac{e_x^{(i)}}{i}$$

结合式(2.39)有 $K=1/i$，可以得知：利用补偿次数 i 除以此次相应 X 轴的面形误差，可以均衡第 i 次的补偿效果。补偿值基于每次不同的 X、Z 加工坐标值进行补偿修改，因此必须要知道上次的磨削坐标值；同时该方法没有考虑到磨削方式与补偿关系，将其简单地考虑成直接 Z 向进给磨削补偿，而实际上的磨削方向是沿着工件的法向方向进行的。

2.3.2　法向磨削补偿法

1. 法向误差函数的生成

1) 法向面形误差的求解

首先将实际磨削曲线与目标曲线在法向方向上进行比较并计算。图 2.27 显示了法向面形误差为正或者为负时的关系图。$\boldsymbol{n}_{2i}(a_{2i}, c_{2i})$ 为目标轮廓曲线上的任意点 F_i 在该曲线上的法矢量，且与实际磨削轮廓曲线的交点为 M_i，则法向距离 ΔE_i 为点 F_i 的法向加工面形误差。点 M_i 与点 F_i 的距离即面形误差 ΔE_i 为

$$\Delta E_i = \sqrt{(X_{mi} - X_i)^2 + (Z_{mi} - Z_i)^2} \qquad (2.40)$$

同时，根据点 M_i 与点 F_i 的关系判断误差的正负。应用同样的方法，可以得到超精密磨削后的工件磨削轮廓与目标轮廓的面形误差函数。

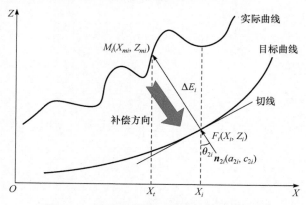

图 2.27　轴对称曲面的法向面形误差计算

需要注意的是，利用目标曲线上对应的法线与拟合的曲线求法向偏距时，必须根据不同的拟合曲线采用不同的方法求解交点。

2) 最小二乘法拟合曲线与目标曲线的法向交点

最小二乘法拟合曲线与目标曲线的法向交点如图 2.28 所示。交点方程可以表示为

$$y = G(x)$$
$$y = y_0 - \frac{1}{f'(x_0)}(x - x_0) \qquad (2.41)$$

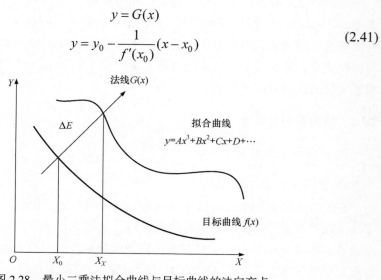

图 2.28　最小二乘法拟合曲线与目标曲线的法向交点

设函数 $F(x)$ 为

$$F(x) = G(x) - y_0 + \frac{1}{f'(x_0)}(x - x_0) = 0 \tag{2.42}$$

求解的 x 即交点 M_i 的 X 坐标。可以采用牛顿迭代法进行求解。

3) NURBS 拟合曲线与目标曲线的法向交点

NURBS 曲线是由节点矢量表示的，由于它的特殊性，对于与分段函数曲线交点的求解，必须考虑到其节点方程，本节提出利用迭代循环法与中值搜索法进行交点的求解。图 2.29 显示了 NURBS 拟合曲线与目标曲线交点的求解过程。对于不同象限的凹凸曲面，其主要求解方法基本类似。$x_i (i = 0, 1, \cdots, n)$ 是目标曲线 $f(x)$ 任意一个设计点 T_i 的 X 坐标，则该点 T_i 的法线方程可以表示为

$$N_i(x) = f(x_i) - (x - x_i)/f'(x_i) \tag{2.43}$$

$P(u_{3+j})(j = 0, 1, \cdots, m)$ 是拟合曲线 $P(u)$ 的各个已知型值点，即滤波后的测量值，$\{u_{3+j}\}(j = 0, 1, \cdots, m)$ 为节点矢量，算法如下。

(1) 初始化标识参数 $i=0$，$j=0$。

(2) 计算设计曲线上设计点 T_i 的法线方程 $N_i(x) = f(x_i) - (x - x_i)/f'(x_i)$。

(3) 根据已知型值点(如 U、V、W、$\cdots$)的值 $P(u_{3+j}) = (x(u_{3+j}), z(u_{3+j}))$，计算该点与法线方程 $N_i(x)$ 的位置关系 $\mathrm{Det} = z(u_{3+j}) - N_i(x(u_{3+j}))$。

(4) 若 $\mathrm{Det} < -\varepsilon$，则交点位于法线的下侧(如 U、V 点)，设置 $j=j+1$，搜索下一个型值点(如从 U 点到 V 点，或者从 V 点到 W 点)，跳转到(3)。

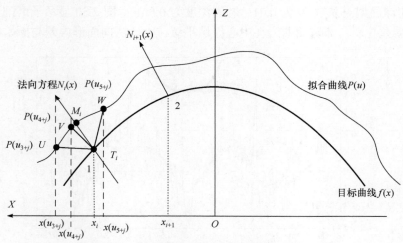

图 2.29　NURBS 拟合曲线与目标曲线求解交点

(5) 若 $|\mathrm{Det}| < \varepsilon$，则该交点为法线与拟合曲线的交点($M_i$ 点)，确定 j 值和

$M_i = (x(u_{3+j}),\ z(u_{3+j}))$，跳转到(7)。

(6) 若 Det>ε，则点位于法线的上侧(如 W 点)，确定 M_i 点在节点矢量区间 $[x(u_{3+j-1}),\ z(u_{3+j})]$(如 V、W 之间)，采用中值法继续搜索交点值。

① 令$u = (u_{3+j-1} + u_{3+j})/2$，计算 $P(u) = (x(u),\ z(u))$，计算 $\text{Det}\_2 = z(u) - N_i(x(u))$。

② 若$|\,\text{Det}\_2\,|<\varepsilon$，则找到 $[x(u_{3+j-1}),\ z(u_{3+j})]$ 区间的 u 值和交点坐标 $M_i = (x(u),\ N_i(x(u)))$，跳转到(7)。

③ 若 Det_2>ε，则拟合曲线在法线上侧，设置$u_{3+j} = u$，转至①。

④ 若 Det_2<$-\varepsilon$，则拟合曲线在法线下侧，设置$u_{3+j-1} = u$，转至①。

(7) 确定 i、j 值，计算 M_i 点对应的误差值 $\Delta E_i = T_i M_i$。

(8) 判断 T_i 是否为最后点，若是，则结束；若不是，则继续求解下一个设计点(如 2 点)$i = i+1$ 的误差，同时从上一个型值点 $j = j-1$(如 V 点)继续迭代查找，跳至(2)。

4) 法向面形误差求解比较

为了比较法向面形误差与原始 Z 向的面形误差，在进行非球面加工后，利用在位测量系统测量非球面误差曲线，进而利用不同的面形误差提取方法做进一步处理。非球面误差曲线方程可表示为

$$Z = \frac{x^2}{R_{\text{base}} + \sqrt{R_{\text{base}}^2 - (1+k)x^2}} + A_4 x^4 \tag{2.44}$$

非球面口径为 6.3mm，凸非球面的基圆半径 R_{base} 为 11.7mm，二次系数 k 为 11.1，非球面偏离系数 A_4 为 0.01，磨削深度为 0.5μm。图 2.30 显示了磨削试验后的面形误差比较。非球面曲线在中心区域平缓，因此法向面形误差与原始的 Z 向

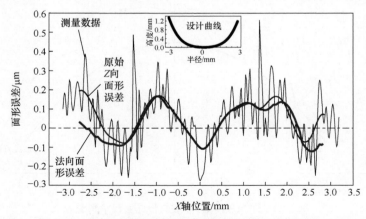

图 2.30　磨削试验后面形误差比较(滤波截止波长 0.8mm)

面形误差的区别较小；但从中心向两外侧，设计曲线逐渐变陡，使得误差明显变大，并且法向面形误差小于原始的 Z 向面形误差。

2. X、Z 轴直交磨削补偿

针对直交轴形式的两轴联动磨削，利用砂轮的大圆弧进行包络磨削，在补偿磨削时必须考虑砂轮中心与磨削点的位置关系。基于圆弧包络磨削原理，补偿方法如图 2.31 所示。图中，PM 为上次测量曲线，PA 为实际磨削曲线，设上一次加工理想点在 F_i 点，实际的加工点设在 M_i 点，根据对称性，为了使实际的加工点位于 F_i 点，必须改变砂轮的加工位置至 H_i 点。NP 为砂轮新路径。以理想磨削 F_i 点的切线为对称线，作 M_i 点的对称点 H_i，同理可以得到实际曲线 PA 对称于目标曲线 TP 的对称线 SP。补偿加工时，砂轮沿着补偿曲线 SP 的法矢量方向 $\boldsymbol{n}_{3i}$ 进行

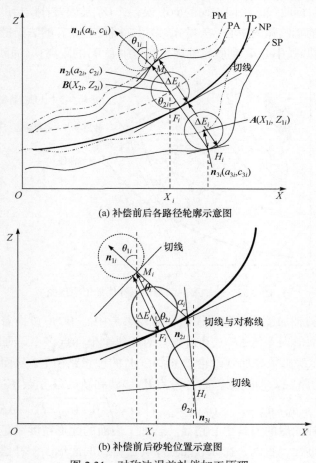

(a) 补偿前后各路径轮廓示意图

(b) 补偿前后砂轮位置示意图

图 2.31　对称法误差补偿加工原理

补偿加工。$n_{1i}(a_{1i}, c_{1i})$ 为实际磨削曲线上任意点 M_i 的法矢量；$n_{2i}(a_{2i}, c_{2i})$ 为目标曲线上点 F_i 的法矢量；$A(X_{1i}, Z_{1i})$ 为下一次实际磨削点处的砂轮中心；$B(X_{2i}, Z_{2i})$ 为理想磨削点处的砂轮中心。根据接触点的关系，误差补偿的矢量方程可以表示为

$$A = B + n_{2i}(\Delta E_i + R) + n_{3i}R \tag{2.45}$$

3. X、Z 斜轴磨削补偿

考虑砂轮参考点与磨削点的位置关系，进行斜轴误差补偿加工。为获得新的补偿砂轮路径，必须首先确定磨削点与圆柱形圆弧砂轮参考点的坐标关系。图 2.32 为斜轴磨削两轴误差补偿加工原理图，它显示了目标轮廓、砂轮理想路径和砂轮新路径的矢量关系。砂轮小的前端圆弧与工件接触，并沿着目标曲线的法矢量方向进行补偿加工。图中，W_i 为目标轮廓曲线加工的理想砂轮中心坐标；面形误差 ΔE_i 是上次磨削曲线与目标曲线的法向方向的面形误差；W_i' 是误差补偿后的新砂轮中心坐标；O_i 为砂轮前端圆弧的中心；矢量 n_{2i} 为目标路径上点 T_i 的法矢量，R_t 为前端圆弧半径；R_w 为圆弧中心 O_i 到砂轮轴理想参考中心 W_i 的距离；t 为砂轮的轴矢量。

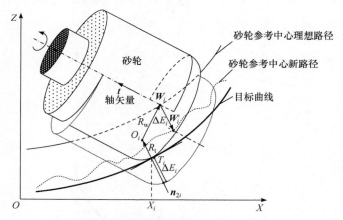

图 2.32　斜轴磨削两轴误差补偿加工原理图

为了补偿斜轴加工后的面形误差，砂轮参考中心 W_i 应该沿着目标曲线的法向移动相应的面形误差值 ΔE_i 进行补偿。对于每个坐标点 X_i，当加工 T_i 点时，相应的面形误差 ΔE_i 必须叠加到砂轮参考中心 W_i 的理想路径上，从而获得新的参考中心 W_i' 的补偿路径，即砂轮轴心参考点 W_i 移动到新的参考点 W_i'，可以得到

$$W_i' = T_i + R_t \times n_{2i} + R_w \times (n_{2i} - n_{2i} \times t) \times t \times 1/\sqrt{1 - (n_{2i} \times t)^2} - \Delta E_i \times n_{2i} \tag{2.46}$$

从而可以得到补偿后的刀具中心路径。若加工表面的面形精度满足要求，则结束误差补偿加工过程；否则，在原数控程序与已得到的面形误差补偿函数的基础上进行新一轮高精度的补偿加工循环，直至加工表面的面形精度满足要求。

4. X、Z、B 磨削补偿

根据单点斜轴磨削方式，X、Z、B 三轴单点斜轴磨削补偿方法如图 2.33 所示。根据已获取的法向面形误差和目标曲线，确定圆柱形的前端圆弧(直角)砂轮的补偿路径。在补偿加工时，砂轮沿着目标轮廓曲线的法矢量方向移动相应的法向面形误差 ΔE_i，确定磨削点的坐标与砂轮沿着 B 轴中心(即 A_i 点)旋转的角度。砂轮沿着目标曲线的法向磨削工件，砂轮绕 B 轴的旋转中心 O 点(即 A_i 点)进行旋转。上次的理想磨削曲线与本次的目标曲线相同，只是在 Z 向偏移一个进给量 Δz。$n_i(a_i, c_i)$ 为目标曲线上点 $A_i(X_{1i}, Z_{1i})$ 的法矢量；$B_i(X_{2i}, Z_{2i})$ 为补偿后的新的磨削点。因此，补偿磨削路径表示如下：

$$X_{2i} = X_{1i} + \Delta E_i \sin\theta_i$$
$$Z_{2i} = Z_{1i} - \Delta E_i \cos\theta_i \tag{2.47}$$
$$B_{2i} = \theta_i$$

式中，B_{2i} 为砂轮的旋转角度，即 θ_i。同样，若加工表面的面形精度满足要求，则结束误差补偿加工；否则，在得到的面形误差补偿函数的基础上进行新一轮的高精度补偿加工循环，直至加工表面的面形精度满足要求。

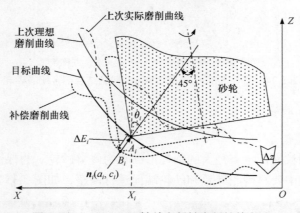

图 2.33 X、Z、B 三轴单点斜轴磨削补偿方法

2.4 小口径非球面磨削补偿加工实例

2.4.1 微粉砂轮的选用和修整

1. 微粉砂轮的选用

在传统的平行磨削中，一般都采用球头砂轮作为磨削工具，但是在微小曲面

的加工中，特别是对于口径 10mm 以下复杂曲面的加工，使用球头砂轮将受到限制。目前主要的球头砂轮修整技术是成型法，即采用曲率半径相同的杯形修整砂轮对球头砂轮进行修整，因此对两者的制造技术要求都比较高。另外，球头砂轮在磨削时，砂轮与工件的加工区会随着两者的相对移动发生变化，不能精准地控制加工点，这对于加工精度会产生一定的影响，特别是加工小口径非球面时[15]。

如果选用圆柱形的微粉砂轮，只要控制好直角尖点的运动轨迹，理论上就能实现各种曲面的超精密加工[16]。砂轮磨损后，只需将砂轮修整成圆柱形便可，其修整难度相对球头砂轮比较低，效率也会提高。粗加工时选用粒度 325#的金属结合剂金刚石砂轮，精加工时则可选用粒度为 1500#、2000#、3000#的树脂结合剂金刚石砂轮(图 2.34)。

图 2.34　直径 8mm、粒度 2000#的树脂结合剂金刚石砂轮

2. 微粉砂轮的修整

1) 直轴修整法
修整时采用粒度低、直径大的圆柱形砂轮为修整砂轮。为保证砂轮边缘的精度，在修整过程中要对砂轮外径和砂轮端面进行修整，如图 2.35 所示。

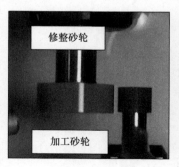

图 2.35　直轴修整法

砂轮外径修整时，首先将两砂轮的中心对齐后，通过控制 X、Z 轴移动和调整使两砂轮端面轻轻接触，然后砂轮沿 X 轴退避一定安全位置，再沿 Z 轴方向移动至两砂轮在 X 轴方向不会碰撞的位置，开始调入程序让两砂轮之间按设定轨迹运动修整，根据砂轮磨损情况修整 X 轴方向的进给量，取值数微米。

砂轮端面修整时，首先将两砂轮的中心对齐后，通过控制 X、Z 轴移动和调整使两砂轮外径轻轻接触，然后砂轮沿 Z 轴退避一定距离，再沿 X 轴方向移动至两砂轮在 X 轴方向不会碰撞的位置，开始调入程序让两砂轮之间按要求轨迹运动，进行修整。

2) 斜轴修整法

斜轴修整法如图 2.36 所示。砂轮外径修整时，将两砂轮的中心对齐后，首先通过 B 轴转台控制使砂轮轴与修整砂轮轴呈 45°倾角，然后通过控制 X、Z 两轴移动和调整使修整砂轮的圆弧边缘与砂轮的外径轻轻接触。将砂轮退避一定安全位置后，开始调入程序通过 X、Z 两轴联动控制让砂轮在 45°倾角方向按规定轨迹运动，进行修整，根据砂轮磨损情况修整 X 轴方向的进给量，取值数微米，修整时，两砂轮是点接触，这样可以大大降低接触力。砂轮端面修整时，方法类似。

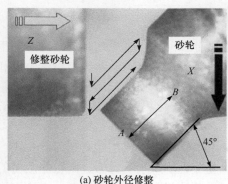 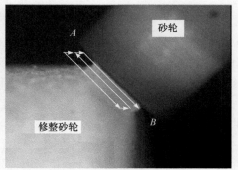

(a) 砂轮外径修整　　　　　　　　　　　(b) 砂轮端面修整

图 2.36　斜轴修整法

2.4.2　X、Z、B 斜轴球面磨削补偿加工

1. 磨削条件

加工试验在一台具有在位测量装置的四轴(X、Y、Z、B)超精密加工磨床上进行[17]。机床主要由加工平台、四轴联动数控系统、在位测量装置、恒温控制系统和隔振系统等组成，如图 2.37 所示。该机床 X、Z 轴的直线分辨率可达 1nm，Y 轴的直线分辨率为 100nm，B 轴旋转平台的分辨率为 0.0001°。其运行方式为：光学零部件或其模具通过真空吸盘安装在工件主轴上，工件主轴可以沿 Y 轴做垂直上下运动；Y 轴安装在水平的 Z 轴平台上，并可以随 Z 轴进行左右运动；安装砂轮的磨削主轴置于机床右侧的 B 轴旋转平台上，B 轴旋转平台与在位测量装

置安装在 X 轴平台上，可以随 X 轴前后运动。磨削时，根据工件的形状与大小，可以使用圆弧砂轮或圆柱形砂轮进行斜轴磨削。磨削完毕后，移动 X、Y、Z 轴，使得测量装置处于当前测量位置。该机床具备纳米级分辨率的直线电机驱动微量进给系统[18]。

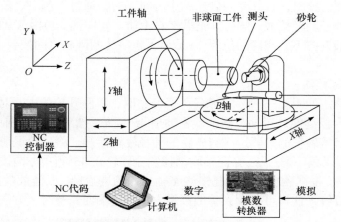

图 2.37　四轴超精密磨削系统

对于直线轴 X、Z，旋转 B 轴三轴联动磨削补偿前采用金属结合剂砂轮对微小砂轮进行在位整形和修锐，磨削过程中采用水基冷却液。试验选用经精密整形和修锐的微小直角砂轮；粗、精加工时采用的微小砂轮分别为 325#金属结合剂砂轮和 2000#树脂结合剂砂轮，直径 8mm，工件材料为碳化钨模具，球面口径 ϕ10mm，曲率半径 R 为 10mm。

磨削条件如表 2.2 所示，修锐之后，采用 NC 程序生成初始磨削刀具轨迹，在第一次磨削后，采用在位测量。若面形误差 PV 值大于给定值，则根据测量的面形误差数据生成第二次磨削砂轮轨迹进行误差补偿磨削。如此循环，直到面形精度达到目标值。

表 2.2　X、Z、B 球面磨削参数

加工参数	取值
砂轮转速/(r/min)	40000
工件转速/(r/min)	200
进给速度/(mm/min)	1
单次切入量/μm	3(粗加工，325#) / 0.5(精加工，2000#)

2. 补偿结果

首先使用 325#金属结合剂砂轮进行粗加工，然后使用 2000#树脂结合剂砂轮进行精加工，在第一次磨削完成之后，所获得的面形精度为 PV 0.246μm。随后进行面形误差补偿，生成新的砂轮轨迹进行第二次磨削，获得的面形精度为 PV 0.113μm。随着补偿循环的不断进行，增加补偿循环的次数可进一步减小面形误差，使面形精度趋于稳定。要获得 PV 100nm 左右的面形精度，前提是机床本身必须具备纳米级的分辨率和良好的热稳定性，在位测量与误差补偿主要取决于在位测量的精度、误差补偿算法以及加工过程工艺稳定性的控制。最终磨削后的表面粗糙度 R_a 为 5.98nm。

2.4.3　碳化钨凹球面磨削补偿加工

采用碳化钨作为工件材料，碳化钨模具球面的口径为 10mm，曲率半径为 10mm。试验条件如表 2.3 所示，进行两种加工方式的对比试验。

表 2.3　碳化钨凹球面 X、Z 两轴联动磨削试验条件

参数	粗加工	精加工		
		第一次	第二次	第三次
金刚石砂轮型号	ϕ8mm 金属结合剂	ϕ8mm 树脂结合剂		
砂轮粒度	325#	2000#		
工件转速/(r/min)	300	200		
进给速度/(mm/min)	10	5	5	5
单次切入量/μm	3	1	0.5	0.5
砂轮转速/(r/min)	45000			
工件	碳化钨棒，直径 10mm；凹球面直径为 10mm			
冷却条件	NK-Z 水溶性磨削液：水=1：20			

1. X、Z 两轴磨削

325#金属结合剂砂轮粗加工完后，选用 2000#树脂结合剂砂轮进行第一次精加工磨削循环。加工完后经过在位测量装置测量，所获得的面形精度如图 2.38(a)所示，PV 值为 1092nm。这时面形误差曲线的起伏较大，整体呈中间下凹、两边凸起的趋势，呈明显的"V"字形。根据前面的误差分析，这是由于 X 轴对刀中

心偏向正方向，进行 X 轴偏心误差补偿加工。将误差量补入调用原程序再进行第二次磨削循环。完成后经过在位测量装置测量，所获得的面形精度如图 2.38(b)所示，PV 值为 861nm。从图中可以发现，面形误差曲线基本呈直线分布，曲线中心却有明显的下凹。调入重新生成的补偿加工程序，进行第三次磨削循环，如图 2.38(c)所示，加工后最终获得 PV 值为 222nm，这时面形误差曲线明显的波浪形。最终磨削后的表面微观形貌如图 2.39 所示，表面粗糙度 R_a 达到 4.049nm。

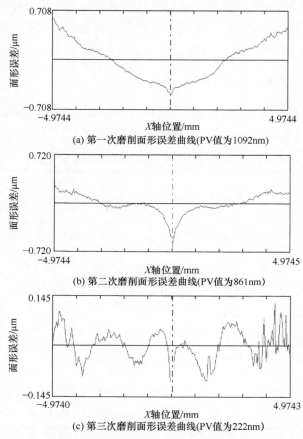

(a) 第一次磨削面形误差曲线(PV值为1092nm)

(b) 第二次磨削面形误差曲线(PV值为861nm)

(c) 第三次磨削面形误差曲线(PV值为222nm)

图 2.38　碳化钨凹球面 X、Z 两轴磨削面形误差曲线

在碳化钨 X、Z 两轴凹球面金刚石磨削试验中，通过两次补偿加工就能获得较好的面形精度。磨削时必须考虑砂轮的磨损，并且砂轮本身磨粒分布的不均性以及砂轮轴(空气主轴)高速回转所产生的振动等其他因素都会影响工件表面，对最终的面形精度产生很大的影响。

图 2.39　凹球面碳化钨工件表面粗糙度

2. X、Z、B 三轴磨削

325#金属结合剂砂轮粗加工完后，选用 2000#树脂结合剂砂轮进行精加工。调整加工参数，重新生成加工程序进行第一次精加工磨削循环。获得面形精度如图 2.40(a)所示，PV 值为 455nm。这时面形误差曲线的起伏较大，整体呈中间凸起、两边下凹的趋势，但在中心处却有明显的下降。进行 X 轴偏心误差补偿加工，将误差量补入调用原程序再进行第二次磨削，面形精度如图 2.40(b)所示，获得 PV 值为 162nm，此时面形误差曲线基本呈直线分布。进行面形误差补偿加工，进行第三次磨削，如图 2.40(c)所示，加工后最终获得的 PV 值为137nm。最终磨削后表面微观形貌如图 2.41 所示，获得的表面粗糙度 R_a 值达到 1.714nm。

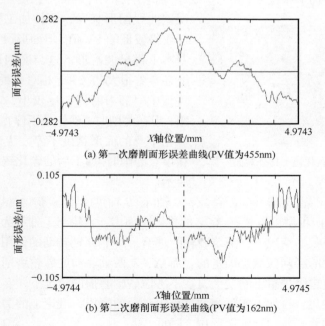

(a) 第一次磨削面形误差曲线(PV值为455nm)

(b) 第二次磨削面形误差曲线(PV值为162nm)

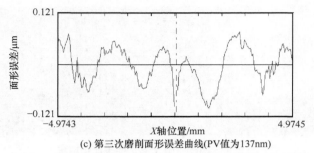

(c) 第三次磨削面形误差曲线(PV值为137nm)

图 2.40　碳化钨凹球面 X、Z、B 三轴磨削面形误差曲线

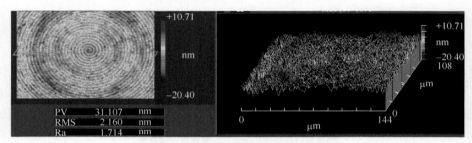

图 2.41　凹球面碳化钨工件表面粗糙度

碳化钨 X、Z、B 三轴凹球面金刚石磨削试验中,在所采用相同的补偿工艺下,最终取得工件面形精度要优于 X、Z 两轴磨削后工件的面形精度。从整体的面形

图 2.42　碳化钨工件外观图

误差曲线图形来看,两种加工方式下尽管都能获得较低的 PV 值,但面形误差曲线的分布基本上都呈波浪形。这与磨削过程中砂轮的磨耗有着很大的关系。相对来说,在一次磨削过程中对磨刀磨损会比较小,基本上可以忽略,但在磨削时,砂轮是不停在磨耗的,会使砂轮本身的面形精度不停发生改变,特别是在单点磨削时。加工后的碳化钨样品如图 2.42 所示。

通过 X、Z 轴(无 B 轴)与 X、Z、B 轴(有 B 轴)两组试验获得如图 2.43 所示结果。理论上,两种磨削方式在 XOZ 的投影平面内,砂轮与工件都为点接触。在每次磨削深度一致的情况下,随着砂轮的进给,由于 B 轴转动的作用,X、Z、B 三轴磨削时砂轮的磨削区域是固定的。而 X、Z 两轴联动的砂轮磨削区域则随砂轮从工件中心向边缘进给不断变大,在不考虑砂轮磨损的情况下,实际的砂轮磨削轨迹会发生变化。再加上实际磨削过程中砂轮的磨损,理论上的磨削点与实际的磨削点发生偏差,从而导致面形精度降低。

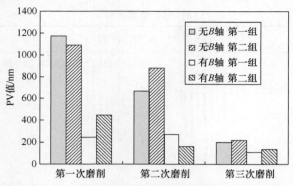

图 2.43　不同加工方式对 PV 值影响(碳化钨凹球面)

2.4.4　碳化钨凹非球面磨削补偿加工

1. X、Z 两轴非球面磨削

1) 磨削条件

为了验证误差补偿磨削的精度与效率，利用超精密机床进行非球面模具的磨削与补偿磨削试验。在该试验中，采用的工件为凹非球面的碳化钨模具。非球面模具的几何参数如表 2.4 所示。用 325#金属结合剂砂轮和 2000#树脂结合剂砂轮分别进行粗磨和精磨。砂轮前端为圆柱形圆弧，直径为 6mm，前端圆弧半径为 0.5mm。在磨削前，用 800#的金刚石砂轮修整器进行在位修整，通过预先磨削相同材料的工件对砂轮进行修锐，具体的修整条件如表 2.5 所示。粗加工用粗砂轮预先成型一个非球面形状；而精磨中利用微粉砂轮进行精确成型和形状修正磨削，同时通过优化精磨参数提高表面质量。具体的粗磨与精磨参数如表 2.6 所示。

表 2.4　非球面工件的几何参数

参数	取值
基圆半径 R_{base}/mm	7.333229
口径/mm	5.8877
非球面系数 k	-0.7168
A_4	4.4258×10^{-5}
A_6	8.3815×10^{-8}
A_8	-6.4343×10^{-10}
A_{10}	-8.7255×10^{-12}

表 2.5　修整条件

参数	砂轮Ⅰ(金属结合剂砂轮)	砂轮Ⅱ(树脂结合剂砂轮)
修整器	800#磨粒大小的金刚石修整器	
工件转速/(r/mim)	300	300
砂轮转速/(r/mim)	45000	45000
切入深度/μm	10	5
进给率/(mm/min)	8	5
冷却方式	水溶液	水溶液

表 2.6　粗磨与精磨参数

参数	磨削方式Ⅰ(粗磨)	磨削方式Ⅱ(精磨)			
		第一次	第二次	第三次	第四次
砂轮类型	金属结合剂，磨粒 325#	树脂结合剂，磨粒 2000#			
工件速度/(r/min)	300	200			
砂轮速度/(r/min)	45000	45000			
切削深度/μm	2	1	1	0.5	0.5
进给速度/(mm/min)	5	1	1	0.5	0.5
冷却液	水溶液	NK-Z 水溶性磨削液：水=1：20			

2) 未补偿磨削结果

为了比较未补偿和补偿磨削后结果的区别，利用表 2.6 未补偿磨削的加工条件，进行了没有补偿情况下的非球面磨削试验。首先进行粗磨，然后进行四次精磨，结果如图 2.44 所示。在经过第一次精磨后，面形误差 PV 值为 1.867μm；在相同条件下重新进行无补偿磨削，得到第二次的面形误差 PV 值为 1.530μm，但形状变化微小；当降低砂轮的切入深度和进给速度后进行第二次与第三次无补偿

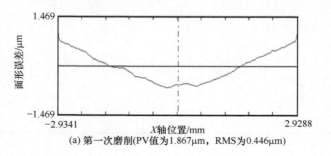

(a) 第一次磨削(PV值为1.867μm，RMS为0.446μm)

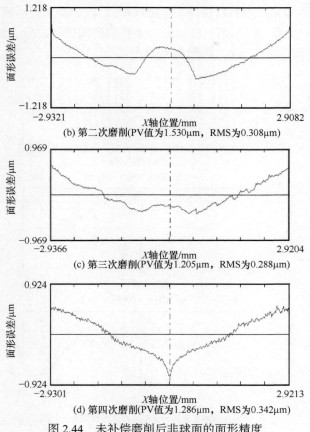

(b) 第二次磨削(PV值为1.530μm，RMS为0.308μm)

(c) 第三次磨削(PV值为1.205μm，RMS为0.288μm)

(d) 第四次磨削(PV值为1.286μm，RMS为0.342μm)

图 2.44　未补偿磨削后非球面的面形精度

磨削，分别得到面形误差 PV 值为 1.205μm 和 1.286μm。由此得知，当改变进给速度和切入速度时，在一定程度可以提高面形精度，但是如果没有进行补偿磨削，其面形精度变化不大，故总体上来说面形精度没有明显改善。

3) 补偿磨削结果

根据测量加工后的表面，对测量数据进行去噪、滤波、拟合等处理；对砂轮的对刀误差进行补偿加工，然后对加工后的面形误差进行补偿磨削，直至获得要求的精度。

首先利用 325#砂轮进行粗加工，将模具粗磨成型加工，经在位测量系统进行测量，获得如图 2.45(a)所示的面形精度，PV 值为 801nm。安装 2000#树脂结合剂砂轮，进行对刀调整，在进行第一次精磨之后，进行补偿磨削加工。图 2.45(b)为第一次精磨后的非球面模具的面形精度。第一次精磨过程中刀具路径没有误差补偿，面形误差 PV 值为 1929nm。根据两轴联动斜轴加工方式，从测量数据中分离出砂轮对刀误差 X 向为–0.0027mm，砂轮半径误差为 0.0032mm。在第一次砂轮对刀误差补偿之后(如第二次精磨循环)，得到如图 2.45(c)所示面形精度，PV 值明显减少到 359nm。在第二次和第三次面形误差补偿磨削循环之后，面形误差 PV 值分别达到了 300nm 和 177nm，面形误差减小。

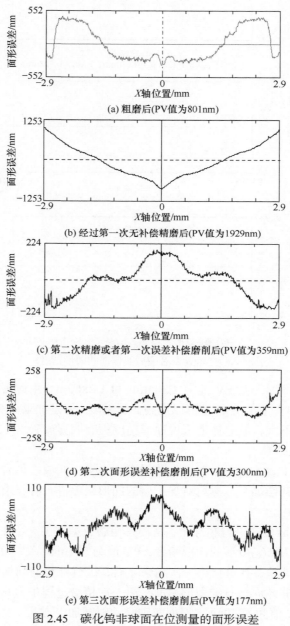

(a) 粗磨后(PV值为801nm)

(b) 经过第一次无补偿精磨后(PV值为1929nm)

(c) 第二次精磨或者第一次误差补偿磨削后(PV值为359nm)

(d) 第二次面形误差补偿磨削后(PV值为300nm)

(e) 第三次面形误差补偿磨削后(PV值为177nm)

图 2.45　碳化钨非球面在位测量的面形误差

由于工件的轴对称性，面形误差曲线的左右两侧基本上保持相同的形状。其形状变化主要与加工工件时的外界环境波动(温度、振动、空气压力等)有关。在恒温中，温度变化不会很明显，因此影响程度小；超精密机床本身的高精度、高刚度性以及微小的磨削力，造成的振动比较小，对工件的加工形状影响较小；砂轮主轴和工件主轴的旋转精度影响面形精度。因此，该形状的波动主要由气压不稳造成。磨削后的模具表面具有很低的表面粗糙度。图 2.46 为加工后的非球面模具中心部位的表面微观形貌图，由图可知磨削后的模具表面粗糙度为 R_a 1.69nm。

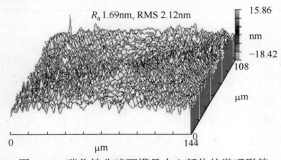

图 2.46　碳化钨非球面模具中心部位的微观形貌

2. X、Z、B 三轴非球面磨削

1) 磨削条件

磨削工件为用于精密热压成型的耐高温超硬碳化钨的凹非球面模芯模具，非球面直径为 6.0mm，其非球面的轴对称曲线方程可以表示为

$$Z = \frac{x^2}{R_{\text{base}} + \sqrt{R_{\text{base}}^2 - (1+k)x^2}} + \sum_{j=2}^{N} A_{2j} x^{2j} \tag{2.48}$$

式中，R_{base} 为基圆半径(7.4mm)；非球面系数 k 为-0.7；非球面高次项偏离系数分别为 $A_4 = 4.4 \times 10^{-5}$、$A_6 = 8.4 \times 10^{-8}$、$A_8 = -6.4 \times 10^{-10}$。

磨削砂轮采用直径为 6mm 的圆柱形砂轮，首先利用 325#的粗磨砂轮快速成型，然后用 1500#树脂结合剂砂轮进行精磨与误差补偿加工。在精磨与误差补偿前对砂轮进行精密修整。一般采用磨粒更粗的金刚石砂轮(600#、800#等)作为修整砂轮，对 1500#砂轮进行端面与外圆在位精密修整。其他磨削试验条件如表 2.7 所示。

表 2.7　X、Z、B 非球面误差补偿磨削条件

参数	条件
砂轮种类	1500#树脂结合剂砂轮
工件转速/(r/min)	150

续表

参数	条件
砂轮转速/(r/min)	45000
进给速度/(mm/min)	0.5
单次切入量/μm	0.5
补偿次数	2
磨削液	水溶基磨削液

2) 磨削策略

首先对砂轮进行在位修整得到高精度的直角尖点，利用软件生成的初始砂轮路径对非球面工件进行磨削，接着用超精密机床上的高精度在位测量装置对工件进行测量。误差补偿软件将获得的测量数据进行高频率滤波，去除测量系统的随机误差；通过叠加理想的非球面曲线，拟合出实际的磨削曲线；对比理想磨削轨迹，计算面形误差。最后，根据单点磨削方法与面形误差对砂轮路径进行补正，生成新的 NC 加工程序；传送到 NC 控制器驱动各轴的运动，再对工件进行补偿磨削，如此循环，直到满足面形精度要求。

3) 补偿磨削结果

如图 2.47(a)所示，经过超精密精细磨削后，面形误差补偿前的非球面面形精度 PV 值为 1293nm，经过计算可以获得砂轮的对刀误差为 1.9μm，砂轮的半径误差约为 2.8μm。如图 2.47(b)所示，在进行砂轮对刀误差补偿后(面形误差补偿前)的超精密精细磨削后的非球面面形误差 PV 值为 449nm。利用上述误差补偿策略与方法，经过第一次面形误差补偿磨削，面形误差PV值提高到323nm，如图 2.47(c)所示。经过第二次面形误差补偿磨削后，如图 2.47(d)所示，面形误差 PV 值达到了 182nm。随着补偿加工循环的增加，非球面的面形精度会逐渐提高并趋于稳定，同时法向面形误差与原始面形误差的偏差也逐渐减少。

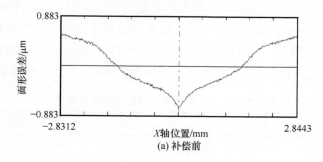

(a) 补偿前

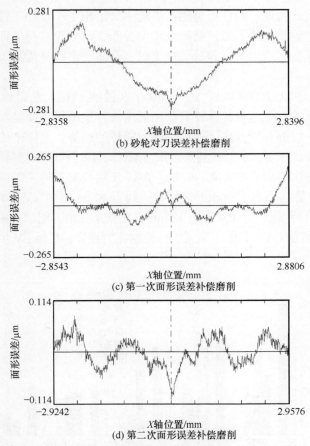

图 2.47　误差补偿磨削前后的面形误差曲线

　　磨削后的碳化钨光学模具样品如图 2.48 所示。实际上，在超精密磨削中，由于机床硬件精度的限制、砂轮磨粒的非均匀性、磨削过程中速度的非一致性，以及各种随机热源、振动源的影响，面形误差很难接近或者低于 0.1μm。要获得高质量的面形精度，性能稳定的超精密机床以及超精密磨削工艺方法是其基本条件，而超精密在位测量与误差补偿方法则能进一步改善其面形精度，实现对球面、非球面甚至自由曲面的超精密加工要求。

图 2.48　加工后的非球面碳化钨模具

　　当采用圆柱形金刚石砂轮进行 X、Z、B 三轴加工时，由于加工点固定导致砂轮的磨耗会比较大，因此，圆柱形金刚石砂轮主要适用于小口径工件的加工。而采用球头金刚石砂轮加工时，虽然磨耗会均匀分布，但砂轮自身的面形误差会影响加工精度，因此在采用面形误差补偿加工时，会需要多次补偿加工才能获得较好的精度。

通过 X、Z 轴(无 B 轴)与 X、Z、B 轴(有 B 轴)两组试验获得如图 2.49 所示结果。为获得更好的加工结果，并没有采用固定的补偿流程，而是根据上一次的补偿结果决定下一次的补偿方式，但也出现了同样的趋势，总体来说，X、Z、B 轴磨削后的效果要优于 X、Z 轴磨削的效果。从图 2.49 中可以观察到相同条件下六组对比试验中每次磨削后 PV 值的变化：在转 B 轴情况下的三组试验中第五次磨削后所获得 PV 值都小于 170nm，最好的达到了 122nm；在不转 B 轴情况下的三组试验中，最佳面形精度，PV 值为 187nm，尤其是在第二组试验中，多次补偿后的面形误差还是没有减小，反而呈现越补偿越坏的趋势，最后 PV 值稳定在 400nm 左右。

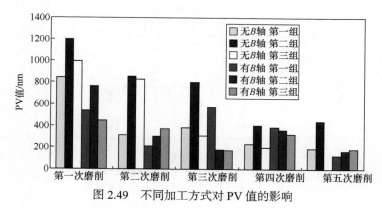

图 2.49　不同加工方式对 PV 值的影响

由于面形误差补偿是根据前次加工后的 PV 值曲线形状，通过算法拟合出新的加工轨迹，故磨削点的稳定是关键。由于加工方式的影响，在不转 B 轴的情况下，砂轮的理论磨削区域逐渐变大，再加上加工中砂轮的磨耗，理论磨削区域与实际磨削区域出现偏差。而补偿后生成的磨削轨迹是以理论磨削点为基础的，两者的偏差会直接叠加在加工结果中，如果不对砂轮进行修整，可能出现越补偿面形精度越差的现象。

2.4.5　单晶硅凸非球面磨削补偿加工

选用口径为 20mm 的单晶硅工件进行磨削试验。由于单晶硅硬度较低，磨削时与碳化钨相比，砂轮磨耗会相对较小，这样不会因为砂轮过度磨耗而影响试验结果。工件的非球面参数如下：$R = 43.46150$，$K = -0.833811$，$A_4 = -1.36410 \times 10^{-3}$，

$A_6 = 5.20543 \times 10^{-6}$，$A_8 = -1.51641 \times 10^{-7}$，$A_{10} = 1.18761 \times 10^{-9}$。

1. X、Z 两轴磨削

X、Z 两轴磨削试验参数如表 2.8 所示。

表 2.8　单晶硅凸非球面 X、Z 两轴磨削试验参数

参数	精加工			
	第一次	第二次	第三次	第四次
金刚石砂轮型号	直径 8mm 树脂结合剂			
砂轮粒度	2000#			
工件转速/(r/min)	200			
进给速度/(mm/min)	5	5	5	5
单次切入量/μm	1	0.5	0.5	0.5
砂轮转速/(r/min)	45000			
工件	单晶硅，加工口径 20mm，非球面直径为 43.5mm			
冷却	NK-Z 水溶性磨削液：水=1：20			

选用 2000#树脂结合剂金刚石微粉砂轮进行精加工,获得的面形精度如图 2.50(a)所示，PV 值为 2538nm。对刀误差很明显，面形误差曲线呈 V 字形分布。补入误差量，调用原程序进行第二次磨削完成后，获得的面形精度如图 2.50(b)所示，PV值为 700nm。这时面形误差曲线的起伏较大，中间凸起，但两端分布比较平缓。进行面形误差补偿，生成新的砂轮轨迹进行第三次磨削循环，获得的面形精度为 PV 553nm，如图 2.50(c)所示。明显可以观察到，整个面形误差曲线呈波浪形分布，并且波峰与波谷的高度基本一致。再次进行面形误差补偿，生成新的砂轮轨迹进行第四次磨削，获得的面形精度为 PV 418nm，如图 2.50(d)所示。此时面形误差曲线中部分布比较平缓，但两端的凸起比较大。最终磨削后的表面微观形貌如图 2.51 所示，获得的表面粗糙度为 R_a 100.699nm。

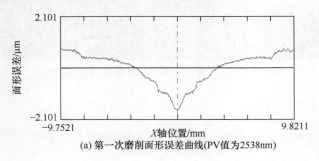

(a) 第一次磨削面形误差曲线(PV值为2538nm)

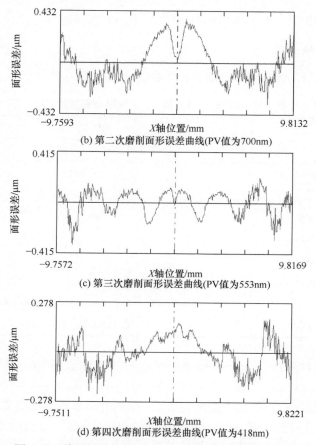

(b) 第二次磨削面形误差曲线(PV值为700nm)

(c) 第三次磨削面形误差曲线(PV值为553nm)

(d) 第四次磨削面形误差曲线(PV值为418nm)

图 2.50　单晶硅凸非球面 X、Z 两轴磨削面形误差曲线

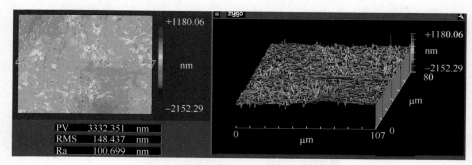

图 2.51　凸非球面单晶硅工件局部表面粗糙度

2. X、Z、B 三轴磨削

在相同条件下进行了三轴磨削试验，具体的试验参数如表 2.8 所示。

2000#树脂结合剂金刚石微粉砂轮进行精加工后面形精度如图 2.52(a)所示，PV 值为 1286nm；补入误差量，调用程序进行第二次磨削完成之后面形精度如图 2.52(b)所示，PV 值为 599nm；进行面形误差补偿，PV 值为 299nm，如图 2.52(c)所示。明显可以观察到，整个面形误差曲线也同样呈波浪形分布，但中部的凸起偏大一点，波峰与波谷比较平均。最终磨削后的表面微观形貌如图 2.53 所示，获得的表面粗糙度 R_a 为 88.124nm。加工后的单晶硅如图 2.54 所示。

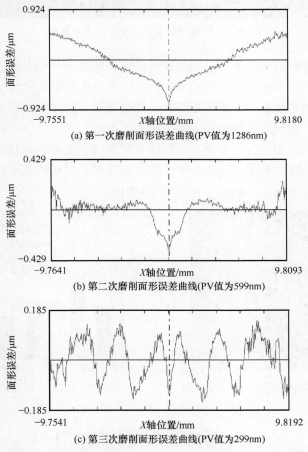

(a) 第一次磨削面形误差曲线(PV值为1286nm)

(b) 第二次磨削面形误差曲线(PV值为599nm)

(c) 第三次磨削面形误差曲线(PV值为299nm)

图 2.52　单晶硅凸非球面 X、Z、B 三轴磨削面形误差曲线

在单晶硅的凸非球面磨削试验中，由于磨削口径为 20mm，相对于前面的试验来说增大了 1 倍以上，因此最终的加工结果出现一些变化。图 2.55 为两种加工方式下每次磨削后 PV 值的变化。从最终的加工结果来看，不管哪种方式下的 PV 值都在 300nm 以上，相对来说 X、Z、B 三轴磨削后的效果略优于 X、Z 两轴磨削

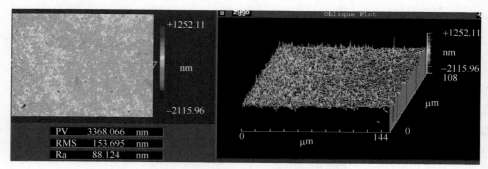

图 2.53　凸非球面单晶硅工件表面粗糙度

的效果。出现这种情况的原因，则直接与砂轮的磨损有着很大的关系。为了验证前面的理论分析，砂轮都选用直径 8mm 的砂轮。相对于碳化钨小口径的磨削试验，可能砂轮的磨耗对加工结果影响并不是很明显。而在单晶硅试验中，加工口径增大了一倍，相应的工件磨削表面也增大了很多，那么会导致砂轮的磨耗急剧增大，从而导致砂轮的理论磨削点与实际磨削点两者之间的偏差越来越大。不管怎么补偿，面形精度都无法达到小工件的磨削效果。但从结果来看，X、Z、B 三轴磨削后的面形精度还是略优于 X、Z 两轴磨削。

图 2.54　单晶硅磨削样品外观

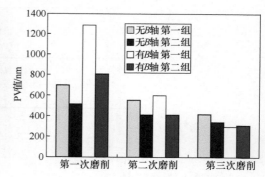

图 2.55　不同加工方式对 PV 值的影响

2.5　非球面磨削补偿软件

非球面超精密磨削加工过程大体上经过以下几步：①曲面设计；②加工及补偿数控编程；③磨削参数的确定；④磨削；⑤参数确定与测量；⑥结果分析与仿真；⑦补偿磨削。

2.5.1　软件的设计思想和总体结构

　　为了建立一个具有开放式特征的分析与加工仿真系统，必须对该软件实现的功能进行全面细致的分析。在此基础上，按照开放式体系结构对模块化的要求[19]，将加工系统中一些功能独立的模块抽象出来；然后对基本功能模块进行细化，找出其中包含相对独立的功能子模块；将各功能子模块和无法细分的功能模块作为整个系统的功能单元，建立系统功能单元后再对其属性和方法进行抽象；利用面向对象技术将各个功能单元封装成类；根据具体的开发要求，选择所需的类并实例化出对象，按照对象间的关系模型建立具体的加工系统。对系统进行功能分析，是设计每一个软件系统所必需的，不同的系统会有不同的应用需求和实际情况，应该根据具体情况进行不同的处理。对于非球面磨削系统，必须在软件类库中添加各种形状的磨削模块的功能单元，实现不同形状工件属性和功能的封装，以便根据用户的需求，方便添加、删减各种模块。作者研究的非球面磨削系统软件的功能单元对象如图 2.56 所示。

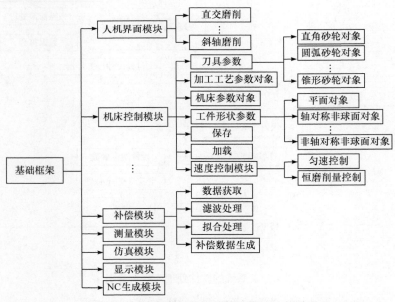

图 2.56　超精密磨削系统软件的模块功能单元

　　软件的总体结构由五大模块构成：参数输入模块、加工模块、测量模块、补偿模块、仿真模块。参数输入模块包括非球面参数、加工参数的输入，工件倾斜选择设置和恒速限制设置等；加工模块在获取用户输入参数和补偿数据后自动生成 NC 加工程序进行磨削加工；测量模块和补偿模块用来测量并获取工件表面形状数据以及进行分析处理，然后生成补偿数据文件；仿真模块对整个加工过程进行动态仿真。图 2.57 是系统的软件处理流程示意图。

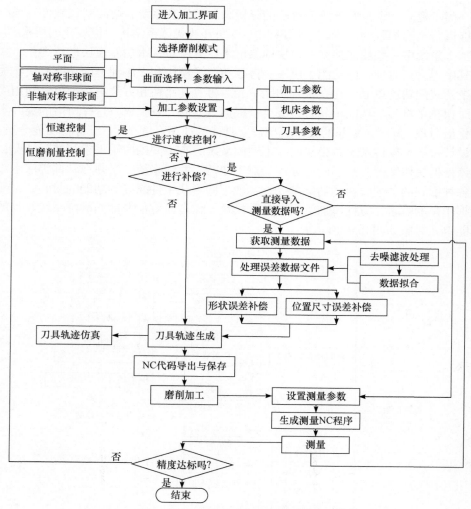

图 2.57　系统的软件处理流程示意图

软件的开发工具采用的是面向 Windows 的应用程序平台 Visual C++6.0。Visual C++在 Windows 编程中占有非常重要的地位，它提供了由许多组件与接口组成的完整开发环境，这些组件与接口程序协同工作，简化了软件开发过程，提高了工作效率。采用面向对象设计方法，程序的执行效率高，各功能模块维护与拓展方便。本书研究的非球面磨削软件是将非球面的设计、分析、仿真、加工集于一体的多功能系统软件。考虑到软件的复杂性，首先按照软件的设计思想进行系统总体规划，并确定它们各自所负责的功能。根据上述各功能模块，运用面向对象的方法进一步分析，规划出对应不同功能的微软基础类(Microsoft foundation classes, MFC)[20]。软件开发过程中采用的是单文档多对话框的框架结构，不同的对话框对应于不同的功能模块。图 2.58 为系统软件的主要应用界面。

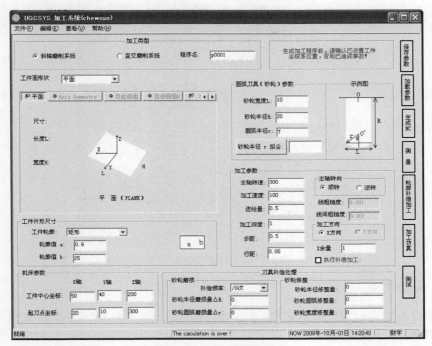

图 2.58 加工主程序界面

软件可根据加工需要生成高精度的 NC 加工代码，可对二轴或三轴联动的磨削、车削、研磨等多种加工方式进行仿真和补偿加工。该系统软件界面包括参数输入模块、测量模块、工件面形精度分析与误差评估模块、误差补偿模块、轨迹显示与仿真加工模块。系统软件各模块之间功能独立，使数据维护与拓展方便。

2.5.2 主界面控制模块

如图 2.59 所示，主界面控制模块起着总的管理与协调作用，它是其他模块的基础，主要管理主界面中的模式选择(直交磨削、斜轴磨削)、输入的各种参数(包括机床输入参数、刀具输入参数、加工工艺参数)、工件形状参数(平面、球面、非球面等)、参数数据的加载与保存，同时管理其他模块之间的协调关系(测量、补偿、仿真)。软件可以输入非球面参数 X 最高次项为 20 次，可以满足高次非球面方程的加工需要，同时支持 10 组逃避值的输入。

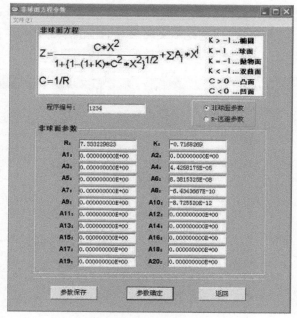

图 2.59　加工参数输入界面

2.5.3　测量模块

软件可以通过设置测量参数(图 2.60)自动生成 XZ 平面和与之垂直的 YZ 平面的测量程序，以进行测量。

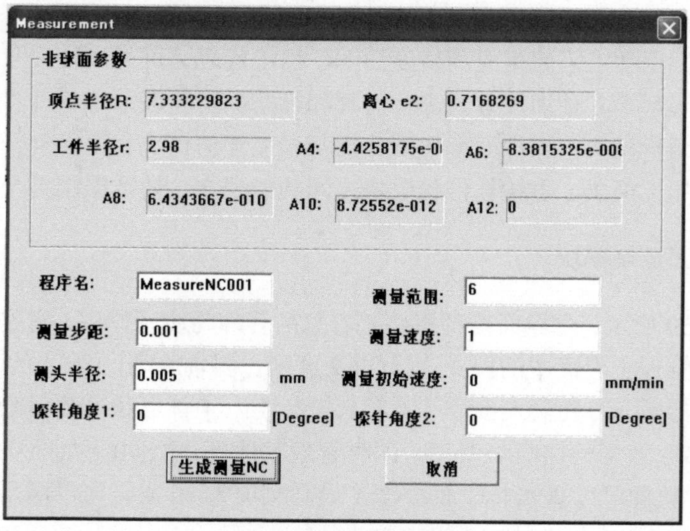

图 2.60　测量模块界面

2.5.4　数据处理与显示模块

1. 测量数据的提取与校验

测量数据需要读取文件而获取。首先采用内存映射文件法快速将整个文件读入内存，然后在内存中逐行读取数据。图 2.61 为测量数据的读取流程图。采用内存映射文件法读取文件的关键代码如下。

```
////开始获得文件句柄
HANDLE hFile=CreateFile(pathName,   //文件名
GENERIC_READ|GENERIC_WRITE,   //对文件进行读写操作
FILE_SHARE_READ|FILE_SHARE_WRITE,    NULL,
OPEN_EXISTING,  //打开已存在的文件
FILE_ATTRIBUTE_NORMAL, 0);
DWORD size_low, size_high; //返回值 size_high 和 size_low 分别表示文件大小的高 32 位
和低 32 位
size_low= GetFileSize(hFile, &size_high);
HANDLE hMapFile=CreateFileMapping(      //创建文件的内存映射文件
hFile, NULL, PAGE_READWRITE,      //对映射文件进行读写
size_high, size_low, //两个参数共 64 位, 支持的最大文件长度为 16EB
NULL);
void* pvFile=MapViewOfFile(//把文件数据映射到进程的地址空间
hMapFile,    FILE_MAP_READ, 0, 0, 0);
//获得外部文件 data.dat 在内存地址空间的映射
unsigned char *p=(unsigned char*)pvFile;
```

利用以上函数，可以获得外部文件 data.dat 在内存地址空间的映射，通过指针 p 可以对文件的内容进行操作。对于二维的测量数据识别，利用如下函数识别数字与小数点。

```
BOOL CPublic::IsInt(CString str)
{ BOOL flag=true;
  if(str.IsEmpty( ))
      flag=true;
  for(int i =0 ; i < str.GetLength( ); i++ )    //数值只能由 0 到 9 的数字及小数点组成
  {    char    ch = str.GetAt(i);
      if(ch >='0' && ch <= '9')//数字
      continue;
      flag=false;//非法字符
  }
  return flag;
}
```

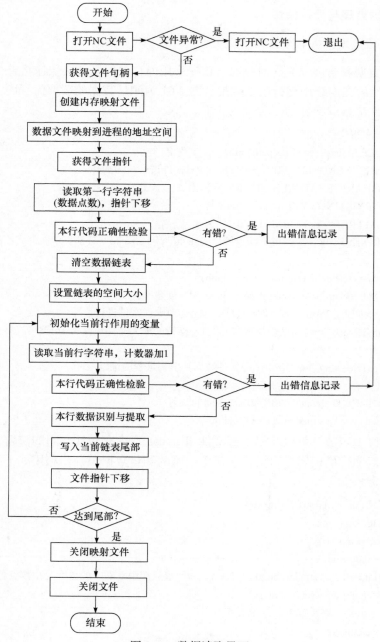

图 2.61　数据读取界面

通过定义动态数组来处理读入的测量数据，可表示为：

CArray<Point3D，Point3D&> MeasuredPoint;

清空数组函数为：

MeasuredPoint.RemoveAll();

设置数组大小函数为：

MeasuredPoint.SetSize(m_iNumberofRow);

增加行的数据函数为：

MeasuredPoint.SetAt(Number，tempPoint);

当结束文件操作时，有如下代码：

UnmapViewOfFile(pvFile); //撤销映射

CloseHandle(hFile); //关闭文件

2. 测量数据的显示控件

数据的显示模块是软件的重要环节，显示是为了使所采集或者处理后的大量数据更为直观化。尽管可以通过 Visual C++直接编程实现各种需要的图形显示，但是由于图形显示具有公共特性，在 Visual C++中调用 ProEssentials v5 图表组件的显示控件来实现各种科学图表(二维或者三维)绘制，不必涉及具体的图像显示编程知识；将组件集成于 Visual C++环境中，独立研究出各种数据分析与可视化软件。

ProEssentials 是由美国专业图形组件公司 Gigasoft 研发的产品，是应用于 Windows 服务器端和客户端开发的一系列图表组件[21]，对绘制图表以及图表分析功能所需要的数据和方法进行封装，可以运用到科学计算、工业控制、金融统计等行业中的数据显示和分析。ProEssentials 可以生成一般图表、科学图表、三维图表、极坐标图表、饼状图表等所有常见的图表类型，通过调用 ProEssentials v5 的函数库，添加绘制图表的功能，可以对图表进行分析；还可以方便地将图表文件导出为 WMF、BMP、JPG 等类型的图片并进行保存。ProEssentials 也提供 ActiveX、VCL 和 DLL 等编程接口，方便用户在 VC、VB、Delphi、.NET 等多种平台下使用。

本书选用 ProEssentials 的 DLL 接口实现应用程序的开发，主要是因为 DLL 接口功能强大、使用简单方便、支持多种平台而且执行效率较高。把复杂的图像显示处理交给 ProEssentials 控件完成，可以大大降低编程的复杂性，并减少程序编写时间。ProEssentials 的 DLL 控件具体应用方法如下。

(1) 复制 PEGRP32C.DLL 到相应的本地硬盘中(System32 目录下)。

(2) 在工程里添加头文件 Pegrpapi.h，选择需要调用的函数，完成图表的绘制。以下为绘制测量曲线时与 ProEssentials 有关的关键代码。

```
//选择图形显示区域
CRect Down_rect;
GetDlgItem(IDC_STATIC_DOWN)->GetWindowRect (&Down_rect);
ScreenToClient(&Down_rect);
```

```
// 创建显示控件句柄
m_hPE_Down=PEcreate(PECONTROL_SGRAPH，WS_VISIBLE，&Down_rect，m_hWnd，1001);
PEnset(m_hPE_Down，PEP_nSUBSETS，1);   //显示曲线数目
PEnset(m_hPE_Down，PEP_nPOINTS，n);   //数据点数目
for(i=0;i<n;i++)   //画实际轮廓线
{
    fX = MeasuredPoint.GetAt(i).X;
    PEvsetcellEx (m_hPE_Down，PEP_faXDATAII，0，i，&fX);   //完成数据的赋值
    fY = MeasuredPoint.GetAt(i).Y;
    PEvsetcellEx (m_hPE_Down，PEP_faYDATAII，0，i，&fY);
}
PEnset(m_hPE_Down，PEP_bMARKDATAPOINTS，TRUE);   //显示数据点
PEszset(m_hPE_Down，PEP_szMAINTITLE，"");   //主标题
PEszset(m_hPE_Down，PEP_szSUBTITLE，"Direct Measured Data");   // 副标题
PEszset(m_hPE_Down，PEP_szYAXISLABEL，"Height (mm)");   // Y 轴标题
PEszset(m_hPE_Down，PEP_szXAXISLABEL，"X Axis (mm)");   // X 轴标题
PEnset(m_hPE_Down，PEP_nPLOTTINGMETHOD，PEGPM_POINTSPLUSS PLINE);
PEnset(m_hPE_Down，PEP_bFIXEDFONTS，TRUE);   //字体大小固定
PEnset(m_hPE_Down，PEP_nGRIDSTYLE，PEGS_DOT);   //虚线
```

图 2.62 为利用 ProEssentials 控件编程显示各种数据。

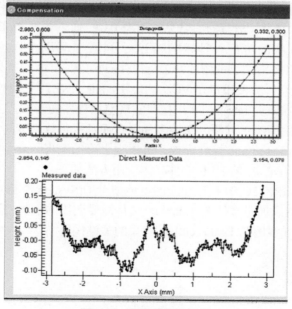

图 2.62　测量数据的显示

3. 测量数据的处理模块

非球面磨削软件开发中，测量数据的处理分为去噪、滤波、拟合、求面形误差等几个部分，而其中又根据实际的需要具有不同的处理方法。软件实现了即时输入各种不同参数或者不同的处理方法后即时显示不同的结果，以便适应用户处理需要。

1) 去噪处理

去噪处理方法主要通过下面的函数实现。图 2.63 为利用软件对测量数据的去噪处理结果。

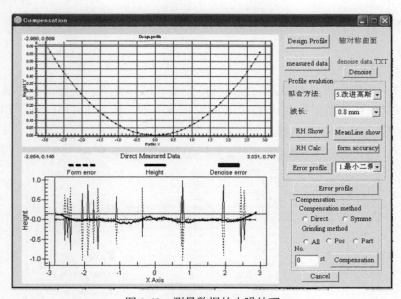

图 2.63 测量数据的去噪处理

以下为数据去噪处理的关键代码。

```
void CCompenstionGrind::OnDataDenoise()
{
……   *H=0;        //赋第一个值
       for(int i=1;i<n-1;i++)   //均匀密集型，直接删除计算偏差
       {
       tempX = MeasuredPoint.GetAt(i-1).X;    //读取 i-1 数据点 X 值
       tempXX = MeasuredPoint.GetAt(i+1).X;    //读取 i+1 数据点 X 值
       tempY = *(NewMeasuredY+i-1);       //读取 i-1 数据点 Y 值
       tempYY = *(NewMeasuredY+i+1);        //读取 i+1 数据点 Y 值
       temp1=(MeasuredPoint.GetAt(i).X-tempX)*(tempYY-tempY)-(*(NewMeasuredY+i)-
       tempY)*(tempXX-tempX);
```

```
temp2=sqrt(pow(tempXX-tempX，2)+pow(tempYY-tempY，2));
*(H+i)=temp1/temp2;
if(fabs(*(H+i))>=Threshold)   //如果偏差值大于设定阈值，则执行赋值操作，否则调到
```
下一点
```
{
*(NewMeasuredY+i)=MeasuredPoint.GetAt(i-1).Y;      //将均值赋给噪点，继续循环
continue;
}
continue;
}……
}
```

2) 滤波处理

软件中设置多种滤波方式，包括高斯中线、回归中线、稳健回归中线、改进型回归中线、快速傅里叶变换(FFT)提高处理速度等功能，同时可以选择相应的截止波长。图 2.64 为利用软件对测量数据滤波处理后的结果。

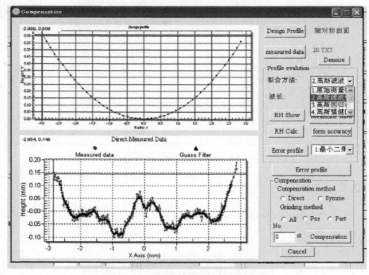

图 2.64　测量数据滤波处理结果

以下为多种滤波处理的部分代码。

```
Int CCompenstionGrind::GuassMeanLine(int NumberofPoints，double deltX，double lc，
CArray<double，double&> &MeanLineY，CArray<Point3D，Point3D&> &MPoint，int
MeanLineType)
{……定义变量与中间量
switch(MeanLineType)
```

```
{       case 1: ......         //高斯中线
            break;
        case 2: ......         //计算高斯回归中线
            break;
        case 3: ......         //计算高斯稳健回归中线
            break;
        case 4: ......         //计算改进的稳健回归中线
            break;
        case 5: ......         //利用 FFT 提高速度完成对数据的 2D-FFT 正变换、频谱处理
        和逆变换
        break;
    }
}
```

3) 拟合处理

同样，软件中设置有多种拟合方式，包括最小二乘拟合、插值三次样条曲线拟合、非均匀有理 B 样条曲线拟合等。图 2.65 为利用软件对测量数据拟合处理后的结果。

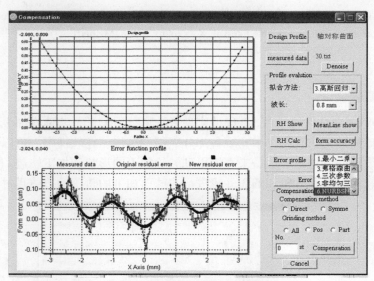

图 2.65　测量数据拟合处理结果

以下为多种拟合方法的代码：

void CPublic::LeastSquareMethod(double *n，　double *T，　int OrderNµmber，　int PointsNµmber，　double *Coefficients)

　{//n[]自变量数据数组；//T[]变量数据数组；//M 拟合公式的最高阶数 //N 数据组数；//

xi 所返回系数值的对应参数；

　　　…… //最小二乘法

　　}

　　其他拟合方法的代码如下：

void CCurveFittingView::Paint_CubicParamterSplineCurve(int n，float *measureX，float *measureY)

{ 　…… 　　//插值三次样条曲线

}

非均匀有理 B 样条曲线拟合的代码如下：

void CCurveFittingView::Paint_NURBSCurve(int n， float *measureX， float *measureY，float *Weights)

{ 　…… 　　//非均匀有理 B 样条曲线拟合

}

4) 误差处理

以下为误差处理关键代码：

Bool CCompenstionGrind::GetCurve_Error(double *measuredX， double *measuredY， int n，vector *Vector_nc， int Xn, double Interval_X， int m_iFittingMethod)

{ 　…… 　//求解法向面形误差

}

2.5.5　仿真模块

　　利用 VC++6.0 软件平台，准确地实现各种形状刀具进行非球面加工的动态仿真，在非球面加工仿真模块中实现各部分完整的链接。在软件中，可以交互式地改变各种设计或者加工参数值来直接得到砂轮的不同形状和加工轨迹。图 2.66 显示了利用软件对直角砂轮和圆弧砂轮进行非球面加工的轨迹动态仿真过程。

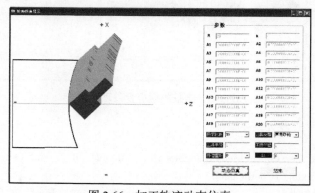

图 2.66　加工轨迹动态仿真

2.5.6　修正代码处理模块

软件也开发了基于以上各种工艺参数和补偿参数的非球面磨削的 NC 程序的自动编程模块。由于 NC 程序根据各种不同的设计参数、磨削方式、补偿方式的数学模型生成，其复杂性使得一般用户不可能自行手工编制，所以本模块采用了人机交互的方式，用户只需在各对话框内输入工艺参数，就可自动生成相应的 NC 加工程序。软件对 NC 程序也具有即时修改、保存的功能。将 NC 程序通过专用的接口程序上传给机床的数控系统，由数控系统执行加工程序，完成对非球面的磨削与补偿加工。

1. NC 指令的分析

为了快捷、准确、高效地生成机床所需的 NC 代码，首先应该对 NC 程序指令进行分析。数控机床的各种运动都是执行特定的 NC 程序的结果。NC 程序由程序号、程序段和相应的符号组成。程序段通常由 N、G、X、Y、Z、F、S、T、M 等地址字和相应的数字值组成。对于同一程序，不同国家、厂家在不同机床上有不同的理解。不同的数控系统都有其特定的编程格式，同样，对于不同的机床，程序格式也有所不同，程序号的地址码也不同，常用"P"、"%"、"O"等表示。ISO 标准对部分准备功能代码、辅助功能代码的功能做了统一的规定，如 G00 快速点位运动、G01 直线插补、G02 顺时针圆弧插补、G03 逆时针圆弧插补、G04 暂停、M30 程序停止等。还有大量的未进行统一规定的"不指定代码"，这些代码由数控系统厂家自行制定功能。

对于编制外形不太复杂或计算工作量不大的零件程序，手工编程简便、易行；但是对于复杂空间曲线或曲面，由于这些零件的编程计算相当烦琐、程序量大，手工编程很难胜任，即使能够编出，往往耗费很长的时间。因此，快速、准确地编制程序就成为数控机床发展和应用中的一个重要环节。计算机自动编程正是针对这个问题而发展起来的。非球面磨削加工与补偿是一个非常复杂的过程，它需要多轴联动才能达到目的。一个参数的改变，会使得加工数控机床的加工程序有很大的差别，单靠手工即时编程就变得更加困难。因此，自动编程模块的研究也就成为本书的一部分。

2. 自动编程系统

将机床、工件、刀具等参数输入，考虑是否需要补偿；然后通过计算机分别自动计算砂轮中心的刀位点轨迹及刀轴向量；得出机床在加工非球面时各轴的指令值；通过一定的插补算法进行空间二轴或三轴插补运动；计算机按机床数控系统编程的格式与要求自动生成 NC 加工程序；最后利用数控机床的通信软件和接口将 NC 代码传送给机床。在实际加工过程中，考虑到加工效率、质量、安全等因素，必须按照一定的磨削量进行多次重复加工。在进行超精密修正补偿磨削时，由于磨削量很小，有时候可以磨削一次，然后重新设定工艺参数。

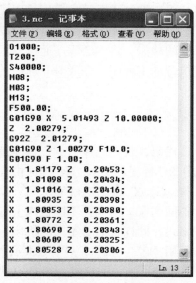

图 2.67 软件生成的 NC 代码

NC 代码程序的编写格式具有严格的规范，程序段的书写一般遵照以下格式：N* ** * G* * M ** X **** Y**** I**** J**** F****。

本书研究的系统中，"N"、"G"、"M"等字符称为功能关键字，"**"为与功能关键字相对应的数值。其中准备功能 G 代码指令用来规定刀具和工件的相对运动轨迹、插补方式、机床坐标系、坐标平面、刀具补偿、坐标偏置等多种加工操作，从 G00 到 G99 共 100 种代码。辅助功能 M 代码指令用来指示机床辅助动作及状态，有 M00～M99 共 100 条指令，同样分为续效指令和非续效指令。其他功能代码包括主轴 S 功能、刀具 T 功能和进给 F 功能。其中，F 指令、S 指令均为续效指令。图 2.67 为软件生成的 NC 代码。

参 考 文 献

[1] 陈逢军. 非球面超精密在位测量与误差补偿磨削及抛光技术研究[D]. 长沙: 湖南大学, 2010.

[2] Yamamoto Y, Suzuki H, Moriwaki T, et al. Development of cross and parallel mode grinding machine for high NA aspherical mold and die[J]. Proceedings of Annual Meeting of the American Society for Precision Engineering, 2006, 39: 499-502.

[3] 陈逢军, 尹韶辉, 范玉峰, 等. 一种非球面超精密单点磨削与形状误差补偿技术[J]. 机械工程学报, 2010, 46(23): 186-191.

[4] Chen F J, Yin S H, Huang H, et al. Profile error compensation in ultra-precision grinding of aspheric surfaces with on-machine measurement[J]. International Journal of Machine Tools & Manufacture, 2010, 50(5): 480-486.

[5] 陈逢军, 尹韶辉, 胡天, 等. 微小非球面光学模具单点斜轴误差补偿磨削[J]. 机械工程学报, 2013, 49(17): 59-64.

[6] Hwang Y, Kuriyagawa T, Lee S K. Wheel curve generation error of aspheric micro-grinding in parallel grinding method[J]. International Journal of Machine Tools & Manufacture, 2006, 46(15): 1929-1933.

[7] Kuriyagawa T, Syoji K, Zhou L. Precision form truing and dressing for aspheric ceramic mirror

grinding[J]. Proceedings of the International Conference on Machining of Advanced Materials, 1993: 325-331.

[8] Huang H, Chen W K, Kuriyagawa T. Profile error compensation approaches for parallel nanogrinding of aspherical mould inserts[J]. International Journal of Machine Tools & Manufacture, 2007, 47(15): 2237-2245.

[9] Kuriyagawa T, Mohammad S, Zahmaty S. A new grinding method for aspheric ceramic mirrors[J]. Journal of Materials Processing Technology, 1996, 62(4): 387-392.

[10] Zhao B, Du B Y, Liu W D. Experimental study on intelligent monitoring of diamond grinding wheel wear[J]. Key Engineering Materials, 2009, 392-394: 156-160.

[11] Wan D P, Hu D J, Wu Q. Online grinding wheel wear compensation by image based measuring techniques[J]. Chinese Journal of Mechanical Engineering, 2006, 19(4): 509-513.

[12] Fathima K, Kµmar A S, Rahman M, et al. A study on wear mechanism and wear reduction strategies in grinding wheels used for ELID grinding[J]. Wear, 2003, 254(12): 1247-1255.

[13] Chen F J, Yin S H, Ohmori H, et al. Form error compensation in single-point inclined axis nanogrinding for small aspheric insert[J]. International Journal of Advanced Manufacturing Technology, 2013, 65(1-4): 433-441.

[14] 守安精. 非球面光学素子の超精密加工に関する研究[D]. 仙台: 東京大学, 1999: 20-46.

[15] 游永丰, 陈逢军, 龚胜, 等. 一种磁场控制成形的砂轮制备方法[J]. 中国机械工程, 2014, 25(14): 1857-1860.

[16] 龚胜, 王永强, 尹韶辉, 等. 应用环形磁场控制的微粉砂轮制备及其磨削性能[J]. 机械工程学报, 2016, 52(17): 78-85.

[17] 尹韶辉, 张乐贤, 陈逢军, 等. 小口径非球面加工技术及装备综述[J]. 光学技术, 2013, 39(2): 103-111.

[18] Chen F J, Yin S H, Huang H, et al. Fabrication of small aspheric moulds using single point inclined axis grinding[J]. Precision Engineering, 2015, 39(1): 107-115.

[19] 王文, 王威, 陈子辰. 基于软件复用与软件构件技术的可重构数控系统研究[C]. 第一届国际机械工程会议, 1999: 1-8.

[20] 东方人华. Visual C++6.0 范例入门与提高[M]. 北京: 清华大学出版社, 2003.

[21] 张峰, 丁永刚. 采用 ProEssentials 实现工业生产数据图形化显示[J]. 软件导刊, 2009, 8(8): 180-182.

第3章　小口径非球面 ELID 磨削

ELID 磨削技术是硬脆难加工材料镜面加工最有效的方法之一。该技术通过电解蚀除砂轮的金属结合剂，对砂轮进行动态、微量的修锐，使得采用超硬磨料的微细粒度砂轮在磨削过程中能保持其锋利性，防止砂轮的堵塞与过度损耗，从而实现硬脆难加工材料的高效、超精密镜面加工[1-3]。该技术由日本理化学研究所的大森整于 20 世纪 80 年代末成功开发，它不仅成功解决了金属结合剂砂轮修锐的难题，而且使得超微细粒径(粒径为数纳米至数微米)的金刚石、立方氮化硼(CBN)磨料砂轮可应用于各类硬脆难加工材料的超精密镜面磨削中。本章介绍将喷嘴 ELID 磨削工艺应用到小口径非球面加工中的研究成果。

3.1　ELID 磨削的基本原理

3.1.1　传统 ELID 磨削方式

1. ELID 磨削的基本原理

传统的 ELID 磨削装置如图 3.1 所示，根据砂轮的大小和形状制造一个导电性能较好的阴极，并与电源的负极相连；金属结合剂砂轮作为阳极，通过阳极电刷与电源的正极相连。在砂轮表面与阴极之间保持一定的间隙，从阴极注入具有电解作用的磨削液至砂轮表面与阴极之间的间隙中。这样，砂轮、磨削液、阴极、电源之间就形成了一个电解回路，通过电流的作用，利用电解过程中产生的阳极

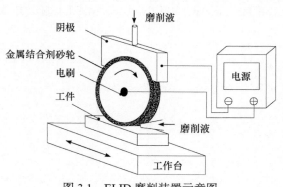

图 3.1　ELID 磨削装置示意图

溶解效应，溶解和蚀除砂轮表层的金属结合剂。由于磨粒不会被电解去除，在金属结合剂溶解之后会逐渐露出于砂轮的表面，形成对砂轮的修锐作用。

图 3.2 为 ELID 磨削原理示意图。在 ELID 过程中，根据阳极溶解效应原理，金属结合剂砂轮作为阳极，其表面结合剂的金属原子经电离形成相应金属离子，并溶解到磨削液中，使砂轮表层的磨粒凸出于砂轮表面。同时，金属离子与磨削液电解产生的氢氧根离子结合，在砂轮表面形成一层绝缘氧化膜。随着氧化膜厚度的增加，金属结合剂电解减缓，电解速度下降，避免了砂轮的过快损耗。随着 ELID 磨削加工的进行，凸出于砂轮表面的磨粒发生磨损后，其出刃高度降低，氧化膜随工件材料的刮擦作用逐渐变薄，砂轮的导电性恢复，金属结合剂的电解速度加快，电解过程继续进行，磨粒的出刃高度和氧化膜厚度增加。通过如此循环往复，金属结合剂的去除速度、磨料的消耗速度之间达到动态平衡，使得金属结合剂砂轮在磨削过程中能保持其锋锐性，防止了砂轮的过度损耗及堵塞，充分发挥了超硬磨料的磨削性能，实现了对硬脆材料的高效率、高精度磨削加工。

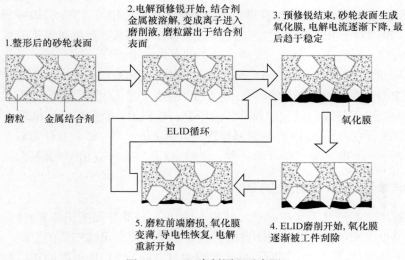

图 3.2　ELID 磨削原理示意图

2. ELID 磨削的应用

目前，ELID 磨削技术以其高的加工精度、加工效率与表面质量，以及可控性好、加工装置简单、适应性广泛等特点，广泛应用于机械、汽车、光学、仪表、电子、信息技术等诸多领域(图 3.3)。

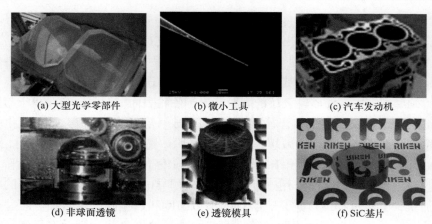

(a) 大型光学零部件　　　　　(b) 微小工具　　　　　(c) 汽车发动机

(d) 非球面透镜　　　　　(e) 透镜模具　　　　　(f) SiC基片

图 3.3　　ELID 磨削加工样品[4]

在 ELID 磨削技术研究方面，日本成立了 ELID 磨削研究会，出版了 ELID 学术期刊《ELID 研削研究会报》，并且出现了一批生产 ELID 专用磨具、电源及磨床的企业，已有数十家公司将 ELID 磨削技术应用于实际生产当中。美国、英国、德国、新加坡、韩国等国家也在进行 ELID 磨削技术的相关研究，并取得相应的研究成果。国内对于 ELID 磨削技术的研究主要集中在高校，如哈尔滨工业大学、北京工业大学、西北工业大学、天津大学、湖南大学等。

ELID 磨削技术所涉及的研究方向主要包括：①ELID 磨削力与磨削热[4-6]的研究；②ELID 磨削表面质量[7]的研究；③ELID 磨削工艺优化[8-10]的研究；④ELID 磨削材料去除机理与磨削过程建模[11-13]的研究；⑤ELID 磨削的电解机理与氧化膜生成[14-16]的研究；⑥ELID 磨削附属装置，包括电极[17-19]、砂轮及砂轮修整[17-19]、专用电源[20-22]、磨削液[23-25]等的研究；⑦ELID 磨削系统应用[26]的研究。

3.1.2　非球面 ELID 磨削方式

当被加工的形状为非球面且尺寸较小(如小口径非球面透镜模具)时，由于加工空间狭小，采用传统的 ELID 磨削方式时，电极没有足够安装的空间，易与工件发生干涉现象(图 3.4)。同时，砂轮需要通过电刷与 ELID 电源的正极相连，此时电刷只能设置在砂轮柄处，电刷与高速旋转的砂轮柄存在接触，容易造成砂轮柄的磨损，并且引起砂轮的振动，从而影响工件的加工质量。

因此，加工小尺寸工件常采用间歇式 ELID 镜面磨削，即加工前对砂轮进行整形和 ELID 修锐，然后进行无电解的传统磨削加工。在砂轮变钝后，再对砂轮进行整形和 ELID 修锐，如此反复，如图 3.5 所示。由于不能实现砂轮的在线修锐，砂轮的表面状态难以控制，导致工件被加工表面的表面质量下降。

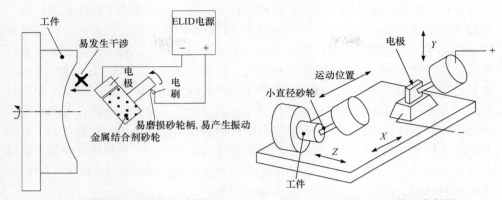

图 3.4　传统 ELID 磨削方式[26]　　　　图 3.5　间歇式 ELID 镜面磨削[27]

　　为了解决上述问题,钱军等提出了无电极 ELID 磨削方式[28],大森整等提出了喷嘴 ELID 磨削方式[29]。

　　无电极 ELID 磨削方式的原理如图 3.6 所示,砂轮通过阳极电刷与电源正极相连,而导电性良好的活性电极材料工件则作为阴极,ELID 磨削电源、导电的工件、电解磨削液以及砂轮中的金属结合剂共同组成了一个电流回路,电解作用通过电解磨削液在砂轮与工件之间发生,金属结合剂发生溶解,使得砂轮始终保持修锐状态。这种加工方法要求工件材料具有良好的导电性,因此其应用范围具有一定的局限性。同时,该方法需要将磨削(两极接触)和电解在线修锐(两极之间需要间隙)两个相互矛盾的过程整合在一起,两极磨削时彼此发生接触违背了电解在线修锐需要在两电极之间存在一定间隙的要求,本质上属于带电加工的一种形式,电解修锐效果相对较差。

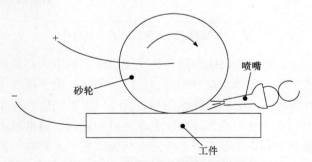

图 3.6　无电极 ELID 磨削方式的原理

　　喷嘴 ELID 磨削方式的原理如图 3.7 所示,在电解磨削液喷嘴上安装两块平板式电极,两块电极通过接点 A、接点 B 与 ELID 电源的正、负极相连,砂轮通过阳极电刷可与电源正极相连。由于存在两块电极,同时砂轮也可与电源相连,所以存在多种不同的连接方式以供选择。若被加工工件相对较大,阳极电刷设置较为方便，需要电解作用较强时，可将接点 A、接点 B 分别与 ELID 电源的正、负极相连，或者接点 A、接点 B 同时连接 ELID 电源的负极，砂轮中心处通过阳极电刷与 ELID 电源的正极相连。若被加工工件相对较小，相应砂轮直径较小，阳极电刷设置不便，需要电解作用较弱时，可只将接点 A、接点 B 分别与 ELID 电源的正、负极相连。由此可见，该种 ELID 磨削方式对砂轮的在线修锐作用包括两个方面：一是电解磨削液在经过喷嘴的两块电极之间时被电解，电解后产生的离子喷射到砂轮表面，能对砂轮进行电解蚀除作用；二是当砂轮通过阳极电刷与电源正极相连时，砂轮与电极之间同样存在电解作用，实现对砂轮表面金属结合剂的溶解蚀除。同时，选用活性电极材料(如金属铜)或惰性电极材料(如石墨)作为电极材料时，会对电解效果产生一定的影响。

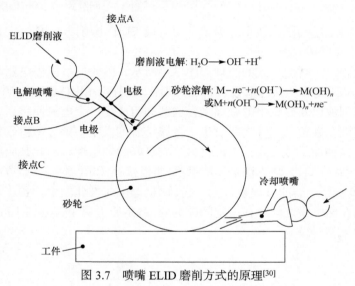

图 3.7　喷嘴 ELID 磨削方式的原理[30]

　　从本质上来说，喷嘴 ELID 磨削与传统 ELID 磨削方式都是通过电解磨削液产生的氢氧根离子对金属结合剂砂轮进行蚀除。但是，由于喷嘴 ELID 磨削的接线方式灵活，具体形式下电解蚀除作用与传统 ELID 磨削方式存在一定的差别，主要表现在：当图 3.7 中 C 点与 ELID 电源正极相连时，有电流通过砂轮，金属原子在电流的辅助电离作用下失去电子并生成金属离子，同时与氢氧根离子作用生成金属氧化物，对砂轮的蚀除作用相对较强；当 C 点不与 ELID 电源正极相连时，无电流通过砂轮，失去了电流的辅助电离作用，金属原子直接与氢氧根离子作用，失去电子并生成金属离子，同时与氢氧根离子作用生成金属氧化物，对砂轮的蚀除作用较弱，氧化膜生成较慢。

　　喷嘴 ELID 磨削通过在供液喷嘴上设置电极电解磨削液蚀除砂轮，从而避免单独设置电极与工件发生干涉；无须设置阳极电刷，避免电刷与砂轮柄的摩擦，减小了砂轮在磨削过程中的振动与砂轮柄的磨损，提高了加工精度。喷嘴 ELID 磨削方式相对间歇式 ELID 镜面磨削，在砂轮周围不需要另外设置任何电极，无须中断加工重新进行电解修锐，整个加工周期都可用于磨削加工，提高了小尺寸工件 ELID 磨削加工效率；相对无电极 ELID 磨削方式，该方法对被加工工件的导电性没有要求，连接方式更为灵活，适应范围更为广泛。然而，喷嘴 ELID 磨削方式由于电极相对较小，电解能力相对较弱，仅适用于中小尺寸砂轮和小尺寸工件上微小型面(如小口径球面、非球面)的加工。因此，本章主要介绍非球面喷嘴 ELID 磨削技术。

小口径非球面喷嘴 ELID 磨削系统包括喷嘴 ELID 磨削磨床、ELID 磨削专用电源、ELID 磨削液、金属结合剂砂轮、修整电极等。

3.2 小口径非球面喷嘴 ELID 磨削系统

ELID 磨削适用于不同的磨削方式(如平面、外圆、内圆、无心磨削以及成型、切割磨削等)，并可以在不同的机床上改装使用，对磨床无特殊要求。根据 3.1 节所述，由于喷嘴 ELID 磨削为一弱电解过程，相对其他 ELID 磨削方式，小口径非球面喷嘴 ELID 磨削更适合采用小直径砂轮的超精密磨床。

ELID 磨削专用电源可采用直流电源、不同波形的脉冲电源，以及有直流基量的脉冲电源。小口径非球面喷嘴 ELID 磨削专用电源采用了直流高频脉冲方式，一方面保证砂轮在电火花整形过程及 ELID 磨削过程中不发生损害性的连续电弧放电，另一方面利用电源输出参数的控制来保证 ELID 磨削系统的稳定电解状态。

ELID 磨削要求磨削液具备普通磨削液与电解液的双重作用，这就要求其不仅可用于冷却磨削区域，降低磨削区域的温度，润滑砂轮，减少砂轮的磨损，冲洗砂轮表面的磨屑；同时可作为生成氧化膜的电解液，并具备一定的防锈性能及一定的环保性，无刺激性，不易变质，对人体无危害。

小口径非球面喷嘴 ELID 磨削采用小直径铸铁结合剂金刚石微粉砂轮，其中铸铁结合剂的强度、刚度和对磨料的把持力更高，并具有较好的抗磨损能力与润滑性；铁元素在电化学反应中更易于发生溶解与钝化现象，其生成的氧化膜对阳极溶解过程具有抑制作用，防止砂轮过度电解。因此，采用铸铁结合剂的效果与稳定性较优，磨料的利用率、砂轮使用寿命也更为优异。而微粉金刚石磨料在硬度、韧性、热传导性方面较优，适于超精密磨削硬质合金、半导体、玻璃、陶瓷等高硬度、高脆性的材料。

ELID 修整电极的材料，主要根据材料的导电性、导热性、耐腐蚀性能和机械加工性能来进行选择[10]。一般用于 ELID 修整电极的材料包括惰性电极材料石墨与活性电极材料黄铜、紫铜等。对于小口径非球面喷嘴 ELID 磨削方式，采用活性电极材料(如黄铜)，当两块平板电极通过接点 A、接点 B 分别与 ELID 电源的正、负极相连时，与 ELID 电源正极相连的平板电极表面会随着电解的进行，在表面生成一层氧化膜。该层氧化膜的存在将会减小两块电极之间的电流，从而影响喷嘴处磨削液的电解。而采用惰性电极材料(如石墨)，当两块平板电极通过接点 A、接点 B 分别与 ELID 电源的正、负极相连时，则不会出现上述情况。但是，相对于金属材料，石墨材料质地柔软、疏松，当两极之间距离较近、电流较大时，石墨材料会发生烧蚀现象，从而造成材料的剥落。长时间使用后电极形状会发生变化，影响电解作用和电流大小，因此，需要重新更换电极。

对于 ELID 修整电极的形状和面积，传统 ELID 修整电极的形状多根据砂轮的形状而采用圆弧形，电极长度与砂轮周长的比为 1/6～1/4。文献[31]针对传统 ELID 磨削方式中修整电极的面积与 ELID 修整效果之间的关系进行了试验研究，试验结果表明：电极面积对 ELID 修整效果的影响，主要通过在改变电流密度及其分布来实现，电极面积越大生成的氧化膜越厚，而其对极间平均电流随电解时间变化规律的影响并不明显。对于小口径非球面喷嘴电解 ELID 磨削方式，为了实现喷嘴处磨削液的电解，两块电极采用平板状，相对设置于喷嘴出口处两侧(图3.8)，在保证供液顺畅和两块电极不发生接触的情况下，尽量增大电极伸出喷嘴出口处的长度，以增大两块电极之间电解磨削液的面积。平板电极的具体尺寸需要根据被加工工件的尺寸及喷嘴的大小予以确定。至于是否安装阳极电刷、阳极电刷设置等问题，则需要根据被加工工件的尺寸以及砂轮直径的大小来确定。若被加工工件和砂轮直径较大，进行外圆、平面等形状的加工时，需要电解作用较强，阳极电刷可以通过附属装置较为方便地设置于砂轮中心处；若被加工工件尺寸和砂轮直径相对较小，如加工微小球面、非球面等形状时，需要电解作用较弱，此时可以不设置阳极电刷。小口径非球面喷嘴 ELID 磨削喷嘴及电极如图 3.8 所示。

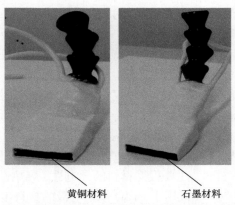

黄铜材料　　　　　　　　石墨材料

图 3.8　小口径非球面喷嘴 ELID 磨削喷嘴及电极[30]

一台典型的小口径非球面喷嘴 ELID 磨削装置如图 3.9 所示。由于该装置采用小直径砂轮,阳极电刷设置不方便,所以根据图 3.7,电极材料选用黄铜或石墨,接点 A、B 分别与 ELID 电源的正、负极相连,而接点 C 不接阳极电刷且不与 ELID 电源正极相连。由于采用斜轴磨削方式,砂轮磨削时的磨损主要发生在切削工件的尖角处,因此砂轮修整主要是对砂轮磨损端的端面进行修整。对于铸铁结合剂砂轮,一般应采用电火花修整法修整。但是,对于小口径非球面喷嘴 ELID 磨削,由于砂轮直径较小,阳极电刷安装不便,且设置阳极电刷易磨损砂轮柄,影响砂轮的加工精度。因此,可将砂轮装夹在工件主轴上,采用 CBN 车刀,利用类似金刚石笔修整砂轮的方式,对砂轮端面进行修整。

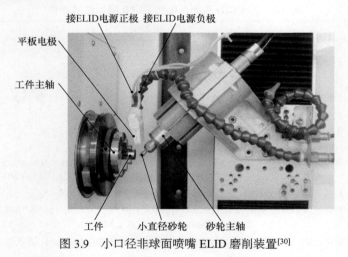

图 3.9 小口径非球面喷嘴 ELID 磨削装置[30]

3.3 小口径非球面喷嘴 ELID 磨削试验

采用图 3.9 中小口径非球面喷嘴 ELID 磨削装置,进行下列两个方面的小口径球面、非球面加工试验:①无 ELID 磨削方式与喷嘴 ELID 磨削的对比研究;②间歇式 ELID 磨削与喷嘴 ELID 磨削的对比研究,主要讨论磨削后工件表面粗糙度。

工件待加工表面在加工之前为平面,选用 SD325 铸铁结合剂金刚石砂轮,选择一定的电解参数和磨削参数,将工件先预加工至一定形状,并留有相应的加工余量。对刀完毕后调入加工程序,并采用相关电解参数和磨削参数开始粗磨。由于加工余量较大,总共进行了 600 次磨削循环。接着采用 SD2000 砂轮,对照各表中的精磨参数,对工件进行精磨,磨削循环次数为 10 次。在粗磨阶段,主要追求材料的去除率,所采用的磨削参数如工件转速、进给速度、切入量等较大;而精磨阶段主要追求工件的加工精度,所采用的磨削参数相对较小。

3.3.1 无 ELID 磨削与喷嘴 ELID 磨削的对比试验

该试验主要对比研究无 ELID 磨削与喷嘴 ELID 磨削，两者均采用斜轴磨削方式加工球面和非球面，试验条件如表 3.1 所示。其中，无 ELID 磨削加工采用与喷嘴 ELID 磨削相同的磨削参数，砂轮采用树脂结合剂金刚石砂轮，粒度号 SD2000。此处无 ELID 磨削加工采用树脂结合剂金刚石砂轮是因为在无 ELID 磨削条件下，铸铁结合剂金刚石砂轮的自锐性差，砂轮的结合剂难以去除。在磨粒破碎和钝化后，新的磨粒无法及时露出砂轮表面参与磨削加工，从而无法有效地对工件进行加工，且容易引起工件表面质量恶化。

表 3.1　无 ELID 磨削与喷嘴 ELID 磨削试验条件

参数	条件
机床	复合加工机床
接线方式	①接点 A、B 分别连 ELID 电源正、负极，接点 C 不接阳极电刷； ②无 ELID 磨削
电极	平板电极，石墨材料，尺寸(长×宽×高)30mm×15mm×2mm，电极距工件 5mm
工件	工件材料：YG3 硬质合金，晶粒度 0.6μm 工件形状：圆柱形，直径 20mm，厚 8mm
待加工形状	球面：加工口径 6mm，顶点曲率半径 r=40mm 非球面：加工口径 6mm，顶点曲率半径 r=45.15mm，C=−0.0221465，K=−26.627571，A_4=0.291272×10^{-4}，A_6=−0.208275×10^{-6}，A_8=0.149544×10^{-8}，A_{10}=−0.646916×10^{-11}
砂轮	粗磨：铸铁结合剂金刚石砂轮 1，粒度号 SD325，尺寸 $6D×6.5T×5Y×36.5L$ 精磨：①ELID，铸铁结合剂金刚石砂轮 2，粒度号 SD2000，尺寸 $6D×6.5T×5Y×36.5L$； ②无 ELID，树脂结合剂金刚石砂轮，粒度号 SD2000，尺寸 $6D×6.5T×5Y×36.5L$
砂轮修整	采用 CBN 车刀修整端面，工件轴转速 1000r/min，进给速度 5mm/min，单次切入量 0.5μm
磨削液	ELID 专用磨削液，20 倍稀释
电源	NX-ED911 型高频直流脉冲电源
测量装置	ZYGO 白光干涉测量仪
电解参数	输出电压 U=90V，输出电流(峰值电流)I_p=20A，占空比 D=50%
磨削参数	粗磨：砂轮转速 45000r/min，工件转速 300r/min，进给速度 10mm/min，单次切入量 3μm，600 次磨削循环 精磨：砂轮转速 45000r/min，工件转速 200r/min，进给速度 5mm/min，单次切入量 1μm，10 次磨削循环

注：D 为砂轮外径，T 为砂轮长度，Y 为砂轮柄直径，L 为砂轮柄长度。

各测量点测得的表面粗糙度如图 3.10 所示。从测量结果可以看出，采用无 ELID 磨削加工球面，其表面粗糙度 R_a 为 6～10nm；加工非球面，其表面粗糙度 R_a 为 9～12nm。采用喷嘴 ELID 磨削加工球面，其表面粗糙度 R_a 为 8～13nm；加工非球面，其表面粗糙度 R_a 为 12～16nm。采用两种加工方式加工的工件，其加工表面的磨痕都较为均匀，如图 3.11 和图 3.12 所示。

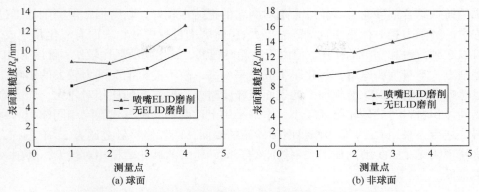

图 3.10　表面粗糙度测量值(无 ELID 磨削与喷嘴 ELID 磨削)

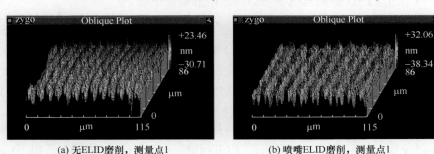

(a) 无ELID磨削，测量点1　　　　　　(b) 喷嘴ELID磨削，测量点1
(RMS为7.774nm, R_a为6.322nm)　　　(RMS为10.504nm, R_a为8.796nm)

图 3.11　球面工件表面的微观形貌(无 ELID 磨削与喷嘴 ELID 磨削)

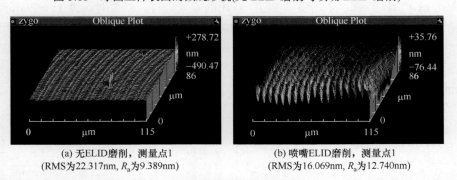

(a) 无ELID磨削，测量点1　　　　　　(b) 喷嘴ELID磨削，测量点1
(RMS为22.317nm, R_a为9.389nm)　　　(RMS为16.069nm, R_a为12.740nm)

图 3.12　非球面工件表面的微观形貌(无 ELID 磨削与喷嘴 ELID 磨削)

　　从加工的形状来看，球面的表面粗糙度优于非球面，这是由于非球面形状相对球面更为复杂，对机床控制、进给等方面要求更高，加工难度更大。从加工方式来看，采用无 ELID 磨削加工球面、非球面的表面粗糙度优于喷嘴 ELID 磨削方式，这是由于无 ELID 磨削加工采用树脂结合剂砂轮，结合剂材质较软，砂轮的自锐性较好，相同条件下加工表面粗糙度较好。而采用喷嘴 ELID 磨削加工时，采用铸铁结合剂砂轮，砂轮结合剂对磨料的把持性较好，耐磨损，但磨削加工过程中的磨削力相对树脂结合剂砂轮要大；虽然磨削过程中砂轮表面有氧化膜生成，可以起到自锐和润滑的作用，但由于砂轮转速高，氧化膜消耗比较快，且该 ELID 磨削方式本身为弱电解，氧化膜生成速率不高，故不能抵消磨削力较大的影响。虽然喷嘴电解 ELID 磨削加工的表面粗糙度略差，但其磨削比相对较大，即磨除相同体积材料时的砂轮磨耗较小。本书采用上述两种磨削方式磨除相同体积的材料，之后，采用 CBN 车刀修整两种砂轮的端面，两者修整量之比为 5∶1 左右，这就说明无 ELID 磨削加工采用树脂结合剂砂轮时的砂轮磨损相对较大，磨削效率较低。

3.3.2　间歇式 ELID 磨削与喷嘴 ELID 磨削的对比试验

该试验主要对比研究间歇式 ELID 磨削与喷嘴 ELID 磨削，两者均采用斜轴磨削方式加工球面和非球面，喷嘴 ELID 磨削中接点 A、B 分别连 ELID 电源正、负极，接点 C 不接阳极电刷，其他试验条件同表 3.1。其中，两者采用相同的磨削参数和砂轮，粗磨阶段都采用喷嘴 ELID 磨削进行加工，以获得相近的加工表面，精磨阶段分别采用间歇式 ELID 磨削与喷嘴 ELID 磨削进行比较。试验中，间歇式 ELID 磨削采用：低转速，预修锐→停止 ELID 修锐，无 ELID 完成一次磨削循环→砂轮移至加工区域外，低转速，ELID 修锐→停止 ELID 修锐，无 ELID 完成一次磨削循环，如此往复，直至完成整个磨削过程。间歇式 ELID 磨削过程在加工区域外的 ELID 修锐，采用喷嘴 ELID 修锐的方式进行，修锐时间为 15～20min。

各测量点测得的表面粗糙度如图 3.13 所示。从测量结果可以看出，采用间歇式 ELID 磨削加工球面，其表面粗糙度 R_a 为 32～37nm；加工非球面，其表面粗糙度 R_a 为 34～49nm。采用喷嘴 ELID 磨削加工球面，其表面粗糙度 R_a 为 8～13nm；加工非球面，其表面粗糙度 R_a 为 12～16nm。

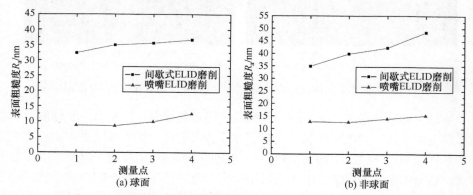

图 3.13　表面粗糙度测量值(间歇式 ELID 磨削与喷嘴 ELID 磨削)

　　两种加工方式下，球面和非球面工件表面的微观形貌分别如图 3.14 和图 3.15 所示。间歇式 ELID 磨削方式中，虽然在磨削循环的前后对砂轮进行了修锐，但在磨削过程中无法修锐，砂轮表层生成的氧化膜在磨削循环开始时迅速消耗，修锐时露出砂轮表层的磨粒迅速变钝，参与到磨削当中的磨粒数目减少，工件与砂轮间的磨削力变大，砂轮对工件材料的去除以划擦为主，因此工件表面的磨痕数较少且磨痕较深，工件表面质量较差。喷嘴 ELID 磨削方式中，由于砂轮可以在磨削过程中得到在线修锐，砂轮中的磨粒可以不断露出于砂轮表层，砂轮得以保持其锋锐性，参与磨削的磨粒数相对较多，砂轮与工件之间的磨削力减小，砂轮对工件材料的去除以耕犁和切削为主，因此工件表面的磨痕数较多、较密，工件表面质量较好，且表面粗糙度的变化更为平缓。同时，采用喷嘴 ELID 磨削方式实现了在线修锐，避免了间歇式 ELID 磨削方式在磨削循环之后对砂轮的修锐过程，节省了加工时间，提高了加工效率。

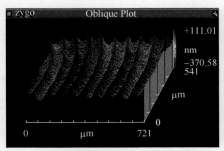
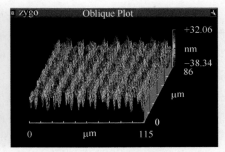

(a) 间歇式ELID磨削，测量点1　　　　　　(b) 喷嘴ELID磨削，测量点1
(RMS为38.652nm, R_a 为32.371nm)　　　　(RMS为10.504nm, R_a 为8.796nm)

图 3.14　球面工件表面的微观形貌(间歇式 ELID 磨削与喷嘴 ELID 磨削)

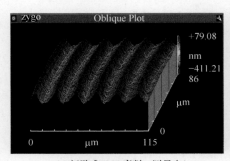
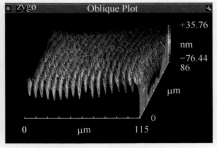

(a) 间歇式ELID磨削，测量点1　　　　　　(b) 喷嘴ELID磨削，测量点1
(RMS为40.744nm, R_a为34.887nm)　　　　(RMS为16.069nm, R_a 为12.740nm)

图 3.15　非球面工件表面的微观形貌(间歇式 ELID 磨削与喷嘴 ELID 磨削)

　　试验加工出的小口径球面和非球面样品如图 3.16 所示。

(a) 球面样品   (b) 非球面样品

图 3.16　磨削后的小口径球面、非球面硬质合金样品

3.4　喷嘴 ELID 磨削电解机理分析

　　本节对喷嘴 ELID 磨削电解机理进行分析，包括对不同电极材料和接线方式下喷嘴 ELID 磨削过程中的氧化膜生成过程进行分析与总结，对喷嘴 ELID 磨削氧化膜作用机理进行分析，建立不同电极材料与接线方式下的喷嘴 ELID 磨削氧化膜厚度模型，并通过实测数据进行对比分析。喷嘴 ELID 磨削电解机理分析试验装置如图 3.17 所示，包括试验平面磨床、电极、ELID 电源、金属基微粉金刚石砂轮、ELID 电解液。图中，用以电解磨削液的喷嘴设置在砂轮右上角 45°处，砂轮与喷嘴之间间距固定为 0.5mm，在该喷嘴设置两块平板喷嘴电极，并分别接 ELID 电源正、负极，用于电解磨削液。同时，在砂轮右下方设置一个磨削液喷嘴，用于向磨削区域供给磨削液，起到冷却和润滑的作用。

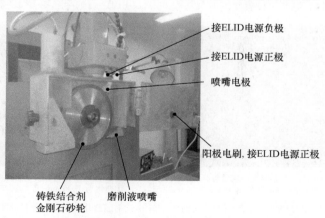

接ELID电源负极

接ELID电源正极

喷嘴电极

阳极电刷, 接ELID电源正极

铸铁结合剂
金刚石砂轮　　磨削液喷嘴

图 3.17　喷嘴 ELID 磨削电解机理分析试验装置[30]

3.4.1　喷嘴 ELID 磨削氧化膜生成过程分析

由前文分析(图 3.7)可知，喷嘴 ELID 磨削方式对砂轮的在线修锐作用包括两个方面：一方面，电解磨削液在经过喷嘴的两块电极(电极 1、电极 2)之间时被电解，电解后产生的离子喷射到砂轮表面，能对砂轮进行电解蚀除作用；另一方面，当砂轮通过阳极电刷与电源正极相连时，砂轮与电极之间同样存在电解作用，实现对砂轮表面金属结合剂的溶解蚀除。同时，采用金属(如黄铜)作为电极材料，当两块平板电极通过接点 A、接点 B 分别与 ELID 电源的正、负极相连时，与 ELID 电源正极相连的平板电极表面会随着电解的进行生成一层氧化膜，该层氧化膜的存在会减小两块电极之间的电流，从而影响喷嘴处磨削液的电解。因此，接点 A、接点 B、接点 C 与 ELID 电源正、负极之间的连接形式，以及平板电极所采用的材料，都将对砂轮表面氧化膜的生成产生影响。

表 3.2 列出了不同电极材料和不同接线方式。表 3.3～表 3.5 反映了接点 A、接点 B、接点 C 与 ELID 电源正、负极的连接方式，以及平板电极所采用的材料对砂轮表面氧化膜生成的影响。这里，设两块电极分别为电极 1、电极 2，电极采用的活性电极材料为 M_1，砂轮结合剂采用的金属基为 M_2。

表 3.2　喷嘴 ELID 磨削中的不同电极材料和不同接线方式

编号	电极材料	与 ELID 电源的连接方式		
		A	B	C
1	活性	+	−	+
2	活性	−	−	+
3	活性	+	−	不接
4	惰性	+	−	+
5	惰性	−	−	+
6	惰性	+	−	不接

下面分别选择铜和石墨作为电极材料，采用铸铁结合剂砂轮，对表 3.2 中编号为 1～6 的过程进行详细说明。

1. 编号 1 和编号 4 所代表的 ELID 电解成膜过程

编号 1 和编号 4 方式下的砂轮表面氧化膜生成过程如表 3.3 所示。

1) 编号 1 所代表的 ELID 电解成膜过程

编号 1 所代表的 ELID 电解成膜过程中，采用铜板作为电极材料，电极 1、电极 2 通过接点 A、接点 B 分别连接 ELID 电源的正、负极，接点 C 连接 ELID 电源的正极。此时存在两种电解蚀除作用：一种是磨削液电解对砂轮的蚀除作用；

另一种是砂轮与电极之间的蚀除作用。

表 3.3　编号 1 和编号 4 方式下砂轮表面氧化膜生成

编号	电极材料	与 ELID 电源的连接方式			平板电极上是否生成氧化膜	电解蚀除作用	电化学反应方程式
---	---	A	B	C	---	---	---
1	活性	+	−	+	是	磨削液电解对砂轮的蚀除作用；砂轮与电极之间的蚀除作用	磨削液电解： $H_2O \longrightarrow OH^- + H^+$，$H_2O + H^+ \longrightarrow H_3^+O$ 电极 1 表面： $M_1 - n_1e^- \longrightarrow M_1^{n_1+}$ $M_1^{n_1+} + n_1(OH^-) \longrightarrow M_1(OH)_{n_1}$ $2M_1(OH)_{n_1} \longrightarrow (M_1)_2O_{n_1} \cdot n_1H_2O$ 电极 2 表面： $H_3^+O \longrightarrow H_2O + H^+$，$2(H^+ + e^-) \longrightarrow H_2$ 砂轮表面： $M_2 - n_2e^- \longrightarrow M_2^{n_2+}$ $M_2^{n_2+} + n_2(OH^-) \longrightarrow M_2(OH)_{n_2}$ $2M_2(OH)_{n_2} \longrightarrow (M_2)_2O_{n_2} \cdot n_2H_2O$
4	惰性	+	−	+	否	磨削液电解对砂轮的蚀除作用；砂轮与电极之间的蚀除作用	磨削液电解： $H_2O \longrightarrow OH^- + H^+$，$H_2O + H^+ \longrightarrow H_3^+O$ 电极 1 表面：无反应 电极 2 表面： $H_3^+O \longrightarrow H_2O + H^+$，$2(H^+ + e^-) \longrightarrow H_2$ 砂轮表面： $M_2 - n_2e^- \longrightarrow M_2^{n_2+}$ $M_2^{n_2+} + n_2(OH^-) \longrightarrow M_2(OH)_{n_2}$ $2M_2(OH)_{n_2} \longrightarrow (M_2)_2O_{n_2} \cdot n_2H_2O$

通过 ELID 电源施加一定电压的脉冲电流，电极 1、电极 2 之间流过的磨削液发生电解，水分子(H_2O)分解为氢氧根离子(OH^-)和氢离子(H^+)，同时氢离子(H^+)又与水分子(H_2O)相结合生成水合氢离子(H_3^+O)，其电化学反应方程式为

$$H_2O \longrightarrow OH^- + H^+, \quad H_2O + H^+ \longrightarrow H_3^+O \tag{3.1}$$

由于电极采用金属铜作为电极材料，在电极 1 表面，铜原子(Cu)失去电子成为铜离子(Cu^{2+})，铜离子(Cu^{2+})与磨削液中的氢氧根离子(OH^-)作用生成氢氧化铜($Cu(OH)_2$)，而生成的氢氧化铜($Cu(OH)_2$)不稳定，分解为水合氧化铜($CuO \cdot H_2O$)，水合氧化铜($CuO \cdot H_2O$)即电极 1 表面生成氧化膜的主要成分。其电化学反应方程式为

$$Cu - 2e^- \longrightarrow Cu^{2+}, \quad Cu^{2+} + 2(OH^-) \longrightarrow Cu(OH)_2$$
$$Cu(OH)_2 \longrightarrow CuO \cdot H_2O \tag{3.2}$$

在电极 2 表面，磨削液中的水合氢离子(H_3^+O)脱去水分子(H_2O)，同时与磨削液中游离的电子相结合生成氢原子(H)，氢原子(H)相结合生成氢气(H_2)并脱附变成气泡逸出溶液。其电化学反应方程式为

$$H_3^+O \longrightarrow H_2O + H^+, \quad 2(H^+ + e^-) \longrightarrow H_2 \tag{3.3}$$

在砂轮表面，铁原子(Fe)失去电子成为亚铁离子(Fe^{2+})，亚铁离子(Fe^{2+})与磨削液中的氢氧根离子(OH^-)作用生成氢氧化亚铁($Fe(OH)_2$)，而生成的氢氧化亚铁($Fe(OH)_2$)不稳定，与水分子(H_2O)和氧分子(O_2)结合生成氢氧化铁($Fe(OH)_3$)，氢氧化铁($Fe(OH)_3$)继续分解为水合氧化铁($Fe_2O_3 \cdot 3H_2O$)，水合氧化铁($Fe_2O_3 \cdot 3H_2O$)即电极 1 表面生成氧化膜的主要成分。值得注意的是，与亚铁离子(Fe^{2+})作用的氢氧根离子(OH^-)来自两个方面：一方面为电极 1、电极 2 之间磨削液电解所生成；另一方面为电极 2 与砂轮之间电解作用所生成。砂轮表面电化学反应方程式为

$$Fe - 2e^- \longrightarrow Fe^{2+}, \quad Fe^{2+} + 2(OH^-) \longrightarrow Fe(OH)_2$$
$$4Fe(OH)_2 + 2H_2O + O_2 \longrightarrow 4Fe(OH)_3, \quad 2Fe(OH)_3 \longrightarrow Fe_2O_3 \cdot 3H_2O \tag{3.4}$$

2) 编号 4 所代表的 ELID 电解成膜过程

编号 4 所代表的 ELID 电解成膜过程中，采用石墨作为电极材料，电极 1、电极 2 通过接点 A、接点 B 分别连接 ELID 电源的正、负极，接点 C 连接 ELID 电源的正极。此时也存在两种电解蚀除作用：一种是磨削液电解对砂轮的蚀除作用；另一种是砂轮与电极之间的蚀除作用。

通过 ELID 电源施加一定电压的脉冲电流，电极 1、电极 2 之间流过的磨削液发生电解，水分子(H_2O)分解为氢氧根离子(OH^-)和氢离子(H^+)，同时氢离子(H^+)又与水分子(H_2O)相结合生成水合氢离子(H_3^+O)，其电化学反应方程式为

$$H_2O \longrightarrow OH^- + H^+, \quad H_2O + H^+ \longrightarrow H_3^+O$$

由于电极采用石墨作为电极材料，石墨属于惰性电极，因此在电极 1 表面只会有磨削液发生电解作用，而不会发生其他反应，因此其表面不会有氧化膜生成。

在电极 2 表面，磨削液中的水合氢离子(H_3^+O)脱去水分子(H_2O)，同时与磨削液中游离的电子相结合生成氢原子(H)，氢原子(H)相结合生成氢气(H_2)并脱附变成气泡逸出溶液。其电化学反应方程式为

$$H_3^+O \longrightarrow H_2O + H^+, \quad 2(H^+ + e^-) \longrightarrow H_2$$

在砂轮表面，与上面类似，铁原子(Fe)失去电子成为亚铁离子(Fe^{2+})，亚铁离子(Fe^{2+})与磨削液中的氢氧根离子(OH^-)作用生成氢氧化亚铁($Fe(OH)_2$)，而生成的氢氧化亚铁($Fe(OH)_2$)不稳定，与水分子(H_2O)和氧分子(O_2)结合生成氢氧化铁($Fe(OH)_3$)，氢氧化铁($Fe(OH)_3$)继续分解为水合氧化铁($Fe_2O_3 \cdot 3H_2O$)，水合氧化铁

$(Fe_2O_3 \cdot 3H_2O)$即电极 1 表面生成氧化膜的主要成分。同样，与亚铁离子(Fe^{2+})作用的氢氧根离子(OH^-)来自两个方面：一方面为电极 1、电极 2 之间磨削液电解所生成；另一方面为电极 2 与砂轮之间电解作用所生成。砂轮表面电化学反应方程式为

$$Fe - 2e^- \longrightarrow Fe^{2+}, \quad Fe^{2+} + 2(OH^-) \longrightarrow Fe(OH)_2$$

$$4Fe(OH)_2 + 2H_2O + O_2 \longrightarrow 4Fe(OH)_3, \quad 2Fe(OH)_3 \longrightarrow Fe_2O_3 \cdot 3H_2O$$

2. 编号 2 和编号 5 所代表的 ELID 电解成膜过程

编号 2 和编号 5 方式的下砂轮表面氧化膜生成过程如表 3.4 所示。

表 3.4　编号 2 和编号 5 方式下砂轮表面氧化膜生成

编号	电极材料	与 ELID 电源的连接方式			平板电极上是否生成氧化膜	电解蚀除作用	电化学反应方程式
		A	B	C			
2	活性	−	−	+	否	砂轮与电极之间的蚀除作用	磨削液电解： $H_2O \longrightarrow OH^- + H^+, \quad H_2O + H^+ \longrightarrow H_3^+O$ 电极 1 表面： $H_3^+O \longrightarrow H_2O + H^+, \quad 2(H^+ + e^-) \longrightarrow H_2$ 电极 2 表面： $H_3^+O \longrightarrow H_2O + H^+, \quad 2(H^+ + e^-) \longrightarrow H_2$ 砂轮表面： $M_2 - n_2 e^- \longrightarrow M_2^{n_2+}$ $M_2^{n_2+} + n_2(OH^-) \longrightarrow M_2(OH)_{n_2}$ $2M_2(OH)^{n_2+} \longrightarrow (M_2)_2O_{n2} \cdot n_2H_2O$
5	惰性	−	−	+	否	砂轮与电极之间的蚀除作用	磨削液电解： $H_2O \longrightarrow OH^- + H^+, \quad H_2O + H^+ \longrightarrow H_3^+O$ 电极 1 表面： $H_3^+O \longrightarrow H_2O + H^+, \quad 2(H^+ + e^-) \longrightarrow H_2$ 电极 2 表面： $H_3^+O \longrightarrow H_2O + H^+, \quad 2(H^+ + e^-) \longrightarrow H_2$ 砂轮表面： $M_2 - n_2 e^- \longrightarrow M_2^{n_2+}$ $M_2^{n_2+} + n_2(OH^-) \longrightarrow M_2(OH)_{n_2}$ $2M_2(OH)_{n_2} \longrightarrow (M_2)_2O_{n_2} \cdot n_2H_2O$

1) 编号 2 所代表的 ELID 电解成膜过程

编号 2 所代表的 ELID 电解成膜过程中，采用铜板作为电极材料，电极 1、电极 2 通过接点 A、接点 B 同时连接 ELID 电源的负极，接点 C 通过阳极电刷连接 ELID 电源的正极。此时只存在一种电解蚀除作用，即砂轮与电极之间的蚀除作

用，在电极 1、电极 2 之间无氧化膜生成，在砂轮表面有氧化膜生成，其电化学反应方程式如上面编号 1 和编号 4 所述。

2) 编号 5 所代表的 ELID 电解成膜过程

编号 5 所代表的 ELID 电解成膜过程中，采用石墨作为电极材料，电极 1、电极 2 通过接点 A、接点 B 同时连接 ELID 电源的负极，接点 C 通过阳极电刷连接 ELID 电源的正极。此时也只存在一种电解蚀除作用，即砂轮与电极之间的蚀除作用，在电极 1、电极 2 之间无氧化膜生成，在砂轮表面有氧化膜生成，其电化学反应方程式如上面编号 1 和编号 4 所述。

3. 编号 3 和编号 6 所代表的 ELID 电解成膜过程

编号 3 和编号 6 所代表的 ELID 电解成膜过程如表 3.5 所示。

表 3.5　编号 3 和编号 6 方式下砂轮表面氧化膜生成

编号	电极材料	与 ELID 电源的连接方式			平板电极上是否生成氧化膜	电解蚀除作用	电化学反应方程式
		A	B	C			
3	活性	+	−	不接	是	磨削液电解对砂轮的蚀除作用	磨削液电解： $H_2O \longrightarrow OH^- + H^+,\ H_2O + H^+ \longrightarrow H_3^+O$ 电极 1 表面： $M_1 - n_1e^- \longrightarrow M_1^{n_1+}$ $M_1^{n_1+} + n_1(OH^-) \longrightarrow M_1(OH)_{n_1}$ $2M_1(OH)_{n_1} \longrightarrow (M_1)_2O_{n_1} \cdot n_1H_2O$ 电极 2 表面： $H_3^+O \longrightarrow H_2O + H^+,\ 2(H^+ + e^-) \longrightarrow H_2$ 砂轮表面： $M_2 + n_2(OH^-) \longrightarrow M_2(OH)_{n_2} + n_2e^-$ $2M_2(OH)_{n_2} \longrightarrow (M_2)_2O_{n_2} \cdot n_2H_2O$
6	惰性	+	−	不接	否	磨削液电解对砂轮的蚀除作用	磨削液电解： $H_2O \longrightarrow OH^- + H^+,\quad H_2O + H^+ \longrightarrow H_3^+O$ 电极 1 表面：无反应 电极 2 表面： $H_3^+O \longrightarrow H_2O + H^+,\ 2(H^+ + e^-) \longrightarrow H_2$ 砂轮表面： $M_2 + n_2(OH^-) \longrightarrow M_2(OH)_{n_2} + n_2e^-$ $2M_2(OH)_{n_2} \longrightarrow (M_2)_2O_{n_2} \cdot n_2H_2O$

1) 编号 3 所代表的 ELID 电解成膜过程

编号 3 所代表的 ELID 电解成膜过程中，采用铜板作为电极材料，电极 1、电极 2 通过接点 A、接点 B 分别连接 ELID 电源的正、负极，接点 C 不连接。此时只存在磨削液电解对砂轮的蚀除作用，电极 1、电极 2 之间，砂轮表面均有氧化膜生成。

该种方式下砂轮表面在磨削液电解蚀除作用下的氧化膜生成与编号 1 和编号 4 中所述有一定区别。编号 1 和编号 4 中砂轮通过电刷与 ELID 电源正极相连，铁原子(Fe)是在电流作用下失去电子成为亚铁离子(Fe^{2+})，再与磨削液中的氢氧根离子(OH^-)作用生成氢氧化亚铁($Fe(OH)_2$)；而该方式下，砂轮不与 ELID 电源正极相连，铁原子(Fe)直接与氢氧根离子(OH^-)作用，失去电子并生成氢氧化亚铁($Fe(OH)_2$)。该方式下，由于没有电流通过砂轮，失去了电流的辅助电离作用，因此对砂轮的蚀除作用较弱，氧化膜生成较慢。砂轮表面电化学反应方程式为

$$Fe + 2(OH^-) \longrightarrow Fe(OH)_2 + 2e^-$$

$$4Fe(OH)_2 + 2H_2O + O_2 \longrightarrow 4Fe(OH)_3, \quad 2Fe(OH)_3 \longrightarrow Fe_2O_3 \cdot 3H_2O \tag{3.5}$$

2) 编号 6 所代表的 ELID 电解成膜过程

编号 6 所代表的 ELID 电解成膜过程中，采用石墨作为电极材料，电极 1、电极 2 通过接点 A、接点 B 分别连接 ELID 电源的正、负极，接点 C 不连接。此时只存在磨削液电解对砂轮的蚀除作用，电极 1、电极 2 之间无氧化膜生成，砂轮表面有氧化膜生成。砂轮表面电化学反应方程式如式(3.5)所示。

根据上述阐述可知，采用石墨作为电极材料时，在电极 1 和电极 2 之间无氧化膜生成，理论上不会影响两极间电解电流的大小和电解能力。但是，相对于活性电极材料，石墨材料质地柔软、疏松，当电极 1 和电极 2 之间距离较近、电流较大时，石墨材料会发生烧蚀现象，造成材料的剥落，因此长时间使用后电极形状会发生变化，从而影响电解能力和电流大小，需要重新更换电极。

3.4.2 喷嘴 ELID 磨削氧化膜作用机理分析

类似于传统 ELID 磨削方式，在喷嘴 ELID 磨削过程中，电解作用生成的砂轮氧化膜在砂轮与被加工工件之间形成一层过渡层，该过渡层包含结合剂金属的氧化物与氢氧化物，以及大量脱落及未脱落的磨粒，使砂轮对工件的磨削过程在过渡层中完成。因此，砂轮表面氧化膜起到了对工件的磨削与抛光作用，而氧化膜中包含的金属氧化物(如氧化铁等)本身即优良的研磨剂，对研磨、抛光过程中表面质量的提高起到辅助作用。喷嘴 ELID 磨削过程中，氧化膜的作用机理包括三个方面。

1) 辅助研磨、抛光机理

在喷嘴 ELID 磨削时，金属结合剂砂轮表面生成氧化膜的主要成分为结合剂金属的水合氧化物，如水合氧化铁($Fe_2O_3 \cdot nH_2O$)。随着磨削过程的进行，水合金

属氧化物在磨削区的高温作用下会发生进一步分解，以水合氧化铁($Fe_2O_3 \cdot nH_2O$)为例，分解生成 γ-Fe_2O_3 和 α-Fe_2O_3。其中，前者在 300℃时生成，后者在 600℃时生成，而 α-Fe_2O_3 为效果仅次于铈基抛光粉的一种优良的研磨剂。由于砂轮氧化膜硬度远低于工件硬度且富有弹性，在超精密磨削过程中，特别是在光磨阶段，砂轮氧化膜直接与工件摩擦和接触，氧化膜包含的大量磨粒对工件进行弹性磨削，砂轮氧化膜本身对工件起到辅助研磨和抛光的作用。

2) 冷却、润滑机理

在传统磨削过程中，通常需要提高磨削液的压力，使得磨削液能够进入磨削区域，加强其冷却效果。而采用喷嘴 ELID 磨削时，磨粒之间和磨粒之上存在富含水分的多孔氧化膜。当磨削深度较大时，该层氧化膜将较快地被去除，对磨削区域的冷却和润滑的效果不明显；但当磨削深度较小，或者光磨时，砂轮氧化膜所包含的大量磨粒可参与到磨削过程中，同时氧化膜将磨削液带入磨削区，提高了磨削区冷却、润滑效果。

3) 缓冲、吸振机理

在传统磨削过程中，许多因素都会影响磨削过程，例如，外部环境的振动冲击、砂轮的不平衡与跳动、静压轴承的压力不均、工作台的换向、冷却液与工件接触、砂轮与工件接触等，都会影响加工的表面质量。而在喷嘴 ELID 磨削过程中，砂轮表层氧化膜的生成可以对外来振动与冲击进行弹性缓冲，并具有吸振作用，使磨削过程更为平稳，可以有效提高工件的表面质量与精度。

3.4.3 喷嘴 ELID 磨削生成的氧化膜厚度计算模型

1. 不同电极材料与接线方式下的氧化膜厚度计算模型

本节对氧化膜厚度模型的推导和计算，不考虑喷嘴电极位置、砂轮与喷嘴之间间距的影响，即上述两者分别采用固定位置和固定值。其中，喷嘴电极设置在电解磨削液的喷嘴上，该喷嘴固定于砂轮右上角 45°处，砂轮与喷嘴之间间距固定为 0.5mm，喷嘴电极采用平板电极，并分别接 ELID 电源正、负极，用于电解磨削液。

1) 编号 1、2、4、5 接线方式下的氧化膜厚度计算模型

由 3.4.1 节所述，在编号 1、2、4、5 接线方式下，砂轮通过阳极电刷与 ELID 电源正极相连，铁原子(Fe)在电流作用下失去电子成为亚铁离子(Fe^{2+})。根据电化学原理，在这四种接线方式下，砂轮可以看成电解池的阳极，可以根据电解池的相关原理建立砂轮表面氧化膜厚度计算模型[32,33]。假设：

(1) 砂轮表面的磨粒呈均匀分布。

(2) 由于电解磨削液的电导率(约为 $1(\Omega \cdot m)^{-1}$)远小于铸铁的电导率(约为

$1.0\times10^7(\Omega\cdot m)^{-1}$），金刚石可视为绝缘体并在电解磨削液液中保持惰性，所以在给定的电压下，ELID 磨削系统的阴极和阳极之间处于静电平衡。

(3) 电解磨削液具有恒定、均匀的电导率，不考虑其变化，其遵循欧姆定律。

(4) 阳极的溶解遵循法拉第定律。

(5) 外加电压远大于阳极表面扩散层间的过电势，因此忽略该过电势，系统处于一个相对稳定的状态。

(6) 电极之间的电解液流动均匀，其流速、压力很小，忽略流体间的动压效应。

基于上述假设，由法拉第定律，电解质溶液每通过 1C 的电量，在任一电极上发生得失 1mol 电子的电极反应，同时与得失 1mol 电子相对应的任一电极反应的物质的量也为 1mol。结合剂溶解质量可以表示为

$$\Delta m = \frac{\eta M I \Delta t_1}{zF} \tag{3.6}$$

式中，η 为电流效率；M 为结合剂的原子量；I 为电解电路的电流；Δt_1 为有效电解时间；z 为结合剂的化合价；F 为法拉第常数$(F = 96485\text{C/mol})$。根据质量与体积的关系，溶解的结合剂金属的体积可以表示为

$$V = \frac{\Delta m}{\rho} = \frac{\eta M I \Delta t_1}{\rho zF} \tag{3.7}$$

式中，ρ 为阳极金属密度。溶解金属的厚度可表示为

$$h = \frac{V}{A_p} = \frac{\eta M I \Delta t_1}{lB\rho zF} \tag{3.8}$$

其中，A_p 为有效电解面积；l 为砂轮上发生电解的长度；B 为砂轮宽度。由于电解发生在砂轮旋转通过电解喷嘴的砂轮圆周上一小段圆弧部分的时间内，该时间取决于砂轮的旋转速度和喷嘴尺寸。令 Δt_2 代表砂轮通过阴极的时间，则

$$\Delta t_2 = \frac{a}{2\pi n} \tag{3.9}$$

式中，a 为砂轮上发生电解的弧度，且 $a = \frac{l}{\pi D}\cdot 2\pi = \frac{2l}{D}$；$n$ 为砂轮转速；D 为砂轮直径。则任意时间 t 作用于砂轮的电解时间Δt_3 为

$$\Delta t_3 = p\Delta t_2 = \frac{ap}{2\pi n} = \frac{a\Delta t}{2\pi} \tag{3.10}$$

其中，p 为电解时间 Δt_3 内砂轮旋转圈数；Δt 为总时间。由式(3.10)，电解时间 Δt_3 主要受砂轮上发生电解的弧度 a 的影响，而与转速无关。由于采用的电源为恒压

直流脉冲电源,有必要考虑占空比 D' 的影响。占空比定义为一段连续工作时间内,脉冲时间与总时间之比。因此,有效电解时间 Δt_1 可表示为

$$\Delta t_1 = D' \Delta t_3 = \frac{aD'\Delta t}{2\pi} \tag{3.11}$$

则砂轮氧化膜的厚度可以表示为

$$h = \frac{a\eta MD'I\Delta t}{2\pi lB\rho zF} \tag{3.12}$$

由于电解过程中,电解电路的电流 I 不是一个恒定的量,而是一个随时间 t 变化的量,假设从电解开始时间 t_0 到某一时间 t_1 内某一瞬时的质量变化和时间变化分别为 $\mathrm{d}m$、$\mathrm{d}t$,电流为 $i(t)$,氧化膜初始厚度为 h_0,则

$$h = h_0 + \int_{t_0}^{t_1} \frac{a\eta MD'i(t)}{2\pi lB\rho zF}\mathrm{d}t \tag{3.13}$$

2) 编号 3、6 接线方式下的氧化膜厚度计算模型

由 3.4.1 节所述,由于编号 3、6 接线方式下,砂轮不与 ELID 电源正极相连,无电流的辅助电离作用,铁原子(Fe)直接与氢氧根离子(OH^-)作用,失去电子并生成氢氧化亚铁($Fe(OH)_2$)。显然,这两种情况下对砂轮的蚀除作用较弱,氧化膜的生成速度较慢。此时,氧化膜的生成取决于磨削液电解生成的氢氧根离子(OH^-)的数量,以及氢氧根离子(OH^-)与铁原子(Fe)反应的效率。根据法拉第定律,磨削液电解生成氢氧根离子(OH^-)的数量为

$$\frac{\Delta m_{OH^-}}{M_{OH^-}} = \frac{\eta I \Delta t_1}{z_{OH^-}F} \tag{3.14}$$

根据式(3.5),在考虑氢氧根离子(OH^-)与铁原子(Fe)反应效率 η' 的情况下,溶解蚀除的铁原子(Fe)的质量为

$$\Delta m_{Fe} = \frac{\eta'\eta M_{Fe}I\Delta t_1}{z_{Fe}\,z_{OH^-}F} \tag{3.15}$$

采用与前面类似的分析方法,可得时间 t 时氧化膜厚度为

$$h = h_0 + \int_{t_0}^{t_1} \frac{a\eta'\eta M_{Fe}D'i(t)}{2\pi lB\rho z_{Fe}\,z_{OH^-}F}\mathrm{d}t \tag{3.16}$$

2. 不同电极材料与接线方式下的氧化膜厚度计算仿真

为比较不同电极材料与接线方式下氧化膜厚度计算模型所得出结果的区别,对不同接线方式在相同的电解条件下获得的电流-时间曲线进行拟合,然后用拟合函数分别代入式(3.13)和式(3.16)进行计算。试验无法测得脉冲峰值电流,因此采

用 ELID 电源上电流的指示值 I 作为平均电解电流，并按 $I_p=1.414I$ 转换为峰值电流。试验条件如表 3.6 所示，式(3.13)、式(3.16)中各参数取值如表 3.7 所示。砂轮 ELID 电解前后对比如图 3.18 所示，砂轮在 ELID 电解后表面有明显的黄褐色氧化膜生成。图 3.19 为试验测得的不同电极材料与接线方式下的电流-时间曲线。

表 3.6　不同电极材料与接线方式下氧化膜厚度计算仿真试验条件

参数	条件
机床	MGK7120×6 精密平面磨床
接线方式	表 3.2 中编号 1、2、3、4、5、6 代表的接线方式
电极	平板电极，黄铜或石墨材料，尺寸(长×宽×高)为 30mm×15mm×2mm，电极距工件 0.5mm
砂轮	铸铁结合剂金刚石砂轮 2，粒度号 2000，直径 200mm，宽度 15mm，浓度 100%
砂轮修整	电火花精密整形
磨削液	ELID 专用磨削液，20 倍稀释
电源	HDMD-Ⅳ型 ELID 镜面磨削高频脉冲电源
电解参数	输出电压 U 为 120V，脉冲电流频率 f 为 100kHz，脉冲电流占空比 D' 为 50%
磨削参数	砂轮转速 $v_n=3000r/min$，砂轮线速度 $v_s=31.4m/s$

表 3.7　不同电极材料与接线方式下氧化膜厚度计算仿真参数取值

电流效率 η		结合剂原子量 M	结合剂化合价 z	法拉第常数 $F/(C/mol)$	结合剂密度 $\rho/(g/cm^3)$	初始厚度 h_0/mm	反应效率 η'	发生电解长度 l/mm
黄铜	石墨							
0.2	0.25	56	2	96500	7.8	0	0.3	5

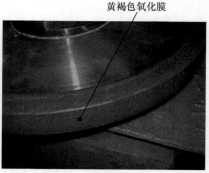

黄褐色氧化膜

(a) 电解前　　　　　　　　　　　　　(b) 电解后

图 3.18　砂轮 ELID 电解前后对比

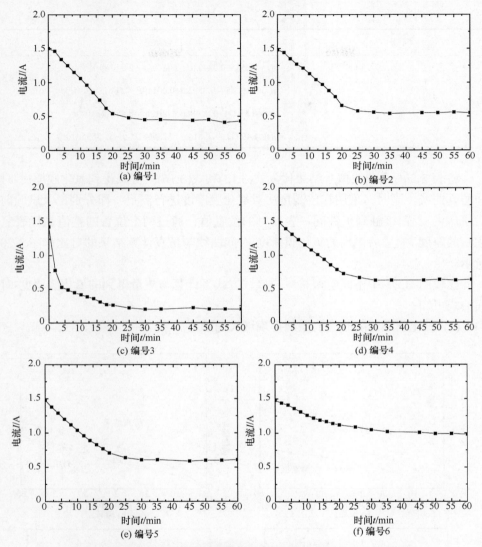

图 3.19　试验测得的不同电极材料与接线方式下的电流-时间曲线

对图 3.19 中所示编号 1～6 代表的接线方式下的电流-时间曲线采用多项式进行拟合, 拟合结果如表 3.8 所示。

表 3.8　图 3.19 曲线拟合结果

编号	拟合结果
1	$i(t)=1.59712-0.07398t+0.00148t^2-9.48291\times10^{-6}t^3$
2	$i(t)=1.55602-0.05711t+9.5018\times10^{-4}t^2-4.45487\times10^{-6}t^3$

编号	拟合结果
3	$i(t)=1.0585-0.08402t+0.00249t^2-2.24863\times10^{-5}t^3$
4	$i(t)=1.52554-0.05822t+0.00119t^2-7.68672\times10^{-6}t^3$
5	$i(t)=1.50231-0.05986t+0.00126t^2-8.48494\times10^{-6}t^3$
6	$i(t)=1.49533-0.02814t+5.52366\times10^{-4}t^2-3.77895\times10^{-6}t^3$

　　将表 3.8 所示曲线拟合结果代入式(3.13)和式(3.16)，可以得到氧化膜厚度-时间仿真曲线。同时，采用在位测量法对氧化膜厚度进行测量，即分别记录试验前后机床的 Z 轴接触到工件同一表面时的位置值，通过两个位置的差值来代表氧化膜的厚度。测量后得到的氧化膜厚度-时间曲线与仿真计算结果的对比如图 3.20 所示。

　　比较图 3.20 中不同电极材料与接线方式下计算与测量得到的氧化膜厚度-时间曲线可知：

　　(1) 氧化膜厚度随时间的增加呈现增大的趋势。

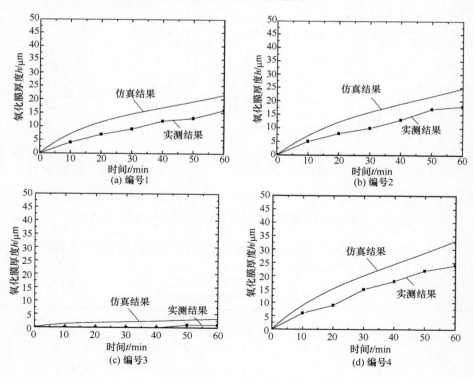

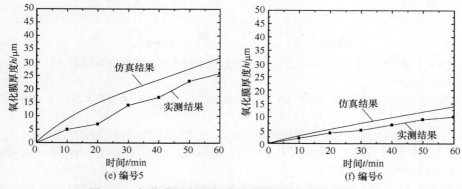

图 3.20　氧化膜厚度-时间曲线实测结果与仿真结果对比

(2) 通过式(3.13)与式(3.16)推导计算得到的氧化膜厚度值要大于实际测得的氧化膜厚度值。这主要是因为：一方面实际测量采用的是在位测量法，测量值的大小与机床的精度与测量人的经验有关；另一方面，氧化膜除了沿砂轮径向向外生长，还有向内生长的趋势，如图 3.21 所示，向内生长的这一部分氧化膜采用在位测量法无法测出。

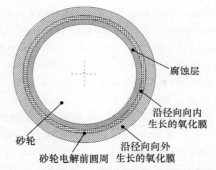

图 3.21　砂轮圆周表层氧化膜生成情况示意图

(3) 编号 3 方式下计算和实测得到的氧化膜厚度值很小。这主要是因为电极 1、电极 2 之间有氧化膜生成，减小了电解磨削液的电流，产生的氢氧根离子 (OH$^-$)的浓度减小；同时该方式下铁原子(Fe)无电流的辅助电离作用，对砂轮的蚀除作用较弱，氧化膜生成较慢。因此，不宜采用该方式进行喷嘴 ELID 磨削加工。

(4) 式(3.13)与式(3.16)计算得到的氧化膜厚度值的变化基本符合实际氧化膜的生长规律。

(5) 文献[2]中采用传统 ELID 方式，在 60V 和 90V 电压不同条件下试验测得的氧化膜厚度在 29.9～129.5μm，而本书计算和试验测得的氧化膜厚度值最大不超过 35μm，由此可见喷嘴 ELID 过程是一个弱电解过程。为增大相同磨削与电解参数下的氧化膜厚度，可以采用小直径砂轮，并且采用阳极电刷将砂轮与 ELID 电源正极相连。

参 考 文 献

[1] 尹韶辉, 曾宪良, 范玉峰, 等. ELID 镜面磨削加工技术研究进展[J]. 中国机械工程, 2010, 21(6): 750-755.

[2] 周曙光, 关佳亮, 郭东明, 等. ELID 镜面磨削技术——综述[J]. 制造技术与机床, 2001, (2): 38-40.

[3] 大森整, 黄锦钟. ELID 镜面研削技术[M]. 新北: 全华科技图书股份有限公司, 2006.

[4] 日本理化学研究所大森素形材工学研究室[EB/OL]. https://www.riken.jp/en/research/labs/chief/mater-fab[2020-10-11].

[5] Murata R, Okano K, Tsutsumi C. Grinding of structural ceramics[C]. Proceedings of the Milton C Shaw Grinding Symposium PED,1985: 261-272.

[6] 肖强, 马保吉. ELID 镜面磨削热源和热量分配模型[J]. 西安工业学院学报, 2004, 24(1): 23-27.

[7] Ohmori H, Nakagawa T. Mirror surface grinding of silicon wafers with electrolytic in-process dressing[J]. CIRP Annals-Manufacturing Technology, 1990, 39(1): 329-332.

[8] Kim J D, Lee E S. Surface characteristics on the ductile mode grinding of MgO single crystal with optimum in-process electrolytic dressing system[J]. International Journal of Machine Tools & Manufacture, 1998, 38(1-2): 97-111.

[9] Lee E S, Kim J D. Study on the analysis of grinding mechanism and development of dressing system by using optimum in-process electrolytic dressing[J].International Journal of Machine Tools & Manufacture, 1997, 37(12): 1673-1689.

[10] Boland R J. Computer control and process monitoring of electrolytic in-process dressing of metal bond fine diamond wheels for NIF optics[J]. Proceedings of the SPIE—The International Society for Optical Engineering,1999: 61-69.

[11] Kim J D, Nam S R. Piezoelectrically driven micro-positioning system for the ductile-mode grinding of brittle materials[J]. Journal of Materials Processing Technology,1996, 61(3): 309-319.

[12] Bandyopadhyay B P, Ohmori H. Effect of ELID grinding on the flexural strength of silicon nitride[J]. International Journal of Machine Tools & Manufacture, 1999, 39(5): 839-853.

[13] Shen J Y, Lin W, Ohmori H, et al. Mechanism of surface formation for natural granite grinding[J]. Key Engineering Materials, 2006, 304-305: 161-165.

[14] Kim H Y, Ahn J H, Seo Y H. Study on the estimation of wheel state in electrolytic in-process dressing grinding[C]. IEEE International Symposium on Industrial Electronics, 2001: 1615-1618.

[15] Lim H S, Fathima K, Senthil K A. A fundamental study on the mechanism of electrolytic in-process dressing grinding[J]. International Journal of Machine Tools & Manufacture, 2002, 42(8): 935-943.

[16] Kato T, Itoh N, Ohmori H, et al. Estimation of tribological characteristics of electrolyzed oxide layers on ELID-grinding wheel surfaces[J]. Key Engineering Materials, 2004, 257-258: 257-262.

[17] Islam M M, Kumar A S, Balakumar S, et al. Performance evaluation of a newly developed electrolytic system for stable thinning of silicon wafers[J]. Thin Solid Films, 2006, 504(1-2): 15-19.

[18] 三石憲英. ELID 研削における箔電極の効果[C]. 2002 年度精密工学会春季講演会, 2002:

527-528.

[19] Qian J, Li W. Precision internal grinding with a metal-bonded diamond grinding wheel[J]. Journal of Materials Processing Technology, 2000, 105(1): 80-86.

[20] 居冰峰. ELID 磨削机理的研究及电解修整脉冲电源的研制[D]. 哈尔滨: 哈尔滨工业大学,1996.

[21] 关佳亮, 张代军, 王凡. 实用新型 ELID 磨削电源的开发[J]. 现代制造工程, 2006, 6: 109-111.

[22] 北嶋孝之, 米子将, 塩田将仁. パルス電源による ELID 放電複合加工の影響-放電条件の影響[C]. 精密工学会大会学術講演会, 1999: 258-260.

[23] 大森整. 環境調和型 ELID 研削技術の開発[C]. 精密工学会大会学術講演会, 2002: 525.

[24] Liu X M. Study of high speed electrolytic in-process dressing[R]. Hoboken: Stevens Institute of Technology, 2003: 26-110.

[25] Pan Y, Sasaki T. An ELID grinding system with a minimum quantity of liquid[J]. Advances in Abrasive Technology Viii, 2003, 238-239: 23-28.

[26] Matsuzawa T, Ohmori H, Zhang C, et al. Micro-spherical lens mold fabrication by cup-type metal-bond grinding wheels applying ELID[J]. Key Engineering Materials, 2001, 196:167-175.

[27] Ohmori H, Lin W, Katahirai K, et al. Developmental history and variation of precision and efficient machining assisted with electrolytic process principle and applications[C]. The 1st International ELID- Grinding Conference, 2008: 1-5.

[28] 銭軍. 電極レス ELID 研削による自由曲面加工法の開発(第 4 報: 円筒内面の鏡面研削特性)[J]. 型技術, 1999, 14: 128-129.

[29] 大森整, 上原嘉宏, 片平和俊, 他. ノズル式 ELID 研削方法および装置[P]: JP2006159369A. 2004-12-9.

[30] 唐昆. 基于喷嘴电解的 ELID 磨削机理与实验研究[D]. 长沙: 湖南大学, 2013.

[31] 勝又真彦, 伊藤伸英, 大森整. ELID ラップ研削特性に及ぼす電極面積の影響[C]. 精密工学会大会学術講演会, 2000: 337-338.

[32] 朱育权, 马保吉, Stephenson D J. ELID 超精密磨削砂轮表面氧化膜形成行为的实验研究[J]. 铸造技术, 2008, 29(8): 1113-1115.

[33] 邰吉才, 张飞虎. ELID 磨削钝化膜弹簧刚度计算模型研究[J]. 工具技术, 2008, 42(9): 29-32.

第4章 小口径非球面单点金刚石车削

超精密金刚石车削技术也称为单点金刚石车削(single point diamond turning, SPDT)技术，它是在 1962 年由美国 Union Carbide 公司提出的，运用气浮主轴、气浮导轨形成的超精密机床。采用单点金刚石刀具进行超精密切削，可获得亚微米级的表面粗糙度，加工出表面质量极好的光学产品[1-3]。该技术主要用于加工红外晶体和软金属材料的光学零件，其特点是生产效率高、重复性好、适合批量生产、加工成本比传统的加工技术明显降低[4,5]。此外，超精密金刚石切削技术要求有恒温、恒湿和隔振[6]。超精密金刚石切削技术在光学上的定义是指加工精度高于 $0.1\mu m$、表面粗糙度 R_a 小于 $0.025\mu m$，所用超精密车床的分辨率和重复性高于 $0.01\mu m$ 的切削技术[7,8]。

传统的超精密单点金刚石车削一般采用 X、Z 两轴联动进行加工[9-11]，车削时采用圆弧刃金刚石车刀，由于在车削过程中切削刃上加工点不断变化，圆弧切削刃的形状误差会随之复映到工件表面，因此除了机床本身精度的保证，这种技术主要依靠金刚石车刀圆弧切削刃的面形精度(波纹度)来控制非球面光学零件的面形精度[12-14]。虽然可以通过制造更高面形精度的圆弧刃金刚石车刀来提高光学零件的面形精度，但制造金刚石车刀有着更高的技术要求，相应的生产成本和车刀磨损后的修整成本都会增加[15-17]。与传统的 X、Z 两轴联动单点金刚石车削技术相比，X、Z、B 三轴联动的超精密金刚石车削技术可以通过 B 轴回转来控制车刀的切削点，实现固定点的车削[18]。这样可以消除圆弧切削刃形状误差对工件面形精度的影响，从而获得更高面形精度的光学零件，但同时会引入机床 B 轴转台的回转精度误差，也会相应增加机床成本[19,20]。本章着重对上述两种车削技术进行比较分析。

4.1 小口径非球面超精密车削

4.1.1 传统的 X、Z 两轴联动单点金刚石车削

传统的 X、Z 两轴联动单点金刚石车削的原理为：通过超精密数控机床控制 X、Z 两轴联动来精准控制金刚石车刀的切削点以及移动轨迹，以实现非球面工件的加工，如图 4.1 所示[21,22]。刀具选用圆弧刃的天然金刚石车刀。工件绕 H_1 轴为回转中心以角速度 ω_1 旋转，金刚石刀具通过 X、Z 两轴联动实现非球面曲线的加工。刀尖

经过严格的修磨，为标准的圆弧。理论上，在加工过程中，切削刃与工件始终为点接触。从图中可以观察到，随着刀具的进给，刀具与工件的切削点是在不断变化的。

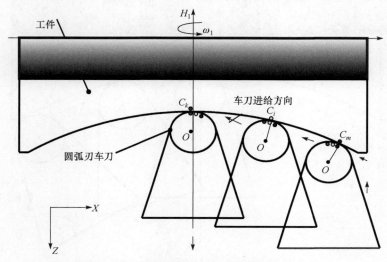

图 4.1　X、Z 两轴联动单点金刚石车削原理

传统的 X、Z 两轴联动单点金刚石车削方法存在以下弊端[23-26]：

(1) 在加工过程中，随着金刚石刀具圆弧刃上切削点的不断变化，其面形误差会复映到加工后的工件表面，从而降低工件的面形精度。

(2) 车刀切削区域内的圆弧切削刃出现磨损时，只能避开磨损区域或重新进行修刃，才能继续进行加工。

(3) 当工件的曲率变化较大或加工深度较深时，刀具与工件之间会存在干涉，需调整刀具的安装角度才能完成，同时会引入刀具安装的角度误差。

4.1.2　X、Z、B 三轴联动固定点金刚石车削

X、Z、B 三轴联动固定点金刚石车削技术根据 B 轴对心方式不同分为两种方式。

方式 1 的原理如图 4.2 所示。刀具选用圆弧刃的金刚石车刀，工件绕 H_1 轴为回转中心以角速度 ω_1 旋转，通过 B 轴的旋转，始终保持过金刚石车刀圆弧刃中心点 O 与切削点 C 的连线 H_2 与过非球面曲线上加工点的切线 T_C 垂直，通过 X、Z、B 三轴联动实现非球面曲线的加工。图 4.3(a)为方式 1 加工时 B 轴转台的运动原理，通过对刀来保证切削点 C 始终与 B 轴转台的回转中心 O_1 重合，在加工过程中 H_2 轴与 Z 轴方向的夹角 θ_1 不断变化。

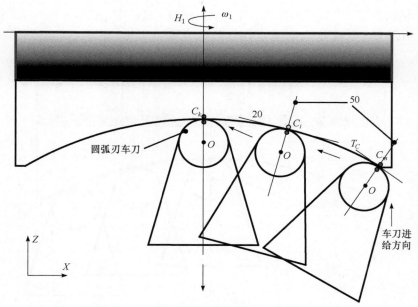

图 4.2　X、Z、B 三轴联动固定点金刚石车削原理

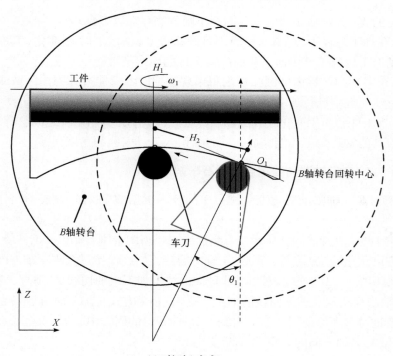

(a) B 轴对心方式1

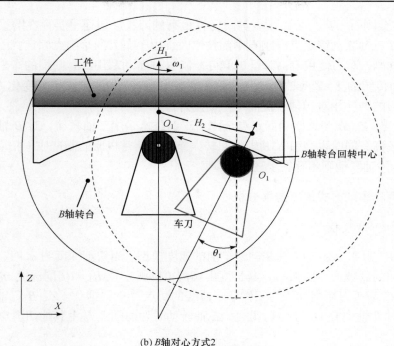

(b) B 轴对心方式2

图 4.3　B 轴转台运动原理

方式 2 的原理基本与方式 1 是相同的，但在 B 轴转台对心时存在差别。方式 2 的对心原理如图 4.3(b)所示，将 B 轴的回转中心与车刀圆弧刃的中心重合，理论上同样也能实现固定点的加工。

由于对心原理的不同，所引入的误差也有区别[27,28]。本书若没特别说明，其机理分析与试验数据均采用方式 1。

不管是方式 1 还是方式 2，针对传统的 X、Z 两轴联动金刚石单点车削方法存在的弊端，X、Z、B 三轴联动固定点金刚石车削可实现[27,28]：

(1) 在加工过程中可通过 B 轴控制车刀圆弧刃的切削点固定不变，车刀圆弧切削刃的面形误差不会随着工件进给而复映到工件表面，可提高加工后工件的面形精度。

(2) 车刀圆弧刃磨损后，通过 B 轴旋转避开车刀的磨损区域，可继续加工。

(3) 针对加工深度较大的大角度工件或者微小复杂非球面的工件，B 轴回转还可以在一定程度上避免刀具与工件的干涉。

虽然在上述原理分析中，X、Z、B 三轴联动固定点金刚石车削技术的优点比较明显，但在大批量工业生产中，它与传统的 X、Z 两轴联动金刚石车削技术相比，还是存在一定的不足[29]：

· 126 ·　　　　　　小型光学非球面纳米精度加工理论与技术

(1) 金刚石刀具是公认硬度与耐磨性最高的刀具，但还是会存在磨损。采用 X、Z、B 三轴联动固定点金刚石车削技术时，由于车刀的车削点固定，固定点处磨耗会加剧，车刀使用寿命降低，但可控制 B 轴转动利用没有磨损的车削刃继续加工。而传统的 X、Z 两轴联动金刚石车削技术，车刀的车削点不断变化，整个车刀车削刃的磨耗相对均匀，提高车刀使用寿命。

(2) X、Z、B 三轴联动固定点金刚石车削技术采用三轴联动，对 B 轴回转精度要求较高，同时也会引入 B 轴的回转误差，超精密机床的制造成本相应增加，而 X、Z 两轴联动则不存在上述情况。

4.1.3 两种车削方式加工结果分析

1. 切削速度模型

图 4.4 为 X、Z、B 三轴联动时车削的速度模型。当切削深度为 a_p 时，车刀与工件的切削区域为一圆弧 l_B，其长度由切削刃圆弧半径 R_T 和切削深度 a_p 共同决定，点 C_i 为车刀切削圆弧与工件形状曲线的切点[30]。根据 X、Z、B 三轴车削原理，此时 B 轴中心 O_1 与点 C_i 重合，B 轴转动时切削圆弧 l_B 上其他切削点以点 C_i 为圆心旋转。

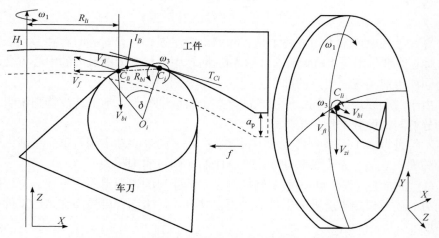

图 4.4　X、Z、B 三轴固定点车削模式的切削速度模型

对于切削圆弧 l_B 上任意点 C_{li}，它与工件的相对速度由工件转速 V_{zi}、刀具进给速度 V_{fi} 和车刀绕 B 轴转速 V_{bi} 三个方向速度合成。

(1) 对于工件转速 V_{zi}，有

$$V_{zi} = 2\pi R_{li}\omega_1 \tag{4.1}$$

式中，R_{li} 为车削点 C_{li} 在 X 方向与工件旋转中心的距离；ω_1 为工件转速，工件转

速 V_{zi} 的方向沿 Y 轴方向垂直向下。

(2) 设工件形状曲线方程函数为 $F(x)$，由于 X、Z 轴联动，在切削圆弧 l_B 上所有点的进给速度方向与切削点 C_i 的速度方向一致，即沿着曲线 $F(x)$ 上过点 C_i 的切线 T_{Ci} 的方向，此时进给速度 V_{fi} 为

$$V_{fi} = \frac{V_f}{\cos(\arctan k_{Ci})} \tag{4.2}$$

式中，V_f 为刀具沿 X 轴方向的进给速度；k_{Ci} 则为工件形状曲线方程函数 $F(x)$ 上过切削点 C_i 的斜率。

(3) 车刀绕 B 轴转速 V_{bi} 则为

$$V_{bi} = 2\pi R_{bi}\omega_3 \tag{4.3}$$

式中，R_{bi} 为切削圆弧 l_B 上点 C_{li} 与切削顶点 C_i (即刀具的回转中心点)之间的直线距离，此时 V_{bi} 的方向与两点连线方向垂直；ω_3 为 B 轴转台的转速。

对于切削点 C_i，由于它是回转中心，它的速度只由工件转速和刀具进给速度两者合成。那么车刀有效切削刃上任意一点的速度为

$$V_C = V_{bi} + V_{zi} + V_{fi} \tag{4.4}$$

而对于 X、Z 两轴联动模式，其切削速度模型与前者类似，但更为简单。当切削深度为 a_p 时，车刀与工件的切削区域也为一圆弧，其长度由切削刃圆弧半径 R_T 和切削深度 a_p 共同决定。

对于切削圆弧上任意一点，它与工件的相对速度由工件转速和刀具进给速度合成，其计算公式和速度方向参见式(4.1)和式(4.2)。

2. 对表面粗糙度的影响

在车削过程中影响工件表面粗糙度的因素主要有车刀和工件的材料、进给率、切削深度、切削速度、切削刃的形状等[31-33]。由图 4.5 可以发现，当切削深度 a_p 为固定值时，在同一切削点 C_i 处，两种模式下车刀切削刃的切削弧长 l_B 以及所对应的圆心角 γ 都是相同的，只是 B 轴加工模式下车刀刃上的切削弧长区域始终是固定的。理论上在相同的切削条件下，这两种模式对加工后的工件表面粗糙度影响是一致的。

超精密金刚石车削是在延性模式下进行加工，受工件回转影响，两种模式下切削后工件的表面粗糙度将由工件表面的理论残留面积高度决定。如图 4.6(a)所示，当工件转速和车刀进给速度固定时，工件每回转一周，车刀沿 X 方向的进给长度 L_f 也是固定的。受车刀形状影响，当车刀位置从 O_{i1} 点移动到 O_{i2} 点时，工件表面上将有一块理论上被除去的区域残留在工件表面，这块区域的高度称为理论残留面积高度。

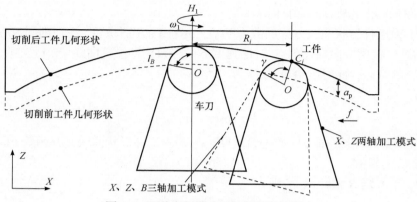

图 4.5　两种车削模式对切削弧长的影响

　　非球面加工时刀具的运动轨迹为曲线，过曲线点上切线与 X 轴方向的夹角不断变化。由于工件每回转一周时车刀的进给距离很短，受机床运动规律的影响，在建立模型时，假设当车刀位置从 O_{i1} 点移动到 O_{i2} 点时，车刀的运动轨迹为一条与 X 轴夹角为 θ_k 的直线，其 θ_k 就是过该曲线点上的切线与 X 轴方向的夹角，如图 4.6(b)所示。工件回转母线任意位置的理论残留面积高度 h_c 为

$$h_c = R_T - \sqrt{R_T^2 - \left(\frac{f}{2\omega_1 \cos\theta_k}\right)^2} \tag{4.5}$$

式中，R_T 为切削刃圆弧半径；f 为刀具进给速度；ω_1 为工件旋转速度。

　　从式(4.5)可以发现，理论残留面积高度除了和车刀圆弧刃半径、工件旋转速度和刀具进给速度有关，还受到非球面曲线上切削点斜率的影响。

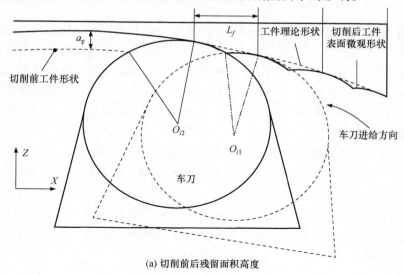

(a) 切削前后残留面积高度

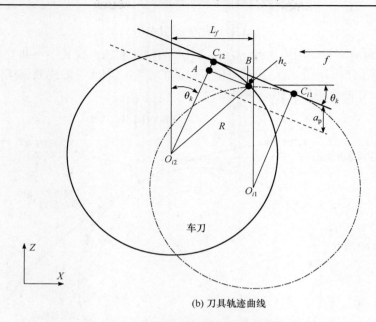

(b) 刀具轨迹曲线

图 4.6　车削后工件表面理论残留面积高度

3. 对面形精度的影响

在两种切削模式的加工过程中,最明显的区别就是在切削刃上切削点的改变。在 X、Z、B 三轴联动加工模式中,切削刃上的切削点是固定的;而在 X、Z 两轴联动加工模式中,切削刃上的切削点是变化的。因此,在实际的切削过程中有如下两个重要因素必须考虑到[34,35]。

1) 车刀圆弧切削刃面形精度的影响

如图 4.7 所示,理想的切削点 $C_i (X_{ci}, Z_{ci})$ 的坐标可由式(4.6)和式(4.7)计算出来:

$$X_{ci} = X_{oi} + R_T \tan\theta_2 \tag{4.6}$$

$$Z_{ci} = Z_{oi} + cR_T \tan\theta_2 \tag{4.7}$$

式中, X_{oi} 和 Z_{oi} 为车刀圆弧刃圆心 O_i 的坐标; R_T 为理想的切削刃半径; θ_2 为 Z 轴和在车刀圆弧刃圆心点轨迹曲线 $P_o(X,Z)$ 上过点 O_i 法线 N_{oi} 的夹角;点 $O_i (X_{oi}, Z_{oi})$ 的坐标和夹角 θ_2 可通过车刀圆弧刃圆心点轨迹曲线 $P_o(X,Z)$ 计算出来; $P_o(X,Z)$ 为需要加工的非球面曲线方程,如图 4.7 所示。

受车刀圆弧切削刃面形误差的影响,车刀进给时实际的切削刃半径 R_A 不断变化,实际切削点 $D_i (X_{di}, Z_{di})$ 的坐标可由式(4.8)和式(4.9)计算出来:

$$X_{di} = X_{oi} + R_A \tan\theta_2 \tag{4.8}$$

$$X_{di} = X_{oi} + cR_A\tan\theta_2 \tag{4.9}$$

式中，R_A 为实际的切削刃半径，它在 X、Z 两轴联动加工模式中不断变化，同时受车刀圆弧切削刃面形误差和车刀位置误差的影响。因此，最终获得实际工件形状曲线 $G_A(X, Z)$ 也将产生相应的误差。

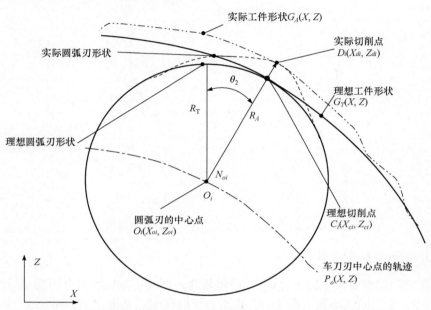

图 4.7　X、Z 两轴加工模式中车刀刃口面形误差对工件面形误差的影响 1

　　工件回转加工时，车刀圆弧切削刃的面形误差并不是简单地直接复映在工件表面。如图 4.6(b) 所示，设在车刀圆弧切削刃上，在切削刃与工件的切点右边方向(即进给方向)的切削刃为主切削刃，而在切点 C_i 左边方向的切削刃为副切削刃。如图 4.8 所示，当连续进给时，工件每回转一周，车刀圆心位置从 O_{i1} 点移动到 O_{i2} 点，在工件表面单位长度 L_f 的范围内，工件的实际形状由车刀圆心在点 O_{i1} 位置所对应的实际主切削刃曲线 ED_{i1} 和车刀圆心在点 O_{i2} 位置所对应的实际副切削刃曲线 $D_{i2}E$ 共同决定。此时工件面形误差包括车刀圆弧刃的面形误差和理论残留面积高度的误差。

　　理论残留面积高度对面形精度的影响很小。根据式(4.5)可知，当工件转速为 900r/min、进给速度为 5mm/min、圆弧刃半径为 0.5mm 时，理论残留面积高度仅为 7nm，而普通金刚石车刀圆弧刃的面形误差基本在 100nm 以上。因此，在车刀位置误差不变的情况下，影响工件面形精度的主要因素还是车刀圆弧切削刃的面形误差。

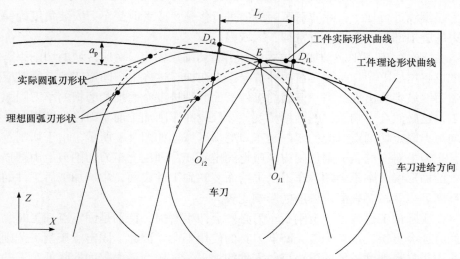

图 4.8　X、Z 两轴加工模式中车刀刃口面形误差对工件面形误差的影响 2

在 X、Z 两轴联动车削模式中，车削点 C_i 不断在变化，车刀在不同位置时，对应的主切削刃和副切削刃不断变化。受车刀圆弧切削刃面形误差的影响，车刀在不同位置处对应的主切削刃和副切削刃的面形误差也在不断改变，并通过上述方式将车刀的面形误差复映到工件表面。

在 X、Z、B 三轴联动加工模式中，由于受 B 轴控制，切削刃上的切削点 C_i 固定，对应的主切削刃和副切削刃固定不变，车削过程中不会受车刀圆弧切削刃面形误差的影响而产生变化。在车削过程中受切削刃面形误差的影响，尽管实际切削刃半径 R_A 可能会大于或小于理想的切削刃半径，但却是固定值，车刀圆弧切削刃的面形误差不会复映到工件表面。

通过上述分析，可以得到以下结论：在 X、Z、B 三轴联动加工模式中，由于车刀圆弧刃切削点的固定，可以消除车刀圆弧切削刃的面形误差对加工后工件面形精度的影响。

2) 车刀磨损的影响

在单点金刚石车削过程中，车刀磨损现象必然存在，而且磨损率受工件转速、工件材料硬度以及加工条件等因素的影响，常见的金刚石车刀磨损形式为机械磨损和微观崩刃[36-38]。车刀磨损意味着在切削刃的磨损区域内，车刀切削刃面形精度将大大降低，甚至会降低 2~3 个数量级。

在 X、Z 两轴联动加工模式中，切削点 C_i 不断变化。当切削刃磨损后，磨损区域的实际切削刃半径 R_A 将小于理想的切削刃半径 R_T，随着车刀进给，磨损区域的切削刃会进入加工区域，由车刀磨损而产生的切削刃面形误差将复映到对应磨损区域的工件表面。在传统的 X、Z 两轴联动单点金刚石车削中，车刀磨损后将不能继续进行加工，除非对车刀刃口进行修整，或者改变车刀安装角度确保切削刃的磨损部位不会进入正常加工区域内。

在 X、Z、B 三轴联动加工模式中，由于切削点固定，对应区域的切削刃磨损速度也将增快[39,40]。此时存在两种情况：①在加工过程中，固定切削点所对应的圆弧刃区域突然出现磨损，连续的工件表面分别被没有磨损和磨损的车刀圆弧刃加工，这必然会影响工件的面形精度；②假设在车削加工前车刀已经磨损，并且切削刃上固定切削点对应的正好是车刀磨损区域。如图 4.8 所示，由于切削点固定，车刀上对应的主、副切削刃区域也固定不变，理论上车刀切削刃上由磨损后产生的面形误差则不会随着车刀的进给而复映到工件表面，影响加工后工件的面形精度。当然，对表面粗糙度的影响比较大。

在实际加工过程中，金刚石车刀必然会产生磨损，特别是固定点加工时，车刀的磨耗会更快，这意味着会降低刀具的使用寿命。因此，固定点车削工艺则主要适用于材料硬度较低的微小口径零件的加工，这样会最大限度地降低车刀的磨耗。此外，如果车刀磨损，可以旋转 B 轴角度，用其他正常切削刃进行加工。

通过以上分析，X、Z、B 三轴联动加工模式能消除车刀圆弧切削刃面形误差和车刀磨损这两个因素对加工后工件面形精度的影响，但由于 B 轴联动，B 轴转台的回转精度误差会影响加工后工件的面形精度，而在 X、Z 两轴联动加工模式中则不存在 B 轴转台的回转误差。

4.2　天然金刚石车刀

4.2.1　超精密切削对刀具的要求

为实现超精密切削，刀具应具有如下性能[41]：

(1) 极高的硬度、极高的耐磨性和极高的弹性模量，以保证刀具有很长的寿命和很高的尺寸耐用度。

(2) 刃口能磨得极其锋锐，刃口半径极小，能实现超薄切削厚度。

(3) 刀刃无缺陷，切削时刃形将复映在加工表面上，能得到超光滑的镜面。

(4) 和工件材料的抗黏结性好、化学亲和性小、摩擦系数低，能得到极好的加工表面完整性。

上述四项要求决定了超精密切削使用的刀具的性能要求。天然单晶金刚石有着一系列优异的特性，如硬度极高、耐磨性和强度高、导热性能好、有色金属摩擦系数低、能磨出极锋锐的刀刃等。因此，虽然它的价格昂贵，仍被公认为理想的、不能代替的超精密切削刀具材料。在超精密切削的发展初期，人们把金刚石刀具切削和超精密切削等同起来，统称单点金刚石车削(SPDT)。

人造聚晶金刚石无法磨出极锋锐的刃口，它只能用于有色金属和非金属的精切，很难达到超精密镜面切削。大颗粒人造单晶金刚石现在已能工业生产，并已开始用于超精密切削，但它的价格仍很昂贵。CBN 刀具现在用于加工黑色金属，但还达不到超精密镜面切削。

由于单晶金刚石现在是无法代替的超精密切削用刀具材料，金刚石性能有很多特点，故分析研究金刚石的性能是研究超精密切削的重要基础。天然金刚石晶体物理特性如表 4.1 所示。

表 4.1　天然金刚石晶体物理特性

参数	取值
硬度(HV)	6000～10000 (随晶体方向和温度而有差别)
抗弯强度	210～490MPa
抗压强度	1500～2500MPa
弹性模量	$(9～10.5)×10^{11}$Pa
导热系数	$(2～4)×$ 418.68W/(m · K)
比热容	0.516J/(g · ℃)
开始氧化温度	900~1000K
开始石墨化温度	1800K(在惰性气体中)
和铝合金、黄铜间摩擦系数	0.06~0.13(在常温下，随晶体方向不同而有差别)

4.2.2　金刚石的晶体结构

金刚石晶体属于立方晶系，常遇到的天然单晶金刚石为八面体和十二面体，有时也会遇到六面体或其他晶形。人造单晶金刚石常为六面体、八面体和十二面体。优质金刚石晶形都比较规整。

金刚石晶体具有各向异性和解理现象，不同晶向的物理性能相差很大，因此有必要了解金刚石的晶体结构及其特性。按晶体学原理，金刚石晶体属六方晶系，单晶硅和金刚石有相同的晶体结构。

按晶体学原理，六方晶系的金刚石晶体有三个主要晶面: (100)、(111)、(110)。当用 X 射线对这些晶面垂直照射时，形成的衍射图形上的黑点显示出四次、三次、二次对称现象，故和上述晶面垂直的轴称为四次对称轴(和(100)晶面垂直)、三次对称轴(和(111)晶面垂直)、二次对称轴(和(110)晶面垂直)。

规整的单晶金刚石晶体有八面体、十二面体和六面体。八面体、十二面体和六面体中均有三根四次对称轴、四根三次对称轴、六根二次对称轴。

八面体有八个(111)面围成的外表面(图 4.9)。在八面体中，两个对应四个面相交点的连线是四次对称轴，和四次对称轴垂直的各面为(100)晶面(图 4.9(a)), (111)

晶面的法线方向是三次对称轴(图 4.9(b)),每两相对棱边的中点的连线方向是二次对称轴,和二次对称轴垂直的是(110)晶面(图 4.9(c))。

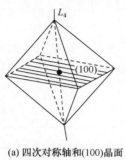 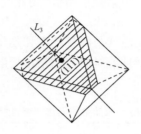 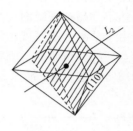

(a) 四次对称轴和(100)晶面　　(b) 三次对称轴和(111)晶面　　(c) 二次对称轴和(110)晶面

图 4.9　八面体的晶轴和晶面

菱形十二面体由十二个(110)晶面围成外表面。在菱形十二面体中,(110)晶面的法线方向是二次对称轴,两个对应三个面交点的连线是三次对称轴,和三次对称轴垂直的是(111)晶面,两个对应四个面交点的连线是四次对称轴,和四次对称轴垂直的是(100)晶面。

六面立方体由六个(100)晶面围成外表面。在六面体中(100)晶面的法线方向是四次对称轴,两对应角的连线是三次对称轴,和三次对称轴垂直的是(111)晶面。每两对棱的中点连线方向是二次对称轴,和二次对称轴垂直的是(110)晶面。

解理现象是某些晶体特有的现象,即晶体受到定向的机械力作用时,可以沿平行于某个平面平整劈开的现象。

金刚石晶体中碳原子在(111)面分布时,面网与图面垂直(水平直线),原子间的直线表示共价键的结合方向,有一宽一窄交替出现的面间距。由于(111)面网的宽面间距比(100)和(110)面网的面间距都大,并且在面间距大的(111)面网之间,只需击破一个共价键就可以使其劈开,故劈开比较容易。金刚石内部的解理劈开,在绝大多数情况下是与(111)面网平行,在两个相邻的加强(111)面网之间。在解理劈开时,可以得到很平的劈开面。

解理现象是金刚石晶体一个非常重要的特性。金刚石晶体可以沿解理面((111)面)平整地劈开两半,而且金刚石的破碎和磨损都和解理现象直接有关。要设计、加工制造和使用金刚石工具,都必须熟悉了解金刚石的解理现象。

4.2.3　金刚石晶体各晶面的耐磨性

金刚石晶体不同晶面耐磨性不同,并且同一晶面上不同方向耐磨性也有很大差别。金刚石的耐磨性可用它的相对磨削率来表示。在对金刚石进行研磨加工时,各晶面均有"好磨"和"难磨"方向,其磨削率相差很大。金刚石硬度很高,研磨加工很难。

在高磨削率方向上，(110)晶面的磨削率最高，最容易磨；(100)晶面的磨削率次之；(111)晶面磨削率最低，最不容易磨。三个晶面都在高磨削率方向时，磨削率之比为(100)磨削率：(111)磨削率：(110)磨削率=5：1：12.8，这三个晶面的低磨削率方向的磨削率都极低，研磨很难。

当金刚石的三个主要晶面磨削(研磨)方向不同时，磨削率相差甚大。现在习惯上把高磨削率方向称为"好磨方向"，把低磨削率方向称为"难磨方向"。金刚石硬度极高，研磨加工效率甚低，因此合适地选择晶面，掌握各晶面的好磨、难磨方向，对加工制造金刚石用品是极其重要的。

4.2.4　单晶金刚石刀具磨损形态和机理

用金刚石刀具进行超精密切削时，刀具不能继续使用的主要限制是加工表面粗糙度值超过规定值。观察不能继续使用的金刚石刀具，可以看到有些是由于机械磨损，有些是由于刀口发生微观崩刃。在加工研磨金刚石刀具时，刀口也很容易产生微观崩刃，得不到高质量的锋锐的刀刃。

在扫描电子显微镜下观察刀具磨损的形态和微观崩刃的刀刃时，经常发现刀具的机械磨损和微观崩刃是由刀刃处的微观解理造成的。在超精密切削时，如机床切削系统不够平稳，即使是很微小的振动，也很容易造成金刚石刀具刀刃的微观崩刃。有时金刚石刀具的磨损在前面，前面磨损成月牙洼。观察前面的磨损区，也经常可以看到有微观解理的痕迹。这说明微观解理在金刚石刀具的磨损中起着相当重要的作用。

金刚石刀具的磨损主要属机械磨损，其磨损本质是微观解理的积累。金刚石晶体的微观解理取决于它的微观强度，而微观强度和该表面在晶体中的方位以及作用力的方向有直接关系。大量试验证明，金刚石晶体的破损主要产生于(111)晶面的解理。当垂直于(111)面的拉力超过某特定值时，两相邻的(111)面分离，产生解理劈开，这是解理现象的机理。

对于金刚石刀具，刀刃处的解理破损是磨损和破损的主要形式，故刀刃的微观强度是刀具设计选择晶面的主要依据。金刚石刀具选择前面和后面的最佳晶面，应该把不易产生解理破损作为重要的考虑因素。

当作用应力相同时，(110)面破损的概率最大，(111)面次之，(100)面产生破损的概率最小。即在外力作用下，(110)面最易破损，(111)面次之，(100)面最不易破损。这在设计金刚石刀具，选择前面和后面的晶面时，必须首先给予考虑。根据上面的分析可知，从增加刀刃的微观强度考虑，应选用微观强度最高的(100)晶面作为金刚石刀具的前面和后面。

4.2.5　超精密切削时刀具的磨损和耐用度

使用天然单晶金刚石刀具对有色金属进行超精密切削，若切削条件正常，则刀具无意外损伤，刀具磨损很慢，刀具耐用度极高。因此使用天然单晶金刚石刀具进行超精密切削时，刀具破损或磨损而不能继续使用的标志为加工表面粗糙度超过规定值。金刚石刀具的耐用度平时以其切削路径的长度计，如果切削条件正常，则金刚石刀具的耐用度可达数百千米。

美国劳伦斯利弗莫尔国家实验室曾进行过天然金刚石刀具磨损试验，加工材料为非电解镍。试验结果表明：在切削长度超过 20km 后，加工表面粗糙度可保持在 0.01μm 以内，刀具仍能继续使用。由于刀具的磨损甚少，用同一刀具可以加工很多零件，若零件的尺寸一致，其基本不受刀具磨损的影响。

实际使用中，金刚石刀具常达不到上述的耐用度，常常会因为切削刃产生微小崩刃而不能继续使用，这主要是由切削时的振动或刀刃的碰撞引起的。应注意天然单晶金刚石刀具只能用在机床主轴转动非常平稳的高精度机床上，否则金刚石刀具会因振动很快产生刀刃微观崩刃，不能继续使用。金刚石刀具要求使用维护极为小心，不允许在振动的机床上使用。在刀具设计时，应正确选择金刚石晶体方向，以保证刀刃有较高的强度。

4.2.6　金刚石刀具的设计

单晶金刚石刀具都用于超精密切削。衡量金刚石刀具质量的好坏，首先是能否加工出高质量的超光滑表面（$R_a = 0.005 \sim 0.02\mu m$），其次是它能否在较长的切削时间内保持刀刃锋锐（一般要求切削长度数百千米），仍能切出极高质量的加工表面。金刚石刀具的设计主要就是要满足上述要求。

1. 金刚石刀具切削部分的几何形状

金刚石刀具一般不采用主切削刃和副切削刃相交为一点的尖锐的刀尖，这样的刀尖不仅容易崩刃和磨损，而且在加工表面上留下加工痕迹，使表面粗糙度增加。金刚石刀具的主切削刃和副切削刃之间采用过渡刃，可对加工表面起到修光的作用。有用直线修光刃的，也有用圆弧修光刃的，这有利于获得好的表面加工质量。在不同刀尖几何形状的金刚石刀具中，尖刃刀具、多棱刃刀具难以加工出超精密表面；圆弧切削刃刀具虽然加工残留面积较小，但刃磨困难；直线切削刃刀具的加工残留面积最小，加工表面质量最高。目前非球面车削加工通常是采用圆弧刃天然金刚石刀具。

国内在加工圆柱面、圆锥面和端平面时，多采用直线修光刃。直线修光刃制造研磨容易，这种刀要求对刀良好，直线修光刃严格和进给方向一致，可以得到令人满意的加工表面粗糙度($R_a<0.02\mu m$)。直线修光刃的长度一般取 $0.1\sim0.2mm$，修光刃太长会增加径向切削力，修光刃和工件表面过多摩擦会使表面粗糙度增大，并加速刀具磨损。

国外金刚石刀具较多采用圆弧修光刃。超精密切削时，进给量很小，一般小于 $0.02mm/r$，圆弧修光刃留下的残留面积极小，对表面粗糙度影响不大。采用圆弧修光刃时，对刀容易，使用方便，但刀具制造研磨费事，价格要高些。

国外标准的金刚石刀具，推荐的修光刃圆弧半径为 $0.01\sim3mm$。

金刚石刀具的主偏角，常采用 $30°\sim90°$，用得较多的是 $45°$。

由于金刚石存在脆性，在保证获得较小的加工表面粗糙度的前提下，为增加刀刃的强度，应采用较大的刀具楔角 β，故刀具的前角和后角都取得较小。增大金刚石刀具的后角 α_p，可减少刀具后面和加工表面的摩擦，减小表面粗糙度。曾有试验，后角 α_p 增大到 $15°$，加工表面质量有明显提高。但为保证刀刃强度，一般取 $\alpha_p=5°\sim8°$，并且用得较多的是 $5°\sim6°$。对于加工球面和非球曲面的圆弧修光刃刀具，常取 $\alpha_p=10°$。

金刚石刀具的前角根据加工材料选择，切铝、铜合金时的前角可取 $0°\sim5°$，由用户选定。

2. 金刚石刀具晶面选择

由于单晶金刚石晶体的各向异性，各方向的性能(如硬度和耐磨性、微观强度和解理碎裂的发生率、研磨加工的难易程度等)相差甚为悬殊。因此，金刚石刀具的前面和后面应选用什么晶面为佳，是设计金刚石刀具的一个重要问题。

目前国内制造金刚石刀具，一般前面和后面都采用(110)晶面或者和(110)晶面相近的面($\pm3°\sim\pm5°$)。这主要是从金刚石易于研磨加工出发，至于这样选用晶面后，对金刚石刀具的使用性能和刀具耐用度的影响如何，则并未考虑。

国外的金刚石刀具产品，制造厂多数不公布其刀具前、后面的晶面选择资料。但有技术资料报道，有选用(100)晶面作为前面或后面的，也有选用(110)晶面作为前面或后面的。选用的理由说法不一，但都不够详细完善。选用(111)晶面作为前面或后面者极少，这可能是由于(111)晶面硬度太高，而微观破损强度并不高，研磨加工困难，很难研磨加工出精密金刚石刀具要求的锋锐的刃口。

金刚石刀具前后面晶面的选择主要应考虑下面几个因素：刀具耐磨性好；刀刃微观强度高，不易产生微观崩刃；刀具和被加工材料间摩擦系数低，使切削变形小，加工表面质量高；制造研磨容易。

因(111)晶面不适合做前、后面，故下面只比较(100)晶面和(110)晶面做前、后面的优缺点： (100)晶面的耐磨性明显高于(110)晶面，因此用(100)晶面作为前、后面要比用(110)晶面时刀具有更长的耐用度和使用寿命；(100)晶面的微观破损强度要高于(110)晶面,同时(100)晶面受载荷时的破损概率要比(110)晶面低很多,因此用(100)晶面做前、后面时,刀刃有较高的微观强度,产生微观崩刃的概率要小得多;(100)晶面和有色金属之间的摩擦系数要低于(110)晶面的摩擦系数。因此,用(100)晶面做前、后面时,可以使切削变形减小,使加工表面的变形和残留应力减小,有利于提高加工表面质量。

研磨加工金刚石刀具时,(100)晶面的研磨效率低于(110)晶面,因此制造刀具的工时要长一些,这是选用(110)晶面的优点。但刀具晶面的选择,主要应该考虑的是刀具的使用性能,而不能只考虑刀具制造效率的高低,因此应该选用(100)晶面做刀具的前、后面。用(100)晶面做刀具的前、后面时,刀刃的微观强度高,不易产生微观崩刃,因此研磨出锋锐、完善、高质量的金刚石刀具刃口,反而要容易些。

图 4.10 为某车刀检测的波纹值(waviness)。

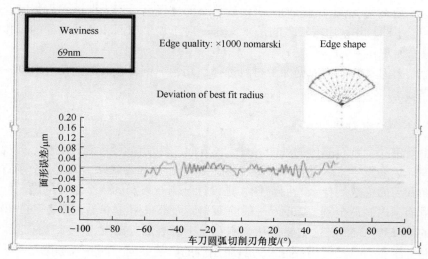

图 4.10　车刀圆弧切削刃面形误差

金刚石刀具刀刃锋锐度的测量是一个技术难题。普通刀具的刀刃锋锐度ρ可用印痕法或双筒显微镜光切法测量(ρ值在 5~30μm),金刚石刀具因刃口半径ρ小,上述方法分辨率不够,不能使用。金刚石刀具的ρ值现在都采用扫描电镜测量,观察刀刃的侧投影(和刀刃垂直的投影),在放大 20000~30000 倍时测量刃口半径ρ值。由于金刚石刀具的前后刀面都研磨得极平,扫描电镜的景深大,故用此法能测量出可靠的结果。但若$\rho<0.1\mu m$,则用扫描电镜测量分辨率不够,测量就有困难。金刚石刀具刃口半径的测量,用扫描电镜测量是国际上通用的方法,并且是现在主要的测量方法。

通过前面章节的理论分析,车刀圆弧切削刃的面形精度是影响非球面面形精度的关键因素。

4.3　B 轴控制对非球面面形精度的影响

4.3.1　X、Z 两轴联动金刚石车削平面基础试验

为了验证 X、Z 两轴联动所产生的误差，即机床 X、Z 轴自身移动的误差，采用 X、Z 两轴联动模式对 HT62 无氧红铜进行平面加工试验[42,43]。这种材料组织细密，加工后表面精度高，具有良好的加工性、延展性，在塑料模压中经常采用[44,45]。具体的试验条件详见表 4.2。

表 4.2　红铜平面车削试验条件

参数	粗加工第一次	精加工第二次
工件转速/(r/min)	900	900
进给速度/(mm/min)	10	5
加工回合	5	2
单次切入量/μm	5	0.5
工件	HT62 无氧红铜，Cu≥99.95%，直径 30mm	
车刀	天然金刚石，圆弧形，半径 0.5mm	
冷却	油雾混合	

红铜平面金刚石车削试验如图 4.11 所示。加工前工件平均表面粗糙度为 600nm，通过预加工消除 X 轴的偏心误差后进行粗加工。粗加工完后经过在位测量装置测量，所获得的面形精度如图 4.12(a)所示，PV 值为 98nm，RMS 为 18nm。再次进行精加工车削，完成后经过在位测量装置测量，所获得的面形精度如图 4.12(b)所示，最终获得 PV 值为 85nm，RMS 为 17nm。

加工后的红铜样品如图 4.13 所示，最终车削后的局部表面微观形貌如图 4.14 所示，获得的表面粗糙度 R_a 为 2.4nm。在红铜平面车削过程中，Z 轴的作用主要控制切削深度，而 X 轴的作用则控制车刀的进给轨迹。在车削过程中车刀沿 X 轴方向直线进给，因此车刀切削刃上与工件接触的切削点固定不变，车刀圆弧切削刃的面形误差不会复映到被加工表面上。两次车削后，工件面形精度 PV 值均在 100nm 以下，而 RMS 都在 20nm 以下，并且加工后的表面粗糙度也达到 3nm 以下。从以上结果可以反映出机床 X 轴平台的进给精度非常高，并且机床整体的稳定性比较好。

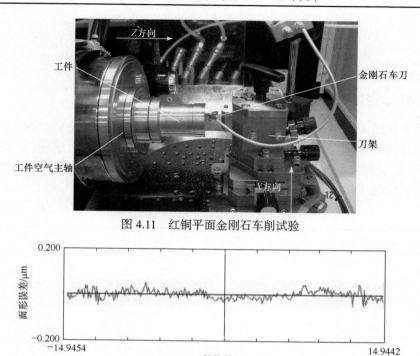

图 4.11　红铜平面金刚石车削试验

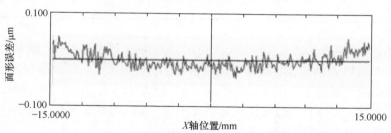

(a) 第一次车削面形误差曲线(PV值为98nm, RMS为18nm)

(b) 第二次车削面形误差曲线(PV值为85nm, RMS为17nm)

图 4.12　红铜平面车削面形精度

图 4.13　工件外观图(ϕ30mm 红铜平面)

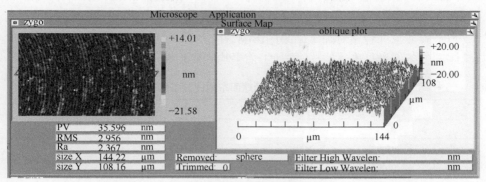

图 4.14　红铜平面工件三维微观轮廓形貌(ϕ30mm)

下面对不同材料、加工口径和加工参数进行 X、Z 两轴联动与 X、Z、B 三轴联动两种加工模式的车削对比试验，并在后续试验中针对加工结果采用不同的补偿工艺，根据试验数据来分析两种加工模式对加工结果产生的影响。

4.3.2　车刀圆弧切削刃面形误差对面形精度的影响

1. 红铜凹球面金刚石车削及补偿加工试验

试验选用直径为 30mm 的 HT62 红铜棒，所加工的凹球面直径为 50mm。这时加工工件的口径较大，能进一步验证两种车削模式的加工效果，两种方案的加工过程对比如图 4.15 所示。

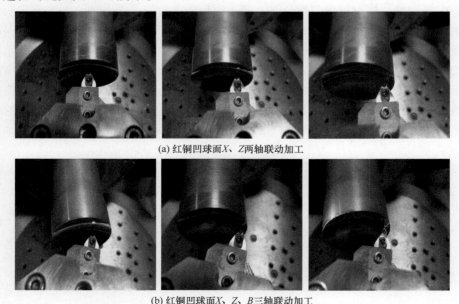

(a) 红铜凹球面X、Z两轴联动加工

(b) 红铜凹球面X、Z、B三轴联动加工

图 4.15　两种加工方案过程对比图

1) 红铜凹球面 X、Z 两轴联动单点金刚石车削试验

为了验证工件转速对加工结果的影响,在精加工时选取两种不同的工件转速。其具体试验条件详见表 4.3。工件加工前平均表面粗糙度 R_a 为 500nm。

表 4.3　红铜凹球面车削试验条件

参数	精加工		
	第一次	第二次	第三次
第一组:工件转速/(r/min)	900	900	900
第二组:工件转速/(r/min)	1200	1200	1200
加工回合	5	2	2
进给速度/(mm/min)	10	5	5
单次切入量/μm	5	1	0.5
工件	直径 30mm HT62 无氧红铜棒,凹球面直径 50mm		
车刀	天然金刚石,圆弧形,半径 0.5mm		
冷却	油雾混合		

(1) 工件转速 900r/min。

通过 CCD 放大观测镜进行对刀进行第一次精加工。第一次车削后所获得的面形精度如图 4.16(a)所示,PV 值为 6095nm,RMS 为 1721nm。此时 PV 值比较大,面形误差曲线呈倒 "U" 形,根据对刀误差分析,这是对刀 X 轴中心偏差为正方向导致的。将误差偏心量补入,调入原程序进行第二次车削,加工完后所获得的面形精度如图 4.16(b)所示,PV 值为 254nm,RMS 为 51nm。此时面形误差曲线的中心与两端的起伏比较平均,存在的偏心误差很小。此时进行面形误差补正加工,根据面形误差补偿原理在上次加工结果基础上重新生成新的加工程序进行第三次车削。完成后所获得的面形精度如图 4.16(c)所示,最终获得的 PV 值为 172nm,RMS 为 38nm。最终车削后的表面微观形貌如图 4.17(a)所示,获得的表面粗糙度 R_a 约为 2.5nm。

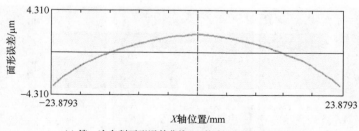

(a) 第一次车削面形误差曲线(PV值为6095nm,RMS为1721nm)

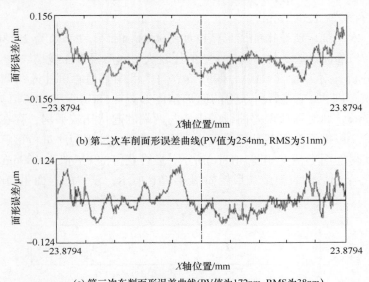

(b) 第二次车削面形误差曲线(PV值为254nm, RMS为51nm)

(c) 第三次车削面形误差曲线(PV值为172nm, RMS为38nm)

图 4.16　红铜凹球面 X、Z 两轴车削面形误差曲线(转速 900r/min)

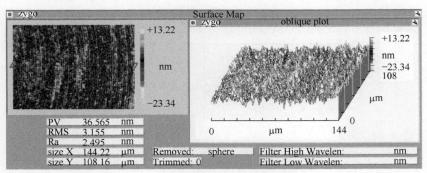

(a) 工件转速900r/min, R_a约为2.5nm

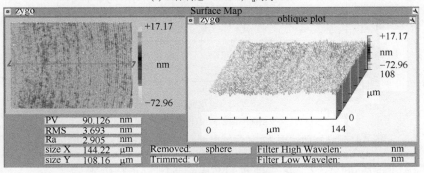

(b) 工件转速1200r/min, R_a约为2.9nm

图 4.17　直径 50mm 凹球面工件三维微观轮廓形貌(X、Z 两轴车削)

(2) 工件转速 1200r/min。

在第一次车削后所获得的面形精度如图 4.18(a)所示，PV 值为 2823nm，RMS 为 812nm。与前面试验一样，此时 PV 值比较大，面形误差曲线呈"V"形，根据误差理论分析，对刀时 X 轴中心偏向负方向。将误差偏心量补入，调入原程序进行第二次车削，加工完后所获得的面形精度如图 4.18(b)所示，PV 值为 263nm，RMS 为 64nm。此时面形误差曲线的中心与两端的起伏比较平均，存在的偏心误差基本消除。根据面形误差补偿原理，重新生成新的加工程序进行第三次车削。完成后所获得的面形精度如图 4.18(c)所示，最终获得的 PV 值为 189nm，RMS 为 40nm。最终车削后的表面微观形貌如图 4.17(b)所示，获得的表面粗糙度 R_a 约为 2.9nm。

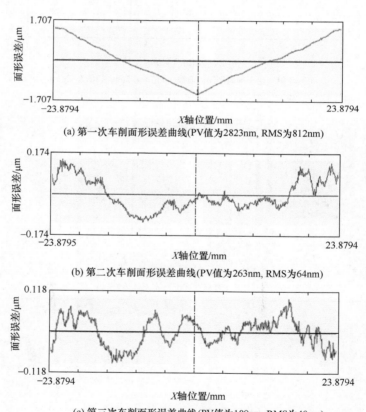

(a) 第一次车削面形误差曲线(PV值为2823nm, RMS为812nm)

(b) 第二次车削面形误差曲线(PV值为263nm, RMS为64nm)

(c) 第三次车削面形误差曲线(PV值为189nm, RMS为40nm)

图 4.18　红铜凹球面 X、Z 两轴车削面形误差曲线(转速 1200r/min)

2) 红铜凹球面 X、Z、B 三轴联动固定点金刚石车削试验

选用 X、Z、B 三轴联动进行车削试验，同样在精加工时也选取两种不同的工件转速。其具体的试验条件详见表 4.3。工件加工前平均表面粗糙度 R_a 为

500nm。

（1）工件转速 900r/min。

在第一次车削后所获得面形精度如图 4.19(a)所示，PV 值为 6142nm，RMS 为 1724nm。

第一次加工所获得结果与 CCD 显微镜对刀、工件装夹等因素有着直接的关系。与前面试验一样，此时 PV 值比较大，面形误差曲线呈倒 "U" 形分布，根据误差分析，对刀时 X 轴中心偏向负方向，将误差偏心量补入，调入原程序进行第二次车削，加工完后所获得的面形精度如图 4.19(b)所示，PV 值为 176nm，RMS 为 36nm。再次进行面形误差补正加工，重新生成新的加工程序进行第三次车削后，所获得的面形精度如图 4.19(c)所示，最终获得 PV 值为 87nm，RMS 为 20nm。车削后的表面微观形貌如图 4.20(a)所示，获得的表面粗糙度 R_a 约为 2.4nm。

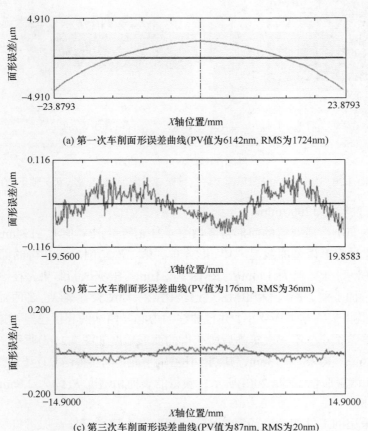

(a) 第一次车削面形误差曲线(PV值为6142nm, RMS为1724nm)

(b) 第二次车削面形误差曲线(PV值为176nm, RMS为36nm)

(c) 第三次车削面形误差曲线(PV值为87nm, RMS为20nm)

图 4.19　红铜凹球面 X、Z、B 三轴车削面形误差曲线(转速 900r/min)

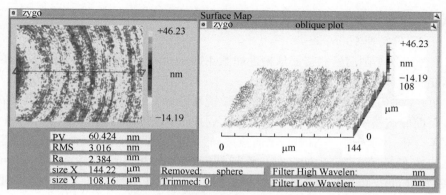

(a) 工件转速900r/min, R_a约为2.4nm

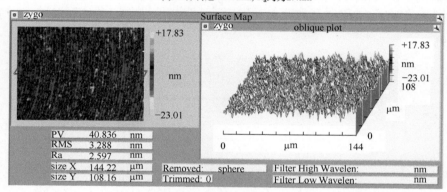

(b) 工件转速1200r/min, R_a约为2.6nm

图 4.20　直径 50mm 凹球面工件三维微观轮廓形貌(X、Z、B 三轴车削)

(2) 工件转速 1200r/min。

第一次车削后所获得的面形精度如图 4.21(a)所示，PV 值为 3194nm，RMS 为 895nm，此时面形误差曲线呈"V"形分布。第二次车削后所获得的面形精度如图 4.21(b)所示，PV 值为 144nm，RMS 为 31nm。根据试验结果，在没有进行面形误差补偿加工前，PV 值和 RMS 就已经比第一种试验方案(X、Z 两轴联动加工模式)时所获得最终结果还要小，并且曲线的中心与两端的起伏已经接近直线，存在的偏心误差很小。第三次车削后所获得的面形精度如图 4.21(c)所示，最终获得 PV 值为 68nm，RMS 为 13nm，其结果比红铜平面车削所得结果还要理想。最终车削后的表面微观形貌如图 4.20(b)所示，获得的表面粗糙度 R_a 约为 2.6nm。

3) 分析

试验采用的工件加工口径为 30mm。相对微小口径工件，加工口径较大，在 X、Z 两轴加工模式加工过程中，随着切削点的变化，车刀圆弧切削刃与工件接触的范围也会相对增大，即车刀有效切削刃长度将增大。

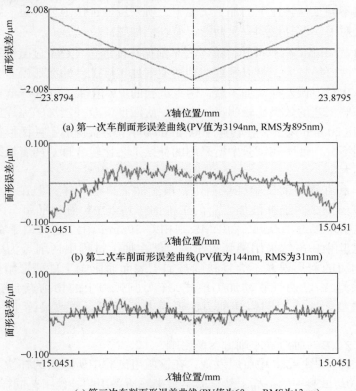

(a) 第一次车削面形误差曲线(PV值为3194nm, RMS为895nm)

(b) 第二次车削面形误差曲线(PV值为144nm, RMS为31nm)

(c) 第三次车削面形误差曲线(PV值为68nm, RMS为13nm)

图 4.21　红铜凹球面 X、Z、B 三轴车削面形误差曲线(转速 1200r/min)

如图 4.22 所示，圆心角 ψ_1 所对应的圆弧区域为加工大口径工件时车刀有效切削刃长度；圆心角 ψ_2 所对应的圆弧区域为加工小口径工件时车刀有效切削刃长度。这意味着当工件加工口径较大时，参与切削的圆弧切削刃弧长增加，所对应的面形误差将会更多地复映到工件表面。

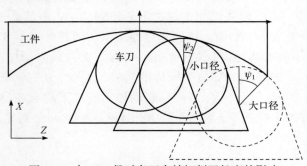

图 4.22　加工口径对车刀有效切削刃长度的影响

(1) X、Z 两轴联动车削方案的影响。

在两组不同工件转速下的加工试验中，所采用的补偿工艺都是一致的，分别进行了一次对刀误差补偿和一次面形误差补偿加工。

由图 4.16 和图 4.18 可知，第一次车削循环前通过 CCD 显微镜辅助进行对刀，由于工件口径较大，可以发现两种转速下加工后工件的面形误差都比较大；但通过第二次对刀误差补偿加工后，两组试验的 PV 值都降到 300nm 以下，说明偏心误差补偿工艺的效果比较明显；在第三次面形误差补偿加工完成后，两者的 PV 值都降到 200nm 以下，在转速 900r/min 条件下所获得的工件面形精度较好，但两者差别不大，证明在试验中所采用的补偿工艺比较合理。两者最终的表面粗糙度相差不大。

另外，和红铜平面试验结果相比，虽然加工口径一样，但在 X、Z 两轴凹球面车削试验中，两组补偿加工后的工件面形精度 PV 值和平面车削无补偿试验后 PV 值相差接近 100nm，而 RMS 则相差 20nm 以上。这是由于在前面红铜平面车削试验中，虽然采用圆弧刃车刀，但在加工过程中切削点为固定点，车刀圆弧切削刃的面形误差不会复映到被加工表面而影响工件面形精度。在本试验中采用的是 X、Z 两轴联动加工模式，车刀圆弧刃上的切削点会随着工件进给而发生改变，受车刀圆弧切削刃面形误差的影响，导致最终工件面形误差增大。

(2) X、Z、B 三轴联动车削方案的影响。

从图 4.19 和图 4.21 中可以发现，在这两组试验中所采用的补偿工艺与前面 X、Z 两轴联动试验中的一样，从试验结果来看所采用的补偿工艺同样比较合理。在偏心误差补偿后，两者的 PV 值都降到 200nm 以下；而在面形误差补偿后，两者的 PV 值都降到了 100nm 以下。与 X、Z 两轴加工试验结果不同的是，在转速为 1200r/min 条件下所车削出来的工件面形精度不管是 PV 值还是 RMS 都比转速 900r/min 条件下的要略好。

由图 4.23 和图 4.24 可知，与红铜凹球面 X、Z 两轴试验结果相比，在相同的加工条件和补偿工艺下最终获得的工件面形精度要明显好于前者。通过两次补偿加工，X、Z、B 三轴联动加工模式下所得到的 PV 值都低于 X、Z 两轴联动加工模式下所获得的 PV 值。特别是最终结果，两种转速下 X、Z、B 三轴联动加工模式所获得的 PV 值都小于 90nm，而 X、Z 两轴联动加工模式下的 PV 值都大于 170nm。RMS 与 PV 值呈同样的趋势，X、Z、B 三轴联动加工模式下的 RMS 稳定在 20nm 以下，X、Z 两轴联动加工模式下的 RMS 则稳定在 40nm 左右。最终两种加工模式下，两者平均 PV 值相差了 80nm，而平均 RMS 则相差了 20nm。

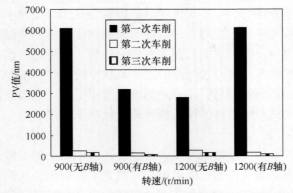

图 4.23　不同加工方式与转速对 PV 值的影响(红铜凹球面)

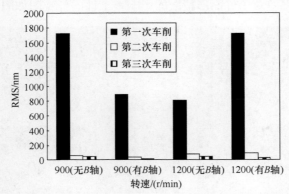

图 4.24　不同加工方式与转速对 RMS 的影响(红铜凹球面)

　　值得注意的是，在 X、Z、B 三轴加工模式下仅进行完偏心误差补偿后，工件转速分别在 900r/min 和 1200r/min 时对应的 PV 值为 176nm、144nm，RMS 为 36nm、31nm，工件面形精度就已经优于或接近 X、Z 两轴联动加工模式下的最终结果。这说明，这两种模式下对工件面形精度的影响，并不是由补偿工艺造成的。

　　根据前面章节中的理论分析，在 X、Z 两轴加工模式下，当第一次粗加工完成后，工件的面形误差主要由偏心误差、车刀圆弧切削刃面形误差复映到工件表面的误差以及环境温度、机床等其他因素导致的误差三个方面组成；当第二次偏心误差补偿完成后，偏心误差已经消除，此时工件的面形误差则主要由车刀圆弧切削刃面形误差复映到工件表面的误差和环境温度、机床等其他因素的误差两个方面组成；第三次面形误差补偿完成后，虽然已经通过补偿加工程序轨迹来消除误差，但车刀圆弧切削刃面形误差和环境温度、机床等其他因素的影响还是很难消除。

　　而在 X、Z、B 三轴联动加工模式下，当第一次精加工完成后，工件的面形误差主要由偏心误差和环境温度、机床等其他因素导致的误差两个方面组成；当第二次偏心误差补偿完成后，此时工件的面形误差则主要由环境温度、机床等其他因素导致的误差组成；第三次面形误差补偿完成后，是通过补偿加工程序轨迹来降低环境温度、机床等其他因素导致的无法消除掉的误差。在 X、Z、B 三轴加工模式下进行完偏心误差补偿后，工件的面形精度不受车刀圆弧切削刃面形误差的影响，这也是两次试验中工件的面形精度均远远高于或接近 X、Z 两轴加工模式下的面形精度的原因。

　　对比两种模式下的试验结果可知，在 X、Z 两轴联动加工模式下，由于切削点的不断变化，车刀圆弧切削刃面形误差复映到工件表面，从而会影响最终的面形精度，而在 X、Z、B 三轴联动加工模式下，由于切削点是固定的，能消除车刀圆弧切削刃面形误差对工件面形精度的影响。工件的外观图如图 4.25 所示。

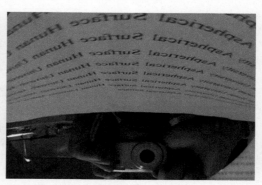

图 4.25　直径 50mm 红铜凹球面工件外观图(加工口径 30mm)

2. 红铜凹小非球面金刚石车削及补偿加工试验

　　前面针对直径为 50mm、加工口径为 30mm 的红铜凹球面工件进行了两种方案的对比试验。试验结果验证了本节第一部分的理论分析，X、Z、B 三轴固定点车削可以消除车刀圆弧切削刃面形误差的影响，从而获得更高的面形精度，这是针对大口径工件的加工。下面针对小口径非球面工件进行车削试验，所采用的补偿工艺与红铜凹球面车削试验中的一致。

　　选用非球面直径为 14.66mm、加工口径为 5.96mm 的凹小非球面红铜工件进行对比试验，其非球面系数如式(4.10)所示。为了验证两种方案的效果，统一试验条件，后续试验中如果没有注明，所选取的非球面系数都相同。需要加工的样件图纸如图 4.26 所示。

$$z = \frac{x^2}{R\left[1 + \sqrt{1-(1+K)x^2/R^2}\right]} + A_4 x^4 + A_6 x^6 + A_8 x^8 + A_{10} x^{10} + A_{12} x^{12} \tag{4.10}$$

式中，R=7.3622223，K=−0.784669，A_4=4.4633275×10^{-5}，A_6=8.356225×10^{-8}，A_8=−6.4536245×10^{-10}，A_{10}=−8.743262×10^{-12}，A_{12}=0。

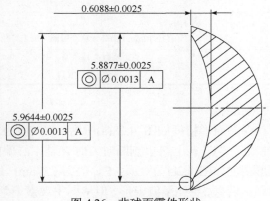

图 4.26　非球面零件形状

试验时，粗加工前先通过普通车床在工件端面加工出一个直径为 8mm 的凹圆，留有一定的加工余量进行粗加工，以减少金刚石刀具的磨耗。加工前随机抽取一个加工好的毛坯零件，测出它的面形精度。测得的毛坯零件的面形精度如图 4.27 所示，PV 值为 21240nm，RMS 为 3098nm。

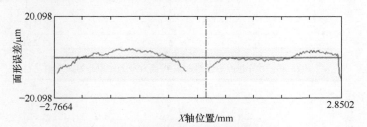

图 4.27　凹小非球面毛坯零件面形精度

1) 红铜凹小非球面 X、Z 两轴联动单点金刚石车削试验

与前面试验一样，精加工同样选取两种工件转速，其他具体试验条件如表 4.4 所示。

表 4.4　红铜凹小非球面车削试验条件

参数	精加工		
	第一次	第二次	第三次
第一组：工件转速/(r/min)	900	900	900
第二组：工件转速/(r/min)	1200	1200	1200
加工回合	10	2	2
进给速度/(mm/min)	10	5	5

续表

参数	精加工		
	第一次	第二次	第三次
单次切入量/μm	5	1	0.5
工件	直径 10mm HT62 无氧红铜棒，加工口径 6mm		
车刀	天然金刚石，圆弧形，半径 0.5mm		
冷却	油雾混合		

(1) 工件转速 900r/min。

精加工完后所获得的面形精度如图 4.28(a)所示，PV 值为 941nm，RMS 为 268nm。面形误差曲线呈"V"形，可以判断对刀时 X 轴中心偏向负方向。第二次车削后所获得的面形精度如图 4.28(b)所示，PV 值为 227nm，RMS 为 47nm。这时面形误差曲线的起伏较大，整体呈波浪形，但从图中观察不到明显的偏心误差。第三次车削后所获得的面形精度如图 4.28(c)所示，PV 值为 163nm，RMS 为 33nm。车削后的表面微观形貌如图 4.29(a)所示，获得的表面粗糙度 R_a 约为 2.5nm。

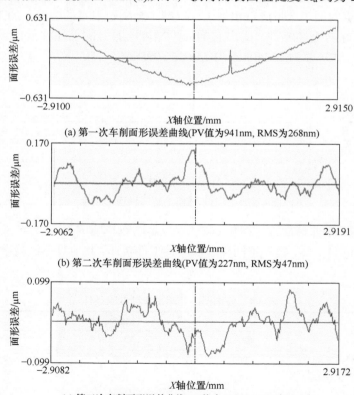

(a) 第一次车削面形误差曲线(PV值为941nm, RMS为268nm)

(b) 第二次车削面形误差曲线(PV值为227nm, RMS为47nm)

(c) 第三次车削面形误差曲线(PV值为163nm, RMS为33nm)

图 4.28　红铜凹小非球面 X、Z 两轴车削面形误差曲线(转速 900r/min)

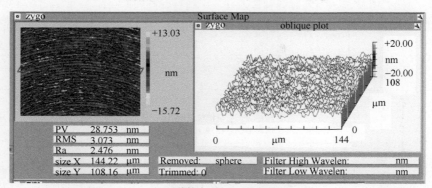

(a) 工件转速900r/min, R_a约为2.5nm

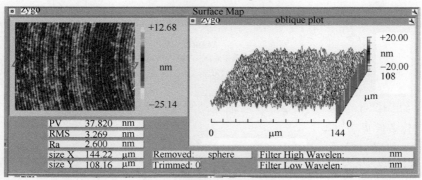

(b) 工件转速1200r/min, R_a为2.6nm

图 4.29　口径 6mm 红铜凹小非球面工件三维微观轮廓形貌(X、Z 两轴车削)

(2) 工件转速 1200r/min。

第一次精车削后所获得的面形精度如图 4.30(a)所示，PV 值为 501nm，RMS 为 100nm。面形误差曲线呈不明显的倒 "V" 形，但可以判断对刀时 X 轴中心偏向正方向。第二次车削后所获得的面形精度如图 4.30(b)所示，PV 值为 382nm，RMS 为 81nm。这时面形误差曲线虽然基本呈直线，起伏比较平均，但整体呈波浪形，中心凸起比较大，还是存在微小的偏心误差。为了保证试验条件一致，第三次车削中继续进行面形误差补正加工，最终获得面形精度如图 4.30(c)所示，PV 值为 163nm，RMS 为 33nm。车削后的表面微观形貌如图 4.29(b)所示，获得的表面粗糙度 R_a 为 2.6nm。

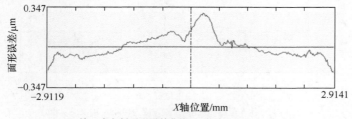

(a) 第一次车削面形误差曲线(PV值为501nm, RMS为100nm)

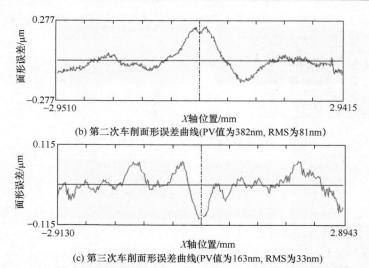

(b) 第二次车削面形误差曲线(PV值为382nm, RMS为81nm)

(c) 第三次车削面形误差曲线(PV值为163nm, RMS为33nm)

图 4.30　红铜凹小非球面 X、Z 两轴车削面形误差曲线(转速 1200r/min)

2) 红铜凹小非球面 X、Z、B 三轴联动固定点金刚石车削试验

试验条件见表 4.4。

(1) 工件转速 900r/min。

在第一次车削后所获得的面形精度如图 4.31(a)所示，PV 值为 655nm，RMS 为 187nm。根据前面的误差分析，对刀时 X 轴中心偏向正方向。第二次车削后所获得的面形精度如图 4.31(b)所示，PV 值为 144nm，RMS 为 30nm。曲线的中心

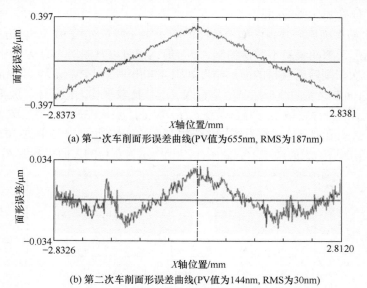

(a) 第一次车削面形误差曲线(PV值为655nm, RMS为187nm)

(b) 第二次车削面形误差曲线(PV值为144nm, RMS为30nm)

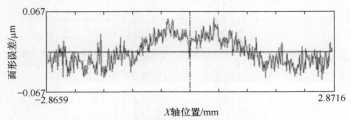

(c) 第三次车削面形误差曲线(PV值为101nm, RMS为22nm)

图 4.31 红铜凹小非球面 X、Z、B 三轴车削面形误差曲线(转速 900r/min)

与两端的起伏已经接近直线，存在的偏心误差很小。第三次车削后最终获得的面形精度如图 4.31(c)所示，PV 值为 101nm，RMS 为 22nm。最终车削后的表面微观形貌如图 4.32(a)所示，获得的表面粗糙度 R_a 约为 2.4nm。

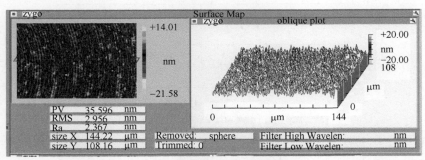

(a) 工件转速900r/min, R_a约为2.4nm

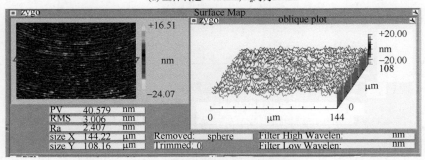

(b) 工件转速1200r/min, R_a约为2.4nm

图 4.32 口径 6mm 红铜凹小非球面工件三维微观轮廓形貌(X、Z、B 三轴车削)

(2) 工件转速 1200r/min。

第一次车削后所获得的面形精度如图 4.33(a)所示，PV 值为 795nm，RMS 为 216nm。此时 PV 值比较大，面形误差曲线呈"V"形，根据误差分析，对刀时 X 轴中心偏向正方向。第二次车削后所获得的面形精度如图 4.33(b)所示，PV 值为 237nm，RMS 为 61nm。虽然精度提高，但面形误差曲线还是呈 V 形，说明还存在偏心误差。此时的加工结果 PV 值与 RMS 的降低量并不理想，这是由偏心误差并没有完全消除而引起的。第三次车削后，最终所获得的面形精度如图 4.33(c)所示，PV 值为 97nm，RMS 为 17nm，面形误差曲线基本呈直线分布。车削后的表面微观形貌如图 4.32(b)所示，获得的表面粗糙度 R_a 约为 2.4nm。

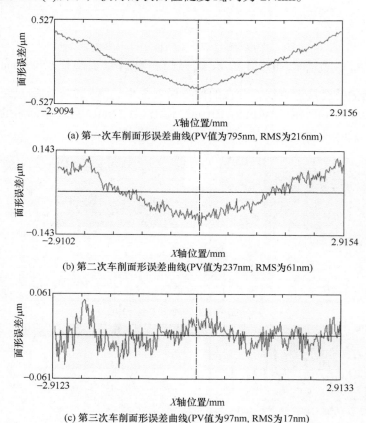

(a) 第一次车削面形误差曲线(PV值为795nm, RMS为216nm)

(b) 第二次车削面形误差曲线(PV值为237nm, RMS为61nm)

(c) 第三次车削面形误差曲线(PV值为97nm, RMS为17nm)

图 4.33　红铜凹小非球面 X、Z、B 三轴车削面形误差曲线(转速 1200r/min)

3) 分析

(1) X、Z 两轴联动车削方案的影响。

如图 4.28 和图 4.30 所示，在红铜凹小非球面的 X、Z 两轴联动车削试验中，比较巧合的是在工件转速 900r/min 和 1200r/min 情况下获得 PV 值均为 163nm，而 RMS 均为 33nm，但从最终的 PV 曲线分布来说，两者存在明显不同。这说明通过上面两组不同工件转速下的加工试验以及与红铜凹球面的试验结果相比，工件转速对面形精度的影响较小，可以判定工件转速并不是影响面形精度的关键因素。

　　与大口径红铜凹球面 X、Z 两轴车削试验结果相比,第一次加工完后工件的面形精度明显降低了很多,这与工件的加工口径有关,因为当偏心误差相同时,工件的口径越大,其面形误差就越大。

　　(2) X、Z、B 三轴联动车削方案的影响。

　　从图 4.34 和图 4.35 来看,在 X、Z、B 三轴加工模式下,工件转速 900r/min 时, PV 值为 101nm, RMS 为 22nm;工件转速 1200r/min 时, PV 值为 97nm, RMS 为 17nm。X、Z、B 三轴联动加工模式所获得加工结果明显优于 X、Z 两轴联动加工模式。

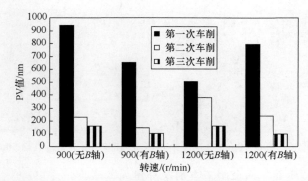

图 4.34　不同加工方式与转速对 PV 值的影响(红铜凹小非球面)

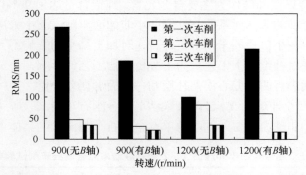

图 4.35　不同加工方式与转速对 RMS 的影响(红铜凹小非球面)

　　红铜凹小非球面试验中采用的加工工艺一样,分别采用了一次偏心误差补偿和一次面形误差补偿。值得注意的是,试验结果同样出现与红铜凹球面试验结果中一致的现象。不同转速时,在 X、Z、B 三轴联动加工模式下仅进行完偏心误差补偿后工件获得的 PV 值和 RMS 就已经优于相同加工条件时在 X、Z 两轴加工模式下获得的最终结果。特别是在工件转速 900r/min 时, X、Z、B 三轴联动加工模式下进行完对刀误差补偿后 PV 值为 144nm, RMS 为 30nm,而相同条件下 X、Z 两轴联动加工模式下的最终结果 PV 值为 163nm, RMS 为 33nm。

这与红铜凹球面中获得试验结果一致，进一步验证了本书的理论分析，是两种加工模式原理不同而导致，由于切削点固定，能消除车刀圆弧切削刃面形误差对工件面形精度的影响。可以进一步证明两种模式对工件面形精度的影响，主要是因为这两种加工原理不同，由此可以判断圆弧刃车刀自身面形误差对加工结果的影响比较大。

在红铜凹小非球面的车削试验中，转速对面形精度的影响并不明显，也证明了影响工件面形精度的关键因素是加工方法以及在加工过程中所采用的补偿加工工艺。加工后工件的外观如图 4.36 所示。

图 4.36　直径 10mm 红铜凹小非球面工件外观图(加工口径 6mm)

3. 铝合金凹小非球面金刚石车削及补偿加工试验

6061 铝合金以镁和硅作为主要合金元素，纯铝含量达到 96%以上，是一种常用的铝合金。工件的非球面系数与红铜凹小非球面车削试验中采用的一致。通过前面试验验证，在小口径的车削中工件转速对加工结果的影响不大，试验采用固定转速，主要探讨补偿加工工艺。为了分析补偿工艺的影响，在试验中精加工完成后，分别连续进行两次偏心误差补偿和一次面形误差补偿。

1) 铝合金凹小非球面 X、Z 两轴联动单点金刚石车削试验

铝合金凹小非球面 X、Z 两轴联动单点金刚石车削试验的具体条件详见表 4.5。

表 4.5　铝合金凹小非球面 X、Z 两轴联动单点金刚石车削试验条件

参数	精加工			
	第一次	第二次	第三次	第四次
工件转速/(r/min)	1000	900	900	900
进给速度/(mm/min)	10	5	5	5
加工回合	5	2	2	2
单次切入量/μm	5	1	1	0.5
工件	直径 10mm 6061 铝合金棒，加工口径 6mm			
车刀	天然金刚石，圆弧形，半径 0.5mm			

　　通过第一次车削后获得的面形精度如图 4.37(a)所示，PV 值为 665nm，RMS 为 167nm。此时 PV 值比较大，面形误差曲线呈 "V" 形，根据前面的误差理论分析，这是由于对刀时 X 轴中心偏向负方向。第二次车削后获得的面形精度如图 4.37(b)所示，PV 值为 520nm，RMS 为 146nm，PV 曲线与第一次加工后 PV 曲线图形类似，只是精度有所提高，整体呈对称形状。继续进行偏心误差的补偿，第三次车削后面形精度如图 4.37(c)所示，PV 值为 488nm，RMS 为 158nm，精度比前一次

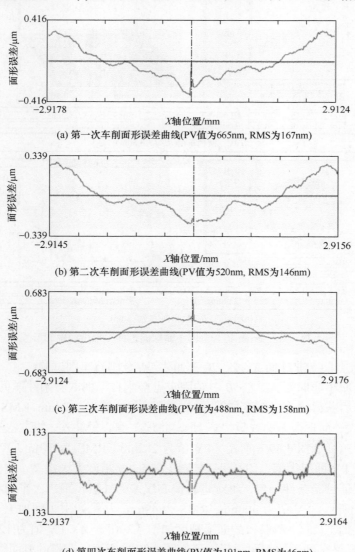

(a) 第一次车削面形误差曲线(PV值为665nm, RMS为167nm)

(b) 第二次车削面形误差曲线(PV值为520nm, RMS为146nm)

(c) 第三次车削面形误差曲线(PV值为488nm, RMS为158nm)

(d) 第四次车削面形误差曲线(PV值为191nm, RMS为46nm)

图 4.37　铝合金凹小非球面 X、Z 两轴车削面形误差曲线

补偿略微降低，此时面形误差曲线中部突出，两端下降，但基本呈直线分布。第四次车削后最终所获得的面形精度如图 4.37(d)所示，获得 PV 值为 191nm，RMS 为 46nm。最终车削后的表面微观形貌如图 4.38(a)所示，获得的表面粗糙度 R_a 约为 3.3nm。

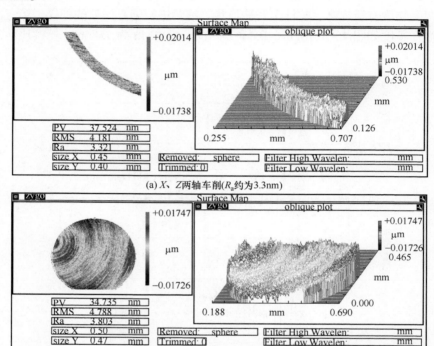

(a) X、Z两轴车削(R_a约为3.3nm)

(b) X、Z、B三轴车削(R_a为3.8nm)

图 4.38　口径 6mm 铝合金凹小非球面工件三维微观轮廓形貌

2) 铝合金凹小非球面 X、Z、B 三轴固定点金刚石车削试验

铝合金凹小非球面 X、Z、B 三轴固定点金刚石车削试验条件详见表 4.5。在第一次车削后获得的面形精度如图 4.39(a)所示，PV 值为 1129nm，RMS 为 324nm，PV 值比较大，面形误差曲线呈"V"形。将误差偏心量补入，第二次车削循环后获得的面形精度如图 4.39(b)所示，PV 值为 282nm，RMS 为 61nm，PV 曲线与第一次加工后 PV 曲线类似，还是呈"V"形分布，但精度大大提高，整体呈对称形状。为了保证试验条件一致，继续进行偏心误差的补偿，第三次车削后面形精度如图 4.39(c)所示，PV 值为 300nm，RMS 为 49nm。从第四次车削加工开始进行面形误差补偿加工，最终所获得的面形精度如图 4.39(d)所示，PV 值为 123nm，RMS 为 21nm。最终车削后的表面微观形貌如图 4.38(b)所示，获得的表面粗糙度 R_a 约为 3.8nm。

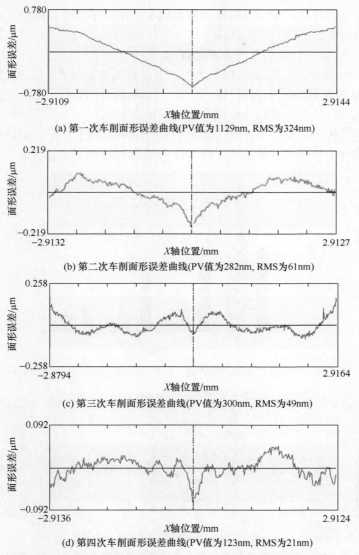

(a) 第一次车削面形误差曲线(PV值为1129nm, RMS为324nm)

(b) 第二次车削面形误差曲线(PV值为282nm, RMS为61nm)

(c) 第三次车削面形误差曲线(PV值为300nm, RMS为49nm)

(d) 第四次车削面形误差曲线(PV值为123nm, RMS为21nm)

图 4.39　铝合金凹小非球面 X、Z、B 三轴车削面形误差曲线

3) 分析

在铝合金凹小非球面车削试验中，由于材料和采用的补偿工艺不同，其加工结果出现一些变化。

(1) X、Z 两轴联动车削方案的影响。

在相同的加工条件和补偿工艺情况下，X、Z 两轴加工模式下最终工件获得的 PV 值为 205nm，RMS 为 44nm。由于采用是铝合金工件，受材料本身特性的影响，车削时对刀具有一定的黏附性，在相同加工条件下最终获得的工件面形精度比加工红铜时低，PV 值低了 42nm。

(2) X、Z、B 三轴联动车削方案的影响。

如图 4.40 所示，X、Z、B 三轴加工模式下最终工件获得 PV 值为 123nm，RMS为 21nm。从最终试验结果观察，X、Z、B 三轴联动加工模式下获得 PV 值和 RMS要好于前者，这证明了在铝合金凹小非球面试验中，X、Z、B 三轴加工模式可获得更好的面形精度。虽然在补偿工艺上多了一次偏心误差补偿，但这对两种加工模式的影响并不是很大。加工后工件的外观如图 4.41 所示。

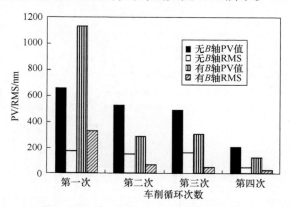

图 4.40　不同加工方式对 PV 值、RMS 的影响(铝合金凹小非球面)

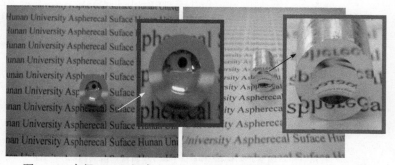

图 4.41　直径 10mm 铝合金凹小非球面工件外观图(加工口径 6mm)

4.3.3　车刀磨损对面形精度的影响

1. 单晶硅凹小非球面金刚石车削及补偿加工试验

前面的理论分析中，在两种车削模式下着重探讨过两个因素对加工结果造成的影响，第一个因素是车刀圆弧切削刃面形误差，第二个因素是车刀磨损。对于第一个因素，根据红铜和铝合金的车削对比试验，其结果已经充分验证了前面的理论分析。对于第二个因素车刀磨损对加工结果的影响，将在下面的单晶硅车削试验中进行探讨和验证。

单晶硅是一种具有基本完整的点阵结构的晶体，不同的方向具有不同的性质，是一种良好的半导体材料，纯度要求达到 99.9999%，其主要用途是半导体材料和利用太阳能光伏发电、供热等。单晶硅属于脆性材料，加工性能与金属材料有着明显不同。试验选取的工件非球面系数与红铜凹小非球面车削试验中所采用的一致。

试验采用的仍然是半径为 0.5mm 的圆弧刃天然金刚石车刀，但车刀上部分切削刃出现了磨损。通过光学显微镜观察加工后金刚石车刀高倍下刀刃的形状，如图 4.42 所示。在 200 倍图像下，可以明显观察到金刚石车刀的磨损区域位于车刀刃口中心顶端略微偏右的位置；在 500 倍图像下，可以观察到车刀崩刃的长度较大。

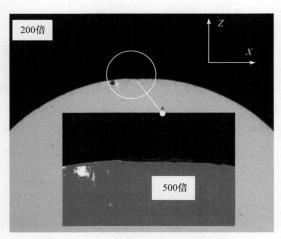

图 4.42　车刀磨损区域高倍显微观察图

在 X、Z 两轴联动车削方式中，车削点不断变化。随着车刀进给，磨损区域的切削刃进入加工区域。应该被去除的工件材料将残留在工件表面，此时这个区域内的工件面形误差将增大。而在 X、Z、B 三轴联动车削模式中，由于切削点固定，只要切削点不出现磨损，车刀切削刃实际的圆弧半径不变，车刀受磨损后产生切削刃的面形误差变化不会对面形误差产生影响。如果车刀磨损，还可以通过改变车刀安装角度，用其他正常的切削刃来进行加工。

下面结合 X、Z 两轴联动车削的进给方式来进行探讨，参见图 4.43。车刀上切削点与工件的非球面子午线右端端点对齐，然后沿 Z 轴方向进刀，达到程序设定加工深度后，向左沿非球面曲线继续进给，直到车刀移动工件回转中心位置，加工完成后退刀。受进给模式影响，车刀起切削作用的切削刃是在车刀偏右的位置上，在车刀向左沿非球面曲线进给的过程中，车刀的接触点由正常区域缓慢变化到刀具磨损区域。工件上被正常切削刃加工的地方，不受磨损切削刃影响，故面形精度比较稳定；一旦车刀切削点进入磨损区域，就会导致本应该被去除的材料没有被去除而残留在工件表面，导致面形精度降低。

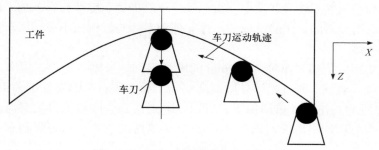

图 4.43　X、Z 两轴联动车削进给方式

　　而对于 X、Z、B 三轴联动车削方式，在前面已经分析过，车刀磨损区域对面形精度影响不大，并且可以通过改变车刀安装角度来避开磨损区域。为此，在试验中选取两种刀具安装角度。安装角度 I 如图 4.44(a)所示，车刀磨损区域位于车刀刃口中心顶端略微偏右的位置，此时对于 X、Z、B 三轴联动固定点车削，起切削作用的切削刃所对应的区域正好是车刀磨损的区域；安装角度 II 如图 4.44(b)所示，在安装角度 I 的基础上将车刀向右偏转 5°，这样对于 X、Z、B 三轴联动固定点车削，起切削作用的切削刃所对应的区域正好避开了车刀磨损的区域。

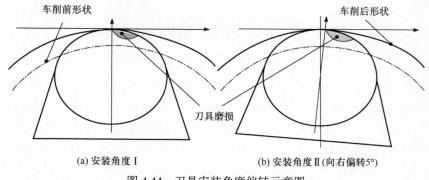

(a) 安装角度 I　　　　　　　　　(b) 安装角度 II(向右偏转5°)

图 4.44　刀具安装角度偏转示意图

2. 单晶硅凹小非球面 X、Z 两轴联动单点金刚石车削试验

首先进行 X、Z 两轴联动车削试验，具体试验条件详见表 4.6。

表 4.6　单晶硅凹小非球面车削试验条件

参数	精加工		
	第一次	第二次	第三次
工件转速/(r/min)	900	900	900
加工回合	10	2	2
进给速度/(mm/min)	10	5	5
单次切入量/μm	5	1	0.5
工件	直径 17mm 单晶硅片，加工口径 6mm		
车刀	天然金刚石，圆弧形，半径 0.5mm		
冷却	油雾混合		

1) 第一组试验(安装角度Ⅰ)

第一次车削后所获得的面形精度如图 4.45(a)所示，PV 值为 1519nm，RMS 为 310nm。面形误差曲线整体呈"V"形趋势分布，此时面形误差曲线中部有明显的凸起，对加工位置的误差分析造成干扰。通过对整体形状的判断，认为 X 轴中心偏向负方向，将误差偏心量补入，第二次车削后所获得的面形精度如图 4.45(b)所示，PV 值为 562nm，RMS 为 145nm，面形误差曲线图形与第一次加工后面形误差曲线图形仍然类似，中部的凸起更加明显，只是精度有所提高，整体呈对称形状。按照补偿工艺继续进行面形误差补偿加工，最终获得的面形精度如图 4.45(c)所示，PV 值为 326nm，RMS 为 60nm。虽然 PV 值与 RMS 整体都呈降低趋势，但这时面形误差曲线中部的凸起还是没能消除。

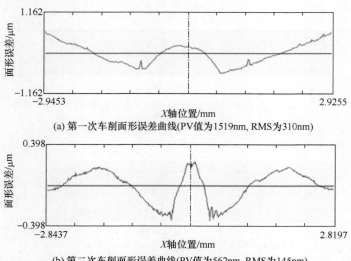

(a) 第一次车削面形误差曲线(PV值为1519nm, RMS为310nm)

(b) 第二次车削面形误差曲线(PV值为562nm, RMS为145nm)

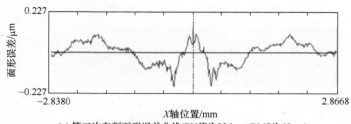

(c) 第三次车削面形误差曲线(PV值为326nm, RMS为60nm)

图 4.45　单晶硅凹小非球面 X、Z 两轴车削面形误差曲线(安装角度 I)

2) 第二组试验(安装角度 II)

在第一次车削后所获得的面形精度如图 4.46(a)所示，PV 值为 2142nm，RMS 为 511nm。面形误差曲线整体呈倒"V"形趋势分布，通过对整体形状的判断，可以判定 X 轴中心偏向正方向。将误差偏心量补入，第二次车削后所获得的面形精度如图 4.46(b)所示，PV 值为 749nm，RMS 为 226nm，面形误差曲线图形的中部有明显的凸起，但在正中心位置却有一个显著的"V"形的下陷。第三次车削后最

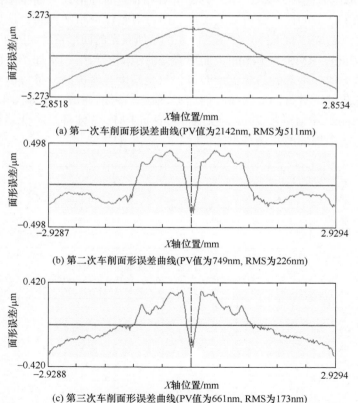

(a) 第一次车削面形误差曲线(PV值为2142nm, RMS为511nm)

(b) 第二次车削面形误差曲线(PV值为749nm, RMS为226nm)

(c) 第三次车削面形误差曲线(PV值为661nm, RMS为173nm)

图 4.46　单晶硅凹小非球面 X、Z 两轴车削面形误差曲线(安装角度 II)

终获得的面形精度如图 4.46(c)所示，PV 值为 661nm，RMS 为 173nm。虽然 PV 值与 RMS 整体都呈降低趋势，但这时面形误差曲线中部的凸起还是没能消除，在正中心位置仍然有一个显著的"V"形的下陷。

3. 单晶硅凹小非球面 X、Z、B 三轴联动固定点金刚石车削试验

单晶硅凹小非球面 X、Z、B 三轴联动固定点金刚石车削试验具体试验条件详见表 4.6。

1) 第一组试验(安装角度Ⅰ)

第一次车削后获得的面形精度如图 4.47(a)所示，PV 值为 1205nm，RMS 为 288nm。面形误差曲线整体呈"V"形，中部存在微小的凸起，这时 X 轴中心偏向负方向。将误差偏心量补入，第二次车削后获得的面形精度如图 4.47(b)所示，PV 值为 856nm，RMS 为 209nm，此时面形误差曲线呈典型的"V"形分布，虽然精度还是较低，但中部没有出现凸起。

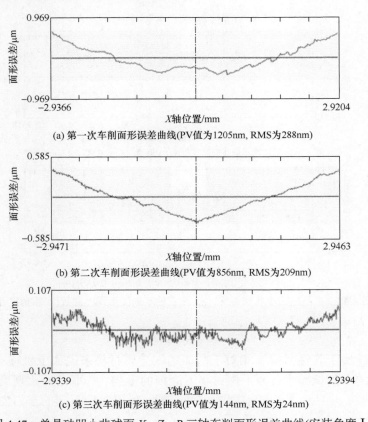

(a) 第一次车削面形误差曲线(PV值为1205nm, RMS为288nm)

(b) 第二次车削面形误差曲线(PV值为856nm, RMS为209nm)

(c) 第三次车削面形误差曲线(PV值为144nm, RMS为24nm)

图 4.47　单晶硅凹小非球面 X、Z、B 三轴车削面形误差曲线(安装角度Ⅰ)

面形误差补偿加工后最终获得的面形精度如图 4.47(c)所示，PV 值为 144nm，RMS 为 24nm。从最终的面形误差曲线图形可以发现，中部没有凸起，并且整条面形误差曲线基本呈直线分布。

2) 第二组试验(安装角度Ⅱ)

三次车削后面形误差曲线如图 4.48 所示，最终获得 PV 值为 95nm，RMS 为 19nm。从面形误差曲线图形可以发现，整条曲线已经基本呈直线分布，其试验结果比第一组试验更为理想。

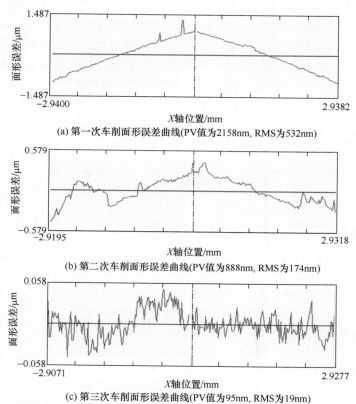

(a) 第一次车削面形误差曲线(PV值为2158nm, RMS为532nm)

(b) 第二次车削面形误差曲线(PV值为888nm, RMS为174nm)

(c) 第三次车削面形误差曲线(PV值为95nm, RMS为19nm)

图 4.48　单晶硅凹小非球面 X、Z、B 三轴车削面形误差曲线(安装角度Ⅱ)

4. 分析

单晶硅属于脆性材料，相对于前面的软金属材料来说加工机理有所不同。在单晶硅的车削试验中，为了探讨车刀磨损的影响，选取已经出现磨损后的车刀进行试验，并且为了验证前面的理论分析，采用两种不同的车刀安装角度进行试验。

1) X、Z 两轴联动车削方案的影响

如图 4.45 和图 4.46 所示，在单晶硅凹小非球面 X、Z 两轴联动车削试验中，车刀安装角度 I 时，最终获得工件面形误差 PV 值为 326nm，RMS 为 60nm；而车刀安装角度 II 时，最终获得工件面形误差 PV 值为 661nm，RMS 为 173nm。从两者的面形误差曲线图形可看出，影响 PV 值的都是曲线中部异常的凸起。

前面已经分析过，车刀磨损会导致本应该被去除的工件材料残留在工件表面，这样在加工后的面形误差曲线上就形成凸起的形状。

在车刀安装角度 I 时，车刀的磨损区域位于车刀刃口中心顶端略微偏右的位置。如图 4.49 所示，当车刀开始从工件边缘向中心进给时，车刀处于位置 A 处，起切削作用的切削刃是车刀没有磨损的区域，加工后工件的面形误差比较小，这部分被正常切削刃加工后工件表面的面形误差都比较稳定。当车刀进给到达位置 B 时车刀磨损区域开始切削工件，一直到位置 C 工件表面都被磨损的切削刃加工，在这段区域内工件材料没有被完全去除而残留在工件表面，对应的面形误差曲线上就会形成凸起形状。如图 4.45 所示，所有加工后的面形误差曲线上中部都有一个异常的凸起，并且切削点从正常区域进入磨损区域的过渡阶段的过程中，面形误差曲线呈现剧烈的起伏变化。根据图 4.49 中车刀进给的模拟示意图，这时面形误差曲线上出现凸起形状的部位正好与车刀切削刃上的磨损区域对应。试验结果和理论分析是完全一致的，导致整个工件面形精度增大的原因也正是面形误差曲线上中部位置出现了凸起。

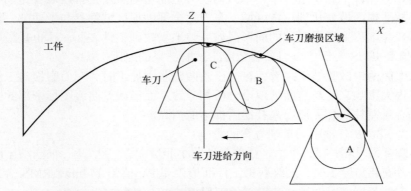

图 4.49　单晶硅 X、Z 两轴车削模拟示意图(安装角度 I)

在车刀安装角度 II 时，调整车刀的安装角度，车刀磨损区域整体向右偏转了 5°。如图 4.50 所示，同样当车刀开始从工件边缘向中心进给时，车刀处于位置 A 处，起切削作用的切削刃是车刀没有磨损的区域，这部分加工后工件的面形误差较小，这部分被正常切削刃加工后工件表面的面形误差都是比较稳定的。当车刀进给到达位置 B 时车刀磨损区域开始切削工件，一直到位置 C 时工件表面都被磨

损后的切削刃加工，那么在这段区域内工件材料没有被完全去除而残留在工件表面，面形误差曲线上也会形成凸起形状。但当从位置 C 到位置 D 的过程中，车刀上切削点回复到正常区域，材料被正常去除。

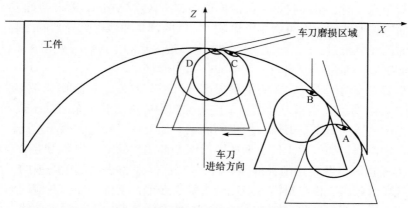

图 4.50　单晶硅 X、Z 两轴车削模拟示意图(安装角度 Ⅱ)

如图 4.46 所示，所有加工后的面形误差曲线上靠中部位置都存在一个较大的凸起，但在正中心位置却出现一个急剧下降的"V"形，这正是由于此时车刀上的切削点回复到没有被磨损的区域，本应该被去除的工件材料被去除掉而形成的。这与前面的理论分析一致，因为这段区域的车刀刃口没有磨损，属于正常切削范围。实际上在整个加工过程中，车刀切削刃上的切削点从正常区域变化到磨损区域，再从磨损区域变化到正常区域，车刀上全部磨损区域都参与了切削，从而将车刀圆弧切削刃上磨损区域的面形误差完整地复映到工件表面。这也是最后获得的 PV 值和 RMS 要低于车刀安装角度 Ⅰ 试验结果的原因。

从上面两组试验结果来看，在 X、Z 两轴联动加工时，车刀磨损对工件面形精度有很大影响，这与前面的理论分析一致。面形误差曲线图形中部的凸起，通过偏心误差补偿和面形误差补偿后都不能消除。

2) X、Z、B 三轴联动车削方案的影响

如图 4.51 和图 4.52 所示，在单晶硅凹口小非球面 X、Z、B 三轴联动车削试验中，车刀安装角度 Ⅰ 时，最终获得工件面形误差 PV 值为 144nm，RMS 为 24nm；而车刀安装角度 Ⅱ 时，最终获得工件面形误差 PV 值为 95nm，RMS 为 19nm。在两者的面形误差曲线图形中，中部都没有异常的凸起。

(1) 第一组试验(安装角度 Ⅰ)。

安装角度 Ⅰ 如图 4.44(a)所示，车刀磨损区域位于车刀刃口中心顶端略微偏右的位置，此时起切削作用的切削刃所对应的区域正好是车刀磨损的区域。

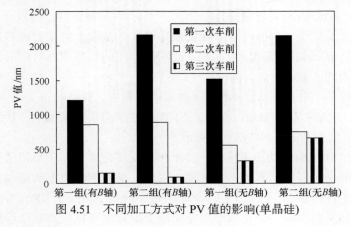

图 4.51　不同加工方式对 PV 值的影响(单晶硅)

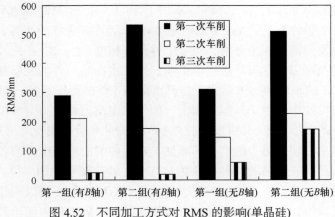

图 4.52　不同加工方式对 RMS 的影响(单晶硅)

在单晶硅凹小非球面 X、Z 两轴联动车削试验中，最终获得工件面形误差 PV 值为 326nm，RMS 为 60nm；在 X、Z、B 三轴联动车削试验中，最终获得工件面形误差 PV 值为 144nm，RMS 为 24nm。

车刀磨损对 X、Z、B 三轴联动加工模式的影响，由于切削点的固定，此时车刀切削刃上对应的加工区域正好是车刀切削刃上的磨损区域。由于车刀磨损，可以看成一个车刀切削刃实际圆弧半径小于理论圆弧半径的加工过程。在加工过程中，切削点同样是固定的，由于车刀磨损而产生的车刀切削刃的面形误差不会影响加工结果。最终获得的面形误差曲线分布接近直线，中部并没有出现任何异常的凸起形状，并且 PV 值和 RMS 也接近红铜和铝合金试验中的加工结果，这说明 X、Z、B 三轴联动加工模式确实能够消除车刀磨损的影响。

值得注意的是，用车刀的磨损区域加工工件虽然对面形精度的影响不大，但对其表面质量还是存在较大影响。

(2) 第二组试验(安装角度Ⅱ)。

安装角度Ⅱ如图 4.44(b)所示，在安装角度Ⅰ的基础上将车刀向右偏转 5°，这样对于 X、Z、B 三轴联动固定点车削，起切削作用的切削刃所对应的区域正好避开了车刀磨损的区域。

在单晶硅凹小非球面 X、Z 两轴联动车削试验中，最终获得工件面形精度 PV 值为 661nm，RMS 为 173nm；在 X、Z、B 三轴联动车削试验中，最终获得工件面形误差 PV 值为 95nm，RMS 为 19nm。

对 X、Z、B 三轴联动加工模式，由于车刀安装角度偏转，车刀切削刃上的加工位置对应的是车刀切削刃的正常区域。因此，车刀切削刃上的磨损区域不会对加工结果产生任何影响。从加工结果来看，最终获得 PV 值和 RMS 与红铜凹小非球面中所得结果差不多，并且面形误差曲线上没有出现任何异常凸起形状。

在单晶硅凹小非球面 X、Z 两轴联动车削和 X、Z、B 三轴联动车削对比试验中，在相同加工条件下不管是 PV 值还是 RMS，后者都要好于前者。其试验结果验证了本节以及前面的理论分析，对于工件面形精度，X、Z、B 三轴联动车削模式在一定程度上可以消除刀具磨损的影响，进一步提高工件的面形精度。车刀磨损后，在 X、Z 两轴联动加工模式下会严重影响工件的面形精度；而在 X、Z、B 三轴联动加工模式中，由于车削点固定，即使采用车刀切削刃的磨损区域加工，也能获得稳定的面形精度，并可以通过调整车刀安装角度来避免车刀磨损的影响。

虽然使用车刀切削刃上的磨损区域加工对工件的面形精度影响较小，但对表面质量影响还是比较明显的。图 4.53 为在 X、Z、B 三轴联动加工模式下，两种不同车刀安装角度加工后所获得的工件表面微观形貌(200 倍)，可以明显观察到在安装角度Ⅰ的试验中，即采用磨损的切削刃加工，加工后工件表面比较粗糙，车削纹路分布不均匀，没有光泽度；而在安装角度Ⅱ的试验中，工件是被正常切削刃加工，加工后工件表面的车削纹路比较清晰，分布比较均匀，而且有相应的光泽度。这与车刀磨损有着直接关系。

 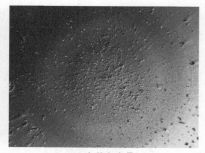

(a) 安装角度Ⅰ　　　　　　　　　　　　　(b) 安装角度Ⅱ

图 4.53　不同安装角度对工件表面质量的影响(X、Z、B 三轴，200 倍)

最终车削后的局部表面微观形貌如图 4.54 所示，X、Z 两轴联动车削模式下获得的表面粗糙度 R_a 约为 4.4nm，而 X、Z、B 三轴联动车削模式下获得的表面粗糙度 R_a 约为 2.4nm。加工后工件的外观如图 4.55 所示。

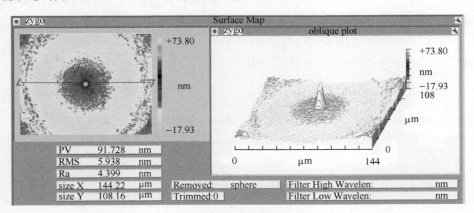

(a) X、Z 两轴车削(R_a 约为4.4nm)

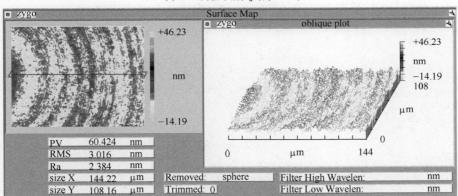

(b) X、Z、B 三轴车削(R_a 约为2.4nm)

图 4.54　单晶硅凹小非球面工件三维微观轮廓形貌

图 4.55　单晶硅凹小非球面工件外观图(加工口径 6mm)

4.3.4　X、Z、B 三轴联动固定点金刚石车削加工的应用

　　加工硫卤玻璃试验中，硫卤玻璃各向同性、结构均匀，且在可见光和红外波长区域具有高透光性等优点，是一种理想的红外光纤材料。选取另外一组非球面系数进行加工，详细参数见式(4.11)：

$$z = \frac{x^2}{R(1+\sqrt{1-(1+K)x^2/R^2})} + A_4 x^4 + A_6 x^6 + A_8 x^8 + A_{10} x^{10} + A_{12} x^{12} + A_{14} x^{14} + A_{16} x^{16}$$

$$(4.11)$$

式中，$R=8.945479$，$K=-0.0.492911$，$A_4=6.460823\times10^{-5}$，$A_6=4.283371\times10^{-7}$，$A_8=-5.409900\times10^{-9}$，$A_{10}=4.417884\times10^{-10}$，$A_{12}=-1.129401\times10^{-11}$，$A_{14}=1.445737\times10^{-13}$，$A_{16}=1.092572\times10^{-16}$。具体试验条件详见表 4.7。

表 4.7　红外光学玻璃 X、Z、B 三轴车削试验条件

参数	精加工			
	第一次	第二次	第三次	第四次
工件转速/(r/min)	1000	900	900	900
加工回合	5	2	2	2
进给速度/(mm/min)	10	5	5	5
单次切入量/μm	5	1	0.5	0.5
工件	直径 20mm 硫卤玻璃，加工口径 19.6mm			
车刀	天然金刚石，圆弧形，半径 0.5mm			
冷却	油雾混合			

　　由于工件试验前是毛坯件，有很大的面形误差，所以先选用人造金刚石车刀进行粗加工，再换用天然金刚石车刀进行精加工以及后续的补偿加工。第一次车削完成后通过在位测量装置测量，所获得的面形精度如图 4.56(a)所示，PV 值为 613nm，RMS 为 112nm。面形误差曲线整体呈 "U" 形趋势分布，曲线中部比较平缓，仅在两端部上凸比较明显。与凹球面的误差分析相反，通过判断认为 X 轴中心偏向正方向，并且误差量并不大，将误差偏心量补入，调入原程序进行第二次车削循环，加工完后所获得的面形精度如图 4.56(b)所示，PV 值为 488nm，RMS 为 84nm，面形误差曲线图形呈平缓的 "W" 形，中部与两端都有凸起，可以认为偏心误差的影响已经不是主要因素。

　　按照补偿工艺继续进行面形误差补偿加工，第三次车削后的面形精度如图 4.56(c)所示，PV 值为 185nm，RMS 为 40nm。虽然 PV 值和 RMS 整体都达到一个比较理想的值，但这时面形误差曲线分布比较杂乱，尤其是中部。继续进行第四次面形误差补偿，最终获得的面形精度如图 4.56(d)所示，PV 值为 172nm，RMS 为 36nm。此时面形误差曲线中部形状比较杂乱，但两端基本已呈直线分布。加工后的工件外观如图 4.57 所示。最终车削后的表面微观形貌如图 4.58 所示，获得的表面粗糙度 R_a 约为 1.8nm。

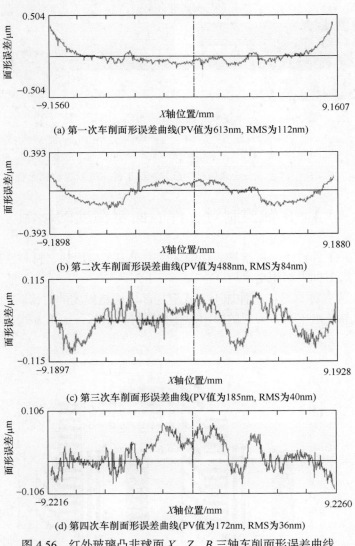

(a) 第一次车削面形误差曲线(PV值为613nm, RMS为112nm)

(b) 第二次车削面形误差曲线(PV值为488nm, RMS为84nm)

(c) 第三次车削面形误差曲线(PV值为185nm, RMS为40nm)

(d) 第四次车削面形误差曲线(PV值为172nm, RMS为36nm)

图 4.56　红外玻璃凸非球面 X、Z、B 三轴车削面形误差曲线

图 4.57　硫卤玻璃凸非球面 X、Z、B 三轴车削工件外观图

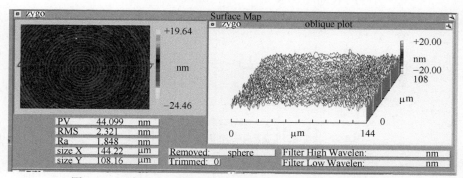

图 4.58　口径 19mm 卤硫玻璃凸非球面工件三维微观轮廓形貌

4.4　B 轴控制对工件表面粗糙度的影响

理论上，工件转速、进给量、切削深度、车刀刃口形状、材料性能等参数都会影响加工后工件表面粗糙度。

图 4.59 为各种材料在两种加工方式下局部表面粗糙度的对比。从图中可以看出，除了单晶硅由于车刀磨损的原因，在相同材料下两种加工方式对表面粗糙度的影响很小。

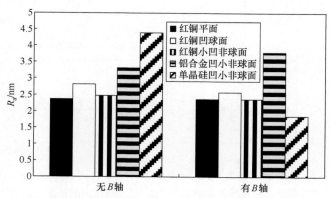

图 4.59　各种材料在两种加工方式下局部表面粗糙度

为了进一步分析两种加工方式对表面粗糙度的影响，采用加工性能较好的红铜凹小非球面工件作为测量对象，分别对两种加工方式加工后的零件表面依次从中心到边缘等距取 7 个采样点，测量表面粗糙度，以全面反映在不同加工方式下工件表面粗糙度的分布情况。图 4.60 给出了红铜凹小非球面在 X、Z 两轴加工方

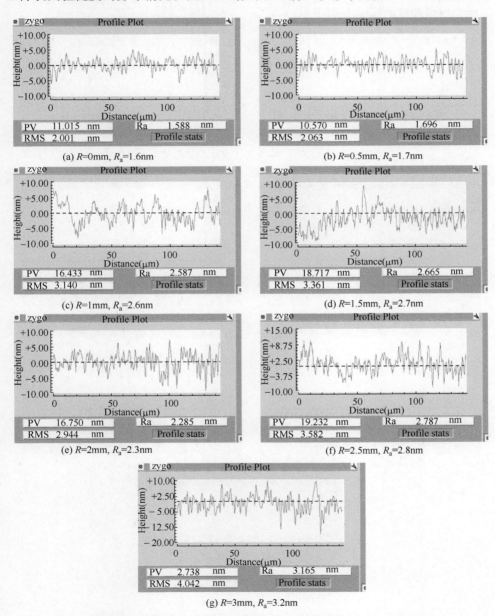

图 4.60　红铜凹小非球面等距采样点表面粗糙度(X、Z 两轴)

式下表面粗糙度的数据。图 4.61 给出了红铜凹小非球面在 X、Z、B 三轴加工方式下表面粗糙度的分布情况。图 4.62 为两者对比情况，从图中可以发现，在两种加工方式下，工件表面粗糙度分布从中心到边缘都呈增大的趋势，中心的表面粗糙度 R_a 都在 1.5nm 左右，而到了边缘则都在 5nm 左右。但两种不同的加工方式对工件表面粗糙度的影响差别很小。

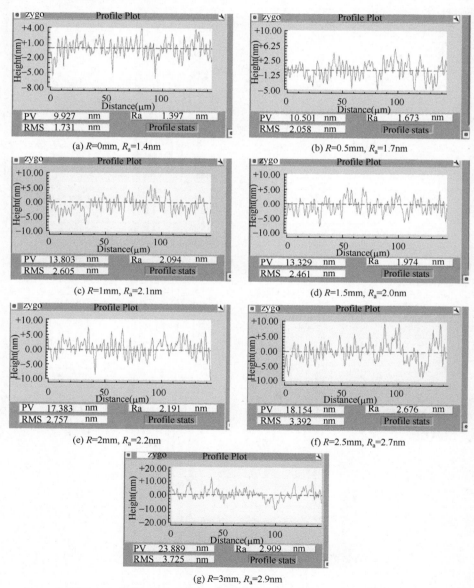

(a) R=0mm, R_a=1.4nm

(b) R=0.5mm, R_a=1.7nm

(c) R=1mm, R_a=2.1nm

(d) R=1.5mm, R_a=2.0nm

(e) R=2mm, R_a=2.2nm

(f) R=2.5mm, R_a=2.7nm

(g) R=3mm, R_a=2.9nm

图 4.61　红铜凹小非球面等距采样点表面粗糙度(X、Z、B 三轴)

在车削过程中影响工件表面粗糙度的因素主要有车刀和工件的材料、进给率、切削深度、切削速度、切削刃的形状等。由于在进行对比试验时，除了加工方式不同，其他加工条件都是一样的。车刀选用圆弧形切削刃，不管 B 轴怎么旋转都以切削点为回转中心，当切削深度 a_p 相同时，两种方式下车刀上所对应的切削刃弧长也是相同的。在相同的切削条件下，这两种方式对加工后工件表面粗糙度的影响是一致的。

由图 4.62 可以发现，在工件相同的位置处，两种加工方式下所获得的表面粗糙度差别很小。另外，两条表面粗糙度曲线都出现了从中心到边缘增大的趋势。前面分析过两种方式下切削后工件的表面粗糙度将由工件表面的理论残留面积高度决定。

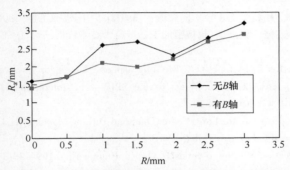

图 4.62　红铜凹小非球面等距采样点表面粗糙度对比(两种加工方式)

在前面章节中，所推导出的工件表面任意位置的理论残留面积高度 h_c 为

$$h_c = R_T - \sqrt{R_T^2 - \left(\frac{f}{2\omega_1 \cos\theta_k}\right)^2} \tag{4.12}$$

式中，R_T 为车刀圆弧刃半径；f 为刀具进给速度；ω_1 为工件旋转速度；θ_k 为过该曲线点上的切线与 X 轴方向的夹角。

在相同加工条件下，车刀圆弧刃半径、工件旋转速度和刀具进给速度是不变的。但在不同加工位置时，θ_k 是不断变化的，在非球面工件正中心 θ_k 等于 0，而越到非球面工件边缘越大。从式(4.12)可以发现，θ_k 值越大，理论残留面积高度 h_c 也就越大，而表面粗糙度受理论残留面积高度的影响。从试验结果来看，两种加工模式下所获得的表面粗糙度的分布趋势与理论分析是一致的。

参 考 文 献

[1] 王宇. 基于 B 轴控制的微小非球面超精密固定点车削与磨削研究[D]. 长沙：湖南大学，2011.

[2] 杨力. 先进光学制造技术[M]. 北京：科学出版社，2001.

[3] 袁哲俊，王先逵. 精密和超精密加工技术[J]. 2 版. 北京：机械工业出版社，2002.

[4] 张华, 王文, 庞媛媛. 光学表面超精密加工技术[J]. 光学仪器, 2003, 25(3): 48-55.

[5] 谢晋, 耿安兵, 熊长新, 等. 红外线聚光非球面透镜的单点金刚石镜面切削方法[J]. 光学精密工程, 2004, 12(6): 566-569.

[6] 周志斌, 肖沙里, 周宴, 等. 现代超精密加工技术的概况及应用[J]. 现代制造工程, 2005, (1): 121-123.

[7] 罗松保, 张建明. 非球面曲面光学零件超精密加工装备与技术[J]. 光学精密工程, 2003, 25(1): 52-56.

[8] Lee J S, Soyji K. A study on ultra precision machining for aspherical surface of optical parts[J]. Journal of the Korean Society of Precision Engineering, 2002, 19(10):195-201.

[9] 李荣彬, 杜雪, 张志辉, 等. 光学自由曲面的超精密加工技术及应用[J]. 制造技术与机床, 2004, (1):17-19.

[10] 李圣怡, 戴一帆. 超精密加工技术的发展及对策[J]. 中国机械工程, 2000, 11(8): 7-10.

[11] 袁巨龙, 张飞虎, 戴一帆, 等. 超精密加工领域科学技术发展研究[J]. 机械工程学报, 2010, 46(15): 161-176.

[12] Cogburn G, Mertus L, Symmons A. Molding aspheric lenses for low-cost production versus diamond turned lenses[J]. Proceedings of the SPIE—The International Society for Optical Engineering, 2010, (7660): 766-820.

[13] Patterson S R. Inspection of the Large Optics Diamond Turning Machine[R]. Livermore: Lawrence Livermore National Laboratory, 1987.

[14] Parks R E. Fabrication of infrared optics[J]. Optical Engineering, 1994, 33(3): 685-691.

[15] Yan J, Tamaki J, Syoji K, et al. Development of a novel ductile-machining system for fabricating axisymmetric aspheric surfaces on brittle materials[J]. Key Engineering Materials, 2003, (238-239): 43-48.

[16] Yan J W, Syoji K, Kuriyagawa T. Fabrication of large-diameter single-crystal silicon aspheric lens by straight-line enveloping diamond-turning method[J]. Journal of the Japan Society of Precision Engineering, 2002, (68): 561-565.

[17] Yan J, Zhang Z, Kuriyagawa T. Tool wear control in diamond turning of high-strength mold materials by means of tool swinging[J]. CIRP Annals—Manufacturing Technology, 2010, 59(1):109-112.

[18] Zhang Z Y, Yan J W, Kuriyagawa T. Tool-swinging cutting of binderless tungsten carbide[J]. Advanced Materials Research, 2010,139-141: 727-730.

[19] Bono M J, Kroll J J. Tool setting on a *B*-axis rotary table of a precision lathe[J]. International Journal of Machine Tools & Manufacture, 2008, 48(11):1261-1267.

[20] Allison S W, Cunningham J P, Rajic S, et al. Single-point diamond turning of lead indium phosphate glass[C]. Current Development in Optical Design and Engineering Conference, 1996: 1-8.

[21] Meyers M M, Bietry J R. Design and fabrication of diffractive optics at Eastman Kodak Company[J]. The International Society for Optical Engineering, 1995, (2600): 68-92.

[22] Hodgson B, Lettington A H. Diamond turning of infra-red components[J]. Proceedings of the SPIE — The International Society for Optical Engineering, 1986, (590): 71-76.

[23] Baker L R, Myler J K. In-process measurement of surface texture[J]. The International Society for

Optical Engineering, 1987, (802):150-156.

[24] Parker R A. In-process analysis of optical components machined on a diamond turning lathe[J]. The International Society for Optical Engineering, 1989, (954): 382-391.

[25] Chon K S, Namba Y, Yoon K. Single-point diamond turning of aspheric mirror with inner reflecting surfaces[J]. Key Engineering Materials, 2008, (364-366): 39-42.

[26] Yan J W, Syoji K, Tamaki J. Some observations on the wear of diamond tools in ultra-precision cutting of single-crystal silicon[J]. Wear, 2003, 255(7-12): 1380-1387.

[27] Yan J W, Maekawa K, Tamaki J, et al. Experimental study on the ultraprecision ductile machinability of single-crystal germanium[J]. JSME International Journal, 2004, 47(1): 29-36.

[28] Bono M J, Kroll J J. An uncertainty analysis of tool setting methods for a precision lathe with a B-axis rotary[J]. Precision Engineering, 2010, 34(2): 242-252.

[29] Weck M, Hennig J, Hilbing R. Precision cutting processes for manufacturing of optical components[J]. Proceedings of the SPIE—The International Society for Optical Engineering, 2001, (4440): 145-151.

[30] Anderson D S. Subsurface damage in the diamond generation of aspherics[J]. Proceedings of the SPIE—The International Society for Optical Engineering, 1987, (680): 95-101.

[31] Ruckman J L, Fess E M, Pollicove H M. Deterministic processes for manufacturing conformal (freeform) optical surfaces[J]. Proceedings of SPIE—The International Society for Optical Engineering, 2001, (4375): 108-113.

[32] Pun A M, Wong C, Chan N S, et al. Unique cost-effective approach for multisurfaced micro-aspheric lens prototyping and fabrication by single-point diamond turning and micro-injection molding technology[J]. Proceedings of the SPIE—The International Society for Optical Engineering, 2004, (5252): 217-224.

[33] Chon K S, Namba Y, Yoon K. Precision machining of electroless nickel mandrel and fabrication of replicated mirrors for a soft X-ray microscope[J]. JSME International Journal Series C, 2006, (49): 56-62.

[34] Klocke F, Dambon O, Bulla B. Diamond turning of aspheric steel molds for optics replication[J]. Proceedings of the SPIE—The International Society for Optical Engineering, 2010, (7590): 759-770.

[35] Jiang W D. Diamond turning aspheric projector mirrors[J]. Proceedings of the SPIE—The International Society for Optical Engineering, 2007, (6722): 227-250.

[36] Chen C C, Chao C L, Hsu W Y, et al. Fabrication of aspheric micro lens array by slow tool servo[J]. Advanced Materials Research, 2009, (76-78): 479-484.

[37] Zhang X D, Fang F Z, Cheng Y, et al. High-efficiency ultra-precision turning for complex aspheric mirrors[J]. Nanotechnology and Precision Engineering, 2010, (8): 346-351.

[38] Han C S, Zhang L J, Dong S. Research on mathematical models of new diamond turning for non-axisymmetric aspheric mirrors[J]. Key Engineering Materials, 2008, (364-366): 35-38.

[39] Han C S, Zhang L J, Dong S, et al. Error analysis of a rotating mode diamond turning large aspherical mirrors[J]. Proceedings of the SPIE—The International Society for Optical Engineering, 2009, (7282): 282-283.

[40] Han C S, Zhang L J, Dong S, et al. A new method of ultra-precision diamond turning large optical

aspheric surface[J]. Journal of Harbin Institute of Technology, 2007, (39): 1062-1065.

[41] 周旭, 戴一帆, 李圣怡, 等. 非球面加工机床的设计[J]. 制造技术与机床, 2004, (5): 55-57.

[42] 王贵林, 李圣怡, 戴一帆. 光学非球面复合加工机床的设计与精度分析[J]. 中国机械工程, 2004,15(2): 99-102.

[43] Maryama T, Takagi M, Noro Y, et al. Zoom lens systems with aspherical plastic lens[J]. IEEE Transactions on Consumer Electronics, 1987, (3): 256-266.

[44] Kitagawa S, Suzuki T, Iizuka Y, et al. Design and fabrication of injection molded plastic optics with nano-CADCAM[J]. Proceedings of the SPIE—The International Society for Optical Engineering, 1997, (3131): 280-289.

[45] Park K, Joo W. Numerical evaluation of a plastic lens by coupling injection molding analysis with optical simulation[J]. Japanese Journal of Applied Physics, 2008, (47): 802-807.

第 5 章　小口径非球面抛光技术

小口径非球面常采用超精密车削和磨削进行加工,但车削和磨削会在加工表面残留加工痕迹和表面缺陷,因此需要后续的超精密抛光来提高表面质量。由于小口径非球面狭小的加工空间,采用传统的抛光方法难以加工。针对上述问题,将磁流变抛光方法引入小口径非球面抛光中,结合小口径非球面的加工特点,并采用特殊的磁流变抛光液,研究出适合小口径非球面加工的斜轴磁流变抛光技术。将该技术与传统的超精密车削和磨削相结合,可形成超精密车削与斜轴磁流变抛光以及超精密磨削与斜轴磁流变抛光两种组合加工工艺,从而实现对小口径非球面的高效、高精度加工。

5.1　小口径非球面斜轴抛光原理及去除机理

5.1.1　抛光原理

由于小口径非球面的加工空间狭小,很难制作小抛光工具。目前工业界大部分采用手工抛光,加工效率低,且手工抛光对操作人员的技术与经验依赖性大,因此难以保证抛光质量。针对上述情况,作者开发了一种斜轴磁流变抛光技术[1,2],其抛光原理如图 5.1 所示。该系统由 X、Y、Z、B 四轴组成,抛光主轴倾斜安装在 Y 轴上,Y 轴安装在 B 轴旋转台上,工件和抛光头分别安装在工件主轴

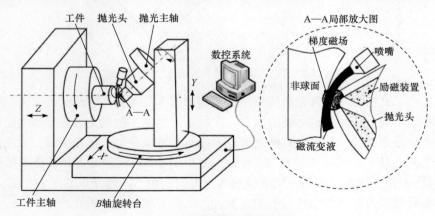

图 5.1　斜轴磁流变抛光原理

和抛光主轴上。抛光头内部的励磁装置在抛光点处形成梯度磁场，同时磁流变液在梯度磁场的作用下形成具有抛光作用的磁流变液缎带。抛光加工时，X、Z、B 三轴联动，通过数控系统精确控制抛光头的加工轨迹就可以实现抛光。

斜轴磁流变抛光方式是将抛光主轴倾斜安装，使抛光头与工件在抛光区域为点接触，从而减少加工干涉的发生。斜轴磁流变抛光可以选择性安装 B 轴，形成 X、Z 两轴联动和 X、Z、B 三轴联动两种抛光方式。该抛光方式相对于传统的轮式磁流变抛光，可以降低抛光头与工件发生干涉的可能性，因此更适合小口径凹非球面的抛光。

X、Z 两轴联动斜轴磁流变抛光原理如图 5.2 所示。抛光头以角速度 ω_1 旋转，工件绕回转中心以 ω_2 的速度旋转，n 为抛光主轴的轴线，c 为工件主轴的轴线，m 为非球面抛光点处的曲率法线，抛光头截面圆弧中点为 O_1，抛光头通过 X、Z 两轴联动实现对非球面轮廓线的加工。在抛光过程中，抛光头沿着非球面轮廓线由中心向外侧进给，抛光头截面圆弧与非球面轮廓线在抛光点处接触，无论抛光头处于 G_1、G_2、G_3 抛光位置，抛光主轴的轴线 n 与工件主轴的轴线 c 始终成 45° 角，同时，抛光头截面圆弧中心点 O_1 与抛光点 G_1 重合，而在其他抛光点如 G_2、G_3 点不重合。

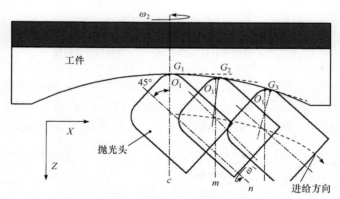

图 5.2　X、Z 两轴联动斜轴磁流变抛光原理

X、Z、B 三轴联动斜轴磁流变抛光原理如图 5.3 所示。抛光头通过 X、Z、B 三轴联动实现对非球面轮廓线的加工。在抛光过程中，抛光头沿着非球面轮廓线由中心向外侧进给，抛光头截面圆弧与非球面轮廓线在抛光点处接触，无论抛光头处于抛光点 G_1、G_2、G_3 时，抛光头的轴线 n 与非球面抛光点处的曲率法线 m 始终成 45° 角。因此，采用三轴联动的加工方式，在不同抛光点 G_1、G_2、G_3 处，抛光头截面圆弧中心点始终与抛光点重合，从而实现固定点抛光。

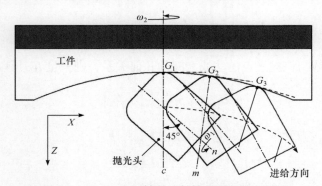

图 5.3　X、Z、B 三轴联动斜轴磁流变抛光原理

　　为了实现斜轴磁流变抛光的数字控制，就必须建立斜轴磁流变抛光的加工路径控制模型。首先建立 X、Z 两轴联动加工路径控制模型，找出抛光头中心点与非球面抛光点之间的几何关系，达到自动化加工的目的。如图 5.4 所示，抛光头中心点 Q 的坐标为(x_q,y_q,z_q)，抛光点 G 的坐标为(x_g,y_g,z_g)，抛光头截面圆弧中心 P 点的坐标为(x_p,y_p,z_p)，l_{PQ} 为直线 PQ 的矢量，抛光点处的法矢量为 l_{GP}，δ 为磁流变抛光间隙，r 为抛光头的截面圆弧半径，L 为线段 PQ 的长度，R 为非球面的加工半径。

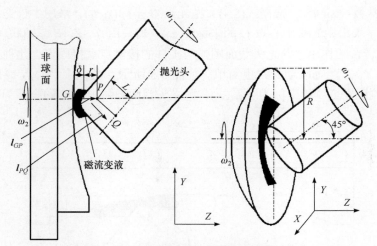

图 5.4　X、Z 两轴联动斜轴磁流变抛光路径

　　一个轴对称的非球面方程可以表示为

$$z = f\left(\sqrt{x^2 + y^2}\right) \tag{5.1}$$

将抛光点 G 的法矢量 l_{GP} 设为(a,b,c)，则法矢量 l_{GP} 可以表示为

$$\boldsymbol{l}_{GP} = (a,b,c) = \left(-\frac{\partial f}{\partial x}, -\frac{\partial f}{\partial y}, 1 \right) \tag{5.2}$$

根据抛光头轴线与该抛光点的法线之间的几何关系，则矢量 $\boldsymbol{l}_{PQ}$ 可以表示为

$$\boldsymbol{l}_{PQ} = \left(b, \frac{a-c}{2}, \frac{c-a}{2} \right) \tag{5.3}$$

通过以上分析，抛光头中心点 Q 的坐标为

$$\begin{cases} x_q = x_g + \dfrac{b(\delta+\gamma)}{l_1} + \dfrac{bL}{l_2} \\[2mm] y_q = y_g + \dfrac{a(\delta+\gamma)}{l_1} + \dfrac{(a-c)L}{2l_2} \\[2mm] z_q = z_g + \dfrac{c(\delta+\gamma)}{l_1} + \dfrac{(c-a)L}{2l_2} \end{cases} \tag{5.4}$$

式中，l_1 为矢量 $\boldsymbol{l}_{GP}$ 的模，$l_1 = |GP| = \sqrt{a^2+b^2+c^2}$；$l_2$ 为矢量 $\boldsymbol{l}_{PQ}$ 的模，$l_2 = |PQ| = \sqrt{b^2 + \dfrac{(a-c)^2}{2}}$。

　　在加工过程中，抛光头与工件的相对运动由 X、Z 两轴实现，Y 轴保持固定不动，y_q 为常数 $-R\sin 45°$。根据式(5.4)和抛光点 G 坐标 (x_g, z_g)，采用牛顿迭代法进行计算，就能求出抛光头中心点 Q 的坐标 (x_q, z_q)。当采用 X、Z、B 三轴联动方式时，由于 B 轴转台的作用，抛光头截面圆弧与工件的接触点保持固定，此种方式的路径控制比 X、Z 两轴联动方式更简单。如图 5.5 所示，抛光头中心点 Q 的坐标为 (x_q, y_q, z_q)，抛光点 G 的坐标为 (x_g, y_g, z_g)，抛光头截面圆弧中点 P 的坐标为 (x_p, y_p, z_p)，

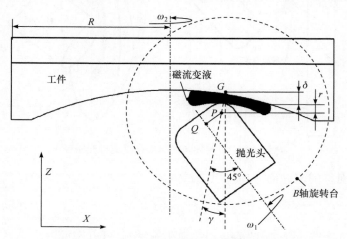

图 5.5　X、Z、B 三轴联动斜轴磁流变抛光路径

抛光头截面圆弧中线与工件的回转轴线所成角度为 γ，δ 为抛光间隙，r 为抛光头的圆弧半径，L 为线段 PQ 的长度。

根据抛光头与工件之间的几何关系，抛光头中心点 Q 与非球面抛光点 G 之间的关系可以表示为

$$\begin{cases} x_q = x_g + (\sqrt{2}L + r + \delta)\sin\gamma \\ z_q = z_g + (\sqrt{2}L + r + \delta)\cos\gamma \\ B_q = \gamma \end{cases} \tag{5.5}$$

在加工过程中，抛光头与工件的相对运动由 X、Z、B 三轴实现，Y 轴保持固定不动，根据式(5.5)和抛光点 G 坐标(x_g, z_g)，采用牛顿迭代法进行计算，就能得出抛光头中心点 Q 的坐标(x_q, z_q) 及 B 轴的旋转角度。

5.1.2　斜轴磁流变抛光去除机理

在磁流变抛光中，人们普遍接受 Preston 方程[3]。磁流变抛光的材料去除率可以表示为

$$R = KPV \tag{5.6}$$

式中，K 为方程中的 Preston 系数；P 为抛光工作区内磁流变液对工件的压力；V 为抛光工作区内磁流变与工件表面的相对速度。

在磁流变抛光中，磁流变液对工件的压力 P 较为复杂，它由三个分量组成，即液体的动压力、磁场产生的压力、液体的浮力。其中磁场产生的压力由分磁化压力和磁致伸缩压力组成，由于磁流变液为不可压缩的液体，磁场作用引起的磁致伸缩压力几乎为零[4]。当只考虑磁化压力时，P 可以表示为

$$P = P_d + P_m + P_g \tag{5.7}$$

式中，P_d 为磁流变液的流体动压力；P_m 为磁流变液的磁化压力；P_g 为磁流变液的浮力，由于其值远小于 P_d 和 P_m，因此计算时一般忽略。

图 5.6 为斜轴磁流变抛光的速度模型，抛光头以 ω_1 旋转，工件以 ω_2 旋转，抛光头沿着 X 轴从工件的中心由里向外依次进给。由于抛光头与工件之间的间隙很小，抛光头的直径远大于磁流变液的高度，因此在实际加工过程中，将磁流变液中磨粒相对于工件的速度等效为抛光头与工件的相对速度。抛光头与工件的相对速度矢量可以表示为

$$V = V_w + V_f + V_p \tag{5.8}$$

式中，V_w 为工件的线速度矢量；V_f 为抛光头的进给速度矢量；V_p 为抛光头在抛光点处的线速度矢量。

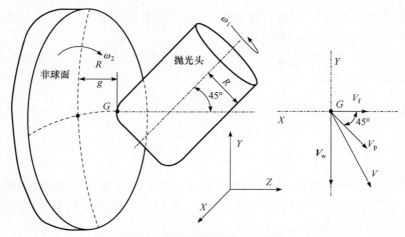

图 5.6　斜轴磁流变抛光速度模型

工件线速度大小 V_w 可以表示为

$$V_w = 2\pi R_g \omega_2 \tag{5.9}$$

式中，R_g 为抛光点沿 X 轴方向与工件回转中心的距离；ω_2 为工件的角速度。

抛光头在抛光点处的线速度大小 V_p 可以表示为

$$V_p = 2\pi R_p \omega_1 \tag{5.10}$$

式中，R_p 为抛光头的半径；ω_1 为工件的角速度。

综上所述，抛光头与工件的相对速度 $V(x,y)$ 可以表示为

$$V(x, y) = \sqrt{(V_w + V_p \sin 45°)^2 + (V_f + V_p \cos 45°)^2} \tag{5.11}$$

式中，V_f 为抛光头的进给速度，抛光头沿着工件的回转中心向外进给，与整个抛光过程的进给速度保持一致。

1. 流体动压力 $P_d(x, y)$ 的求解

图 5.7 为斜轴磁流变抛光材料去除模型。由于抛光区域存在励磁装置所产生的梯度磁场，磁流变液在磁化压力和流体动压力的共同作用下形成了压力的梯度分布，磨粒在抛光压力的作用下对工件材料进行去除。由图中抛光头与非球面的几何关系，以及非球面轴对称特征，零件表面上某点到斜轴抛光头的距离 h 可以表示为

$$h = h_0 + \sqrt{r^2 - (x^2 + y^2)} \tag{5.12}$$

式中，h_0 为工件到抛光工具头的最短距离；r 为抛光头的圆弧半径；x、y 分别为在非球面抛光点上的坐标值。

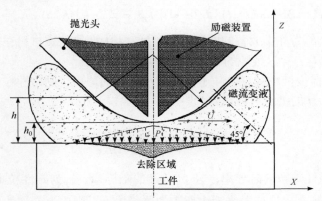

图 5.7　斜轴磁流变抛光材料去除模型

根据雷诺公式和雷诺边界条件[5]，对磁流变液流体动压力 $P_d(x, y)$ 在 XOY 平面内的分布进行修正和计算，并假设流体动压力 $P_d(x, y)$ 在 Y 方向的变化率是一定的，则有

$$\frac{\mathrm{d}P_d(x, y)}{\mathrm{d}x} = 6\eta_0 U \frac{h(x, y) - h^*}{h^3} \tag{5.13}$$

式中，η_0 为磁流变液的初始黏度；h^* 为工件表面上所受的极大值压力点到槽底的距离；U 为工件表面上某点相对于抛光头的速度。

根据已建立模型的几何关系和流体润滑理论[6]，可以将式(5.13)表示为

$$P_d = \frac{-2\eta_0 U(x, y)}{h^2} \tag{5.14}$$

$$U(x, y) = \sqrt{R^2 - r^2 + x^2 + y^2}\, \omega_1 \sin 45° \tag{5.15}$$

2. 磁化压力 $P_m(x, y)$ 的求解

$P_m(x, y)$ 为磁流变液的磁化压力，其常用计算公式为

$$P_m(x, y) = \mu_0 \int_0^H M_f \mathrm{d}H \tag{5.16}$$

式中，M_f 为液体的磁化强度；μ_0 为真空磁导率；H 为外加磁场的磁场强度。

根据斜轴磁流变抛光方式以及抛光头内部的励磁结构，可以得到空间磁场强度表达式 H 为[7,8]

$$H = \sum_{n=1}^{\infty} \left(-A_n \cos(\beta_n y) e^{\beta_n z_i} \right) + \sum_{n=1}^{\infty} A_n \cos(\beta_n y) e^{\beta_n z_i} \tag{5.17}$$

式中，$A_n = K_n \beta_n = 2B_g \sin(\beta_n, l)/[\pi(2n-1)]$，$\beta_n = \pi(2n-1)/(2b)$，$K_n = 4B_g \sin(\beta_n, l)/[\pi^2(2n-1)^2]$，$b$ 为并排放置的两磁极的长度，l 为两块软磁材料在抛光点处所成的气隙长度，B_g 为穿过气隙的磁场强度。

　　假设在磁流变液中的磁性粒子都为大小一致的球形，则磁性粒子的磁化强度 M 与磁场强度 H 的关系可以表示为[9]

$$M = 4\pi\mu_0\mu_f r_g^3 \frac{\mu_p - \mu_f}{\mu_p + 2\mu_f} H \tag{5.18}$$

式中，μ_p 为磁性颗粒的磁导率；μ_f 为载液的磁导率；r_g 为磁性粒子的半径。

　　若磁性粒子在磁流变抛光液中所占的体积为 φ，则磁流变液的磁化强度可以表示为[10,11]

$$M_f = \frac{3\varphi M}{4\pi r_g^3} \tag{5.19}$$

将式(5.19)代入式(5.16)，可以得到

$$P_m = \frac{3\varphi\mu_0(\mu - \mu_0)}{\mu + 2\mu_0} \int_0^H H \mathrm{d}H \tag{5.20}$$

　　经过分析和计算，已经得到了流体动压力 P_d 和流体的磁化压力 P_m，将两者的值代入式(5.7)中就可以得到总压力的值。根据 Preston 方程，材料去除率模型可以表示为

$$R(x,y) = k \frac{\tau(x,y)V(x,y)}{\mu} = kp(x,y)V(x,y) \tag{5.21}$$

5.2　斜轴磁流变抛光头

　　作为加工工具的斜轴抛光头是整个抛光系统的关键部件，其设计需满足以下要求：

　　(1) 合适的直径。由于斜轴磁流变抛光的加工对象为小尺寸的光学元件和模具，特别是针对直径 10mm 及以下的凹非球面光学元件的光整加工。这些零件的突出特点是加工口径小，精度要求高。因此，斜轴磁流变抛光头直径必须在一个合适的尺寸范围，以保证抛光头不与工件发生干涉。

(2) 合理的励磁装置结构。在设计斜轴磁流变抛光头时，需要保证励磁装置与抛光头套筒之间的相对运动，使抛光头前端存在抛光区和非抛光区，在抛光区域形成强磁场，而非抛光区域无磁场或为弱磁场，从而保证磁流变液的循环更新。

本节对抛光头的总体结构进行设计，图 5.8 为斜轴磁流变抛光头的基本结构，抛光头安装在调速电动机上以实现无级调速和正反转控制，调速电动机包含两根轴，一根为固定轴，用来连接和固定励磁装置，另一根为空心轴，用来固定抛光套筒。固定轴穿过调速电动机主轴与固定块相连接并固定励磁装置，抛光套筒安装在励磁装置外部并通过连接螺钉固定在调速电动机底端，且与调速电动机空心轴连接。调速电动机旋转时，空心轴旋转，固定轴不动，保证抛光套筒与励磁装置之间能产生相对运动。采用此种结构的斜轴磁流变抛光头结构比较紧凑，抛光前端的直径较小，可减小发生干涉的可能性；同时能够保证抛光套筒旋转时，抛光点处的磁场不发生变化，可实现抛光点处存在强磁场，其他区域为弱磁场或者无磁场。

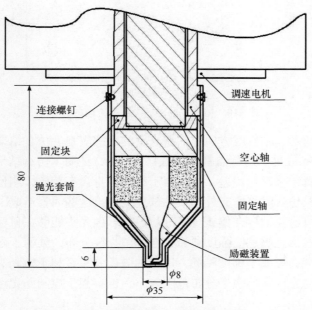

图 5.8　斜轴磁流变抛光头的基本结构(单位：mm)

为了进一步验证仿真结果，用特斯拉计测量抛光头上各点磁感应强度，该特斯拉计采用非接触式的测量方法，其分辨率为 0.1mT，型号为 LZ-630H。在测量过程中，测量装置的探头找准测量位置并垂直于磁感线方向的角度进行测量。抛光头的磁场沿直线方向和圆弧方向的分布如图 5.9 和图 5.10 所示。

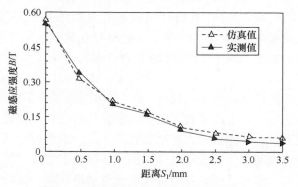

图 5.9　抛光头的磁场沿直线方向的分布

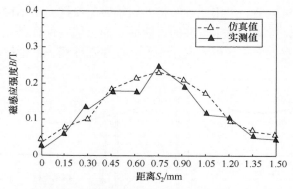

图 5.10　抛光头的磁场沿圆弧方向的分布

　　如图 5.9 所示,在直线方向上,抛光头的磁感应强度仿真结果与测量结果相差不大,在 1.5mm 处的目标点都达到 0.15T 以上,证明了仿真结果的准确性。但测量结果与仿真结果存在偏差,这是由于材料本身含有杂质,测量过程中会产生测量误差,以及仿真时将所有外部条件都理想化,这些因素造成了实际测量结果与仿真结果不可避免地存在偏差。基于以上数据,抛光头能够在目标点处达到 0.1T 以上的磁场强度,且磁感应强度圆弧方向呈抛物线分布,证明了磁场能够集中在一个较小的区域,形成了梯度磁场,这样的磁场分布有利于抛光头上的磁流变液更新。另外,抛光区域的磁场分布范围较小,也有利于控制抛光点的去除率,提高工件的面形精度。

　　另外,为了测试抛光头的去除能力,以及试验验证建立的抛光去除模型,采用碳化钨材料为加工对象,驻留时间为 30min,加工完后,用白光干涉仪测量抛光区域的形状,如图 5.11 所示,加工后抛光头在工件表面留下了椭圆状的去除形貌,试验所得到的去除形状与仿真模型的去除形状差别较小,因此抛光去除模型基本上真实反映了实际的去除状态,一定程度上证明了抛光模型的正确性。但两者在数值大小方面存在一定的偏差，仿真时斜轴磁流变抛光的去除深度为 0.03μm/s 左右，试验时的去除深度约为 0.025μm/s。

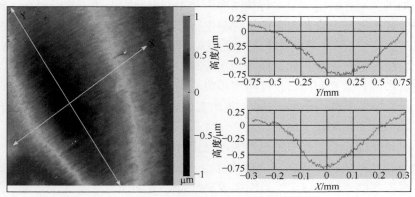

图 5.11　斜轴磁流变抛光头 X、Y 方向的去除形状

5.3　碳化钨非球面磨抛组合加工

小口径非球面玻璃模具加工普遍采用微粉砂轮的超精密磨削，该种加工方法能够获得很好的面形精度，但是超精密磨削不可避免地会在零件表面形成加工痕迹和加工缺陷层，降低零件的表面质量，从而影响光学系统的性能。因此，为了进一步提高小口径非球面的表面质量，还需要在超精密磨削加工后进行超精密抛光[12-14]。传统的非球面玻璃模具制造工艺是将超精密磨削、测量和抛光分别在不同的设备上进行，这样会造成工件的多次装夹，既降低生产效率又产生装夹误差。因此，本节将超精密磨削工艺、在位测量工艺和斜轴磁流变抛光工艺集成在同一台机床上，形成一种超精密磨削和斜轴磁流变抛光的组合加工工艺。

在试验方面，首先进行斜轴磁流变抛光工艺试验研究，试验选取抛光间隙、抛光头转速、工件转速等工艺参数。分析和总结不同工艺参数对材料去除率和表面质量的影响规律以优选工艺参数，然后根据已确定的优选工艺参数，对小口径的碳化钨非球面进行超精密的组合加工试验。

5.3.1　碳化钨非球面超精密磨削

1. 碳化钨非球面超精密加工装置

非球面玻璃模具的传统加工方法包括选料、毛坯加工、粗加工、精加工、测量、抛光、清洗和镀膜等十几道工序。模具加工精度一般要求高于成型后的玻璃镜片，且要求达到亚微米级的面形精度和纳米级的表面粗糙度。在传统模具加工工艺中，通常先进行超精密磨削，磨削后对模具的面形精度进行离线测量，当质量达不到要求时，模具需重新装夹并再次进行超精密磨削，超精密磨削后还需进行抛光加工，抛光时也需要进行检测和再加工。因此，上述工艺需要在三种不同的设备上多次进行，在此过程中工件需进行多次拆卸和装夹，且工件的多次装夹会带入许多安装误差，影响加工精度的提高。同时传统加工工艺需要超精密磨削、抛光、检测等多台设备，加工成本也比较高。而作者提出的一种组合加工工艺，将超精密磨削、抛光和面形精度检测集成到同一台机床上，不仅减少了机床的数量，降低了加工成本；同时，三种工艺的集成省去了工件重新装夹和对刀的时间，提高了加工效率和降低了加工误差。

小口径非球面磨削和斜轴磁流变抛光组合加工原理及装置如图 5.12 所示，将砂轮轴与抛光轴倾斜安装在 B 轴旋转台上，通过 B 轴实时控制磨削和抛光的角度，在磨削和抛光时，加工工具围绕 B 轴转动，实现加工点固定，提高零件的表面质量，并改善其面形精度。加工时，砂轮轴线、工件轴线、抛光轴线位于同一平面内，磨削装置、抛光装置、测量装置三者之间可以自由交换，工件无须重复安装和对刀，因此该组合加工工艺能够提高加工效率，减少装夹和定位误差。

(a) 原理图　　　　　　　　　　　　(b) 装置图

图 5.12　超精密磨削和斜轴磁流变抛光组合加工装置

小口径非球面超精密组合加工工艺由微粉超精密砂轮磨削、斜轴磁流变抛光及超精密在位检测三部分组成，该组合加工工艺具备以下优点：

(1) 在一台机床上集成了超精密微粉砂轮镜面磨削、斜轴磁流变抛光和超精密在位检测。相比于传统的加工工艺，该组合加工工艺只需在一台超精密机床上就可以完成所有工序，而不需要三台超精密加工和检测设备，大大降低了加工成本。

(2) 超精密磨削能够快速获得高的面形精度，但是表面质量存在加工缺陷，在超精密磨削后进行斜轴磁流变抛光，能够去除磨削加工缺陷，进一步提高零件的表面质量。

(3) 超精密磨削、在位测量和斜轴磁流变抛光三种工艺可以自由变换，工件无须拆卸和重新对刀，降低了装夹误差的同时也提高了模具的生产效率。

2. 碳化钨非球面超精密磨削

这里首先进行碳化钨非球面超精密磨削加工试验，选用的碳化钨非球面直径为 8mm，其中非球面系数为 $R=7.33$、$K=-0.71$、$A_2=4.42\times10^{-5}$、$A_4=8.38\times10^{-8}$、$A_6=-8.72\times10^{-12}$，如图 5.13 所示。在超精密磨削过程中，由于始终利用砂轮直角尖点进行加工，砂轮会在加工过程中产生磨损，磨损区域为砂轮与工件的接触区域，即砂轮端面和外圆柱面所成的直角产生磨损。在超精密磨削阶段，试验采用 2000# 的树脂结合剂金刚石砂轮，在精加工开始之前，需要对砂轮进行修整，一方面保证砂轮在加工之前具备较高的面形精度，另一方面使砂轮具有较好的锐性，以减少砂轮磨损导致的面形精度下降。

碳化钨非球面　　　树脂结合剂砂轮

图 5.13　碳化钨非球面超精密固定点磨削

对非球面碳化钨模具依次进行三次超精密磨削加工，第一次超精密磨削的主要目的是加工出非球面的基本面形，此阶段采用较大的进给速度和切削深度，保证加工效率；第二次超精密磨削主要是对非球面基本轮廓进行修形；第三次超精密磨削用来进一步提高非球面的面形精度及表面质量。试验条件如表 5.1 所示。

表 5.1　超精密磨削试验条件

基本参数	第一次	第二次	第三次
砂轮	电镀砂轮	树脂结合剂砂轮	树脂结合剂砂轮
工件转速/(r/min)	500	200	200
砂轮粒度	325#	2000#	2000#

续表

基本参数	第一次	第二次	第三次
进给速度/(mm/min)	5	3	1
循环次数	600	5	2
单次切入量/μm	3	1	0.5
砂轮转速/(r/min)		45000	
冷却		NK-Z 水溶性磨削液︰水＝1︰20	

碳化钨非球面超精密磨削后，采用白光干涉仪对加工面进行观测。如图 5.14 所示，工件的加工口径为 8mm，在非球面的一条截面轮廓上选择从中心到边缘 5 个等距的点进行观测，每两点的间距为 0.8mm，每个点的测量区域为 0.187mm×0.140mm。

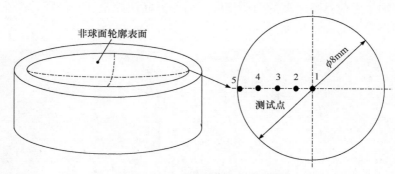

图 5.14　加工面测量点的分布位置

磨削加工后，采用超精密机床上接触式在位测量装置对碳化钨非球面的面形精度进行测量。测量时，将磨削装置退出，在位测量装置移到加工位置，超精密测量头对准非球面中心，并沿着非球面一条轮廓曲线进行接触式测量，碳化钨非球面的面形精度测量如图 5.15 所示。

图 5.15　碳化钨非球面的面形精度测量

加工面完成第一次磨削后，面形误差 PV 值为 1690nm，如图 5.16 所示。面形误差曲线呈倒 "V" 形，经过分析认为，偏心误差才是导致面形精度下降的主要原因。在磨削对刀过程中，由于砂轮在 X 方向存在一个正偏差，同时磨削加工是沿非球面的一条轮廓线从中间往外进给的，通过以上形状分析可知砂轮没有从中间点开始对材料去除，而是离中心点一定距离开始加工，因此造成加工面中间部分的材料去掉较少，从而形成了如图 5.16 所示的面形误差曲线。通过误差补偿消掉 X 方向的正偏差后，对碳化钨非球面展开第二次磨削，测量结果如图 5.17 所示，面形误差 PV 值为 567nm，从面形误差曲线来看，加工面的面形误差曲线两边对称分布，第一次磨削时的 "V" 形分布已消失，证明了 X 方向产生的误差已基本得到消除，面形精度获得提高。为了进一步提高加工面的面形精度，为后续的磁流变抛光奠定基础，对加工面再次进行面形误差补偿磨削，磨削后测量的结果如图 5.18 所示，较前两次面形误差曲线，该加工面的面形误差高度明显减小，加工面的面形误差 PV 值为 332nm。

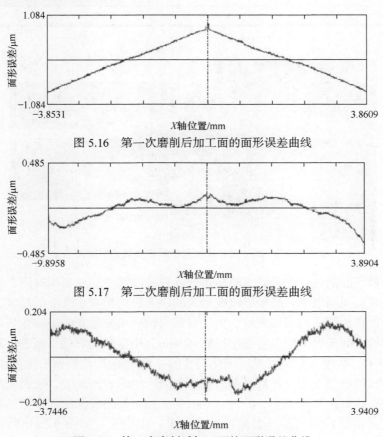

图 5.16 第一次磨削后加工面的面形误差曲线

图 5.17 第二次磨削后加工面的面形误差曲线

图 5.18 第三次磨削后加工面的面形误差曲线

5.3.2　碳化钨非球面斜轴磁流变抛光

　　碳化钨非球面斜轴磁流变抛光试验条件如表 5.2 所示。图 5.19 为斜轴磁流变抛光实物图。本次试验采用的斜轴磁流变抛光方式为 X、Z、B 三轴联动的加工方式。在三轴联动的斜轴磁流变抛光过程中，工件主轴和抛光主轴同时以一定的速度旋转，磁流变液喷入抛光头旋转方向进入抛光区域时，由于梯度磁场的作用，磁流变液在抛光点处形成缎带凸起。磨料由于受到磁性粒子的挤推作用从磁流变液中析出，并吸附和把持在柔性磁流变抛光缎带表面，实现对材料的去除加工。在抛光过程中，抛光头始终保持其工作轴线与抛光点处的曲率法线成 45°夹角，调用非球面数控加工程序，就可以对非球面进行斜轴磁流变抛光。

表 5.2　碳化钨非球面斜轴磁流变抛光试验条件

磁场强度/T	抛光间隙/mm	工件转速/(r/min)	抛光头转速/(r/min)	抛光时间/h
0.16	0.6	600	400	2

碳化钨非球面　　磁流变斜轴抛光头

图 5.19　碳化钨非球面斜轴磁流变抛光实物图

　　碳化钨在磨削过程中易产生晶格错位、裂纹、塑变等亚表面缺陷，磨削后工件表面呈现出规则磨痕。斜轴磁流变抛光的主要目的是减小磨痕的高度，去除加工缺陷，提高加工面的表面质量。为了观测斜轴磁流变抛光的去除效果以及较优工艺参数的去除能力，加工过程中每隔 40min，用显微镜对加工面进行观测，如图 5.20 所示。由图 5.20(a)可见，碳化钨表面在抛光前(即超精密磨削后)留下了整齐而有规则的磨削痕迹，并且局部出现了磨削产生的表面缺陷，表面质量有待进一步改善；如图 5.20(b)所示，经过 40min 后，加工面的较深磨削痕迹已经逐步变浅，但加工面还残留有部分磨削痕迹有待进一步去除。如图 5.20(c)所示，抛光

120min 后，加工面的磨削痕迹已经得到去除，但是表面依然残存高低不平的凹坑和凸起，影响了零件的表面质量，因此需要再次进行抛光。如图 5.20(d)所示，经过 160min 后，前道工序产生的凹坑和凸起得到了去除，加工面变得平坦和光滑，证明经过斜轴磁流变抛光后获得了较高的表面质量。

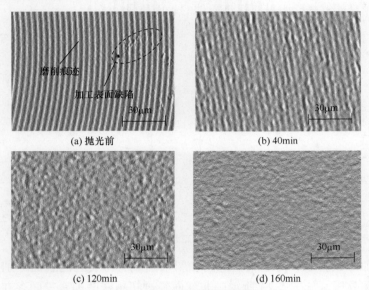

图 5.20　抛光时间对碳化钨表面微观形貌的影响

斜轴磁流变抛光后，对加工面的面形误差进行了测量和分析，如图 5.21 所示，通过检测，非球面的面形误差 PV 值为 272nm，与之前的超精密磨削后的面形精度对比，采用斜轴磁流变抛光能够保证非球面原有的面形精度。

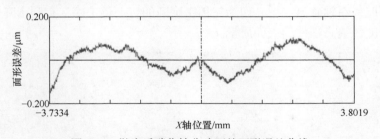

图 5.21　抛光后碳化钨非球面的面形误差曲线

将两种加工方式下测量得到的表面粗糙度 R_a 和 RMS 分别进行对比，如图 5.22 所示。从加工面的表面粗糙度 R_a 和 RMS 的对比来看，两者的变化趋势相同，非球面中心向边缘都呈现出表面粗糙度逐渐增大的趋势。这是因为在轴对称非球面加工过程中，进给速度保持不变，不同的加工区域由于加工半径的不同，单位面积内的加工时间就不一样，越往工件外侧，单位面积的加工时间越少，造成前一道工序产生的残留高度无法彻底去除，因此非球面由中心往边缘表面粗糙度依次增大。对比磨削和抛光后的表面质量，超精密磨削后零件的表面粗糙度 R_a 为 1.6～4.8nm，经过斜轴磁流变抛光后，表面粗糙度已下降到 0.7～1.3nm，这就证实了斜轴磁流变抛光能够去除磨痕，提高零件的表面质量。

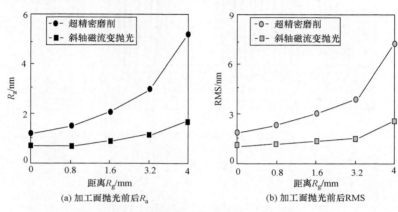

(a) 加工面抛光前后 R_a　　　　　　　(b) 加工面抛光前后 RMS

图 5.22　碳化钨非球面抛光前后 R_a 和 RMS 对比

组合加工试验后，对超精密磨削和斜轴磁流变抛光后的表面分别进行扫描电镜测试和分析，如图 5.23 所示。非球面经过超精密磨削，表面存在着齐整的磨削痕迹，抛光后，加工面十分平坦，表面质量较高。工件抛光前后的实物照片如图 5.24 所示，无论是超精密磨削还是斜轴磁流变抛光，加工后的表面都呈现出镜面，证明了工件获得较高的加工精度。但是斜轴磁流变抛光后，加工区域更加明亮，可以清晰地看到照射进去的字迹。工件抛光前后的三维微轮廓形貌如图 5.25 所示。因此，斜轴磁流变抛光作为超精密磨削的后一道工序，有利于降低零件的表面粗糙度，提高零件的表面质量。

(a) 抛光前　　　　　　　　　　　　　(b) 抛光后

图 5.23　抛光前后碳化钨非球面扫描电镜图

(a) 抛光前　　　　　　　　　　　　　　(b) 抛光后

图 5.24　抛光前后碳化钨非球面的实物照片

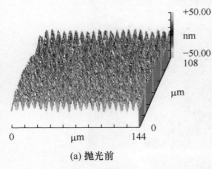 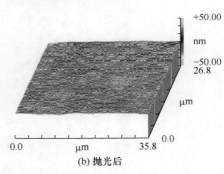

(a) 抛光前　　　　　　　　　　　　　　(b) 抛光后

图 5.25　抛光前后碳化钨非球面的三维微轮廓形貌

5.4　不锈钢非球面车抛组合加工

　　针对树脂塑料类小口径非球面透镜，通常采用注塑成型的方法，而注塑成型用的模具材料一般选用不锈钢。针对小口径不锈钢模具的超精密加工，目前常采用超精密车削，可以快速地获得较高的面形精度，但是超精密车削会残留切削痕迹和加工缺陷，影响零件的表面质量。因此，为了进一步提高不锈钢模具的表面质量，还需在超精密车削加工后进行超精密抛光。

　　针对上述问题，将小口径非球面斜轴磁流变抛光与超精密车削加工方法相结合，提出了一种小口径非球面超精密车削和斜轴磁流变抛光组合加工方法，以实现小口径非球面注塑成型模具的高效、高精度加工[15]。

5.4.1　不锈钢非球面超精密车削

　　试验选用经过表面处理的不锈钢非球面模具，其直径为 8mm，其中非球面参

数为 $R=7.33$、$K=-0.71$、$A_2=4.42\times10^{-5}$、$A_4=8.38\times10^{-8}$、$A_6=-8.72\times10^{-12}$。试验首先进行超精密车削加工，如图 5.26 所示。车削加工分为粗车和精车两道工序，第一次车削采用圆弧半径为 2mm 的立方氮化硼车刀，快速地获得所需的加工型面，第二次车削采用圆弧半径为 0.5mm 的金刚石车刀，进一步提高加工面的表面质量和面形精度，车刀在加工之前，先在显微镜下观察车刀切削刃的基本情况，如果发现车刀磨损或者破裂，要及时更换新的车刀，保证车刀的面形精度以提高加工面的面形精度。不锈钢非球面超精密车削试验条件如表 5.3 所示。

图 5.26　不锈钢非球面超精密车削

表 5.3　超精密车削试验条件

加工条件	第一次	第二次
工件转速/(r/min)	1200	800
进给速度/(mm/min)	5	2
单次切入量/μm	8	1
车刀	立方氮化硼车刀	金刚石车刀
冷却	油雾混合冷却	
工件	直径为 8mm 的不锈钢非球面	

超精密车削后，对加工面的面形误差进行了测量和分析，如图 5.27 所示，零件表面在第一次车削时，面形误差 PV 值为 1450nm，通过误差分析，可以得出刀具在 X 方向与非球面存在一个正偏差，造成了零件中间部分的材料没能正常去除。通过正向偏差补偿后，对不锈钢非球面进行了第二次车削试验，试验完后对面形误差进行再次测量，如图 5.28 所示，不锈钢非球面模具的面形误差 PV 值为 269nm，从面形误差曲线来看，工件面形误差曲线两边呈对称分布，证明了 X 方向产生的误差已经基本上得到消除，面形精度较之前得到提高。

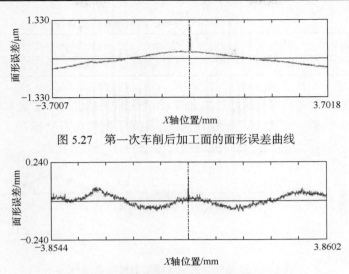

图 5.27　第一次车削后加工面的面形误差曲线

图 5.28　第二次车削后加工面的面形误差曲线

5.4.2　不锈钢非球面斜轴磁流变抛光

　　超精密车削加工后，将抛光头移到加工位置，对不锈钢非球面进行抛光。在抛光装置与车削装置的切换过程中无须再重新安装零件和对刀，只需将抛光头的位置和形状参数输入数控程序中，有效地降低了重复安装带来的误差，并节省重复安装所耗时间。图 5.29 为不锈钢非球面斜轴磁流变抛光，斜轴磁流变抛光的主要目的是去除车削加工产生的表面缺陷和车削痕迹，进一步提高不锈钢非球面的表面质量。斜轴磁流变抛光试验条件如表 5.4 所示。

图 5.29　不锈钢非球面斜轴磁流变抛光

表 5.4   不锈钢非球面斜轴磁流变抛光试验条件

抛光时间/h	磁场强度/T	抛光间隙/mm	工件转速/(r/min)	抛光头转速/(r/min)
1	0.16	0.6	600	400

斜轴磁流变抛光加工完成后，对加工面的面形误差进行了测量和分析，结果如图 5.30 所示，面形误差 PV 值为 187nm，相对于抛光前有所提高。

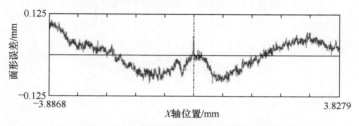

图 5.30   抛光后不锈钢非球面的面形误差曲线

将两种加工方式下测量得到的表面粗糙度 R_a 和 RMS 分别进行对比，如图 5.31 所示，两种加工方式得到相同的 R_a 和 RMS 变化趋势，都呈现出先降低后升高的趋势。这是因为非球面中心点区域由于对刀误差容易产生凸起或者凹坑，造成非球面中心位置的表面粗糙度升高。对比抛光前后的表面粗糙度，抛光后的表面粗糙度明显低于超精密车削后，这就证实了斜轴磁流变抛光能够去除车削产生的加工痕迹，提高表面质量。

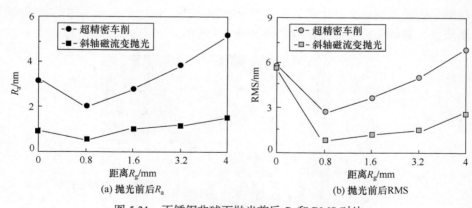

图 5.31   不锈钢非球面抛光前后 R_a 和 RMS 对比

不锈钢非球面超精密车削和斜轴磁流变抛光后的表面如图 5.32 所示，在磁流变抛光后的表面明显优于超精密车削，加工面呈现出镜面。因此，斜轴磁流变抛光作为超精密车削的后一道工序，有利于降低加工面的表面粗糙度，提高表面质量。

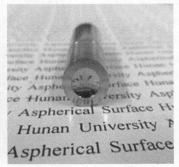

(a) 抛光前　　　　　　　　　　　　　(b) 抛光后

图 5.32　抛光前后不锈钢非球面的实物照片

5.5　碳化钨材料亚表面损伤及其检测

碳化钨硬质合金作为一种多晶材料，具有高硬度和高脆性的特点。在磨削加工过程中难免产生亚表面损伤，这些损伤包括材料的粉末化、划痕、亚表面裂纹、相变、残余应力、空隙和疏松区塌陷等。在玻璃透镜的模压技术中，模具的加工精度直接决定着非球面玻璃透镜的精度。用于非球面模压的超精密模具，不仅要求具有纳米级的表面粗糙度、微米级的面形精度，还要求极低的亚表面损伤。模具的模压过程实际上是力、热综合作用的过程。模具内部的残余应力和亚表面损伤在模压过程中会不断释放和扩大，使模具表面的面形精度和表面质量降低，导致模压出来的玻璃透镜产品质量降低。因此，在非球面模具加工过程中，对模具亚表面的损伤进行准确、快速、无损伤、低成本的测量以及对亚表面的预报和损伤进行表征，不仅有利于优化模具的加工工艺参数和工艺路线，还可以提高模具的加工效率和加工质量，延长模具的使用寿命。

5.5.1　亚表面损伤产生机理及测试方法

硬脆材料的亚表面损伤是指在接近基体表面区域因材料成型、机械加工而产生的内部断裂、变形及污损等物理缺陷。亚表面损伤层一般是指存在材料表面和基体之间的过渡区域，该层具有独特的微结构形状和应力形态。碳化钨材料属于难加工的硬脆材料，材料成型过程一般采用烧结成型，因此不管是原材料的生产还是后续的机械加工，这些工艺过程都非常复杂且难以控制，在成型和加工过程中，模具难免会产生裂纹、划痕、残余应力等亚表面损伤。

光学模具在磨削、研磨、抛光等机械加工过程中，其材料的近表面产生的损伤主要包括三个层次，即加工沉积层、缺陷层、变形层，其中在缺陷层主要是零件表面产生的划痕和裂纹，变形层则主要是由材料残余应力产生的应变。光学模具亚表面损伤模型结构如图 5.33 所示。

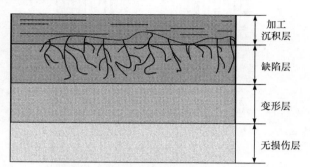

图 5.33　光学模具亚表面损伤模型结构

脆性材料的机械加工过程通常表现为微观/宏观断裂、塑性变形、材料晶体结构的变化和接触体之间的机械化学作用。由于材料加工表层的结构特性复杂多变，目前国内外学者大部分采用压痕断裂力学来分析亚表面损伤及其机理。根据压痕断裂力学的基本理论，材料的机械加工去除过程实际上类似于硬压头(相当于磨粒)在工件表面进行滚压和动态划刻引起材料的脆性断裂。脆性断裂产生的侧向裂纹并延伸到表面以达到材料的脆性去除，形成材料的表面粗糙度，而径向裂纹则成为材料的亚表面损伤。

如何快速和准确地检测亚表面损伤是研究亚表面损伤的基本前提，每一道工序加工后，利用先进的方法和高精度的检测技术检测亚表面损伤深度值，然后利用下一道工序来去除前一道工序产生的损伤层，以保证硬脆零件的加工质量。除此之外，还可以通过测量值来分析每道工序的基本参数，从而优化加工过程并达到提高加工效率的目的。目前，针对亚表面损伤检测方法的研究已经由传统的测试方法发展为光学、声学、力学、光谱学、电子束、磁学等多种检测技术手段。一般来说，亚表面损伤检测方式可以分为破坏性检测方法和非破坏性检测方法。

破坏性检测就是为了使所检测的损伤得以体现，采用部分或者全部破坏的方法检测试件，然后根据相应的测试条件测量计算出亚表面损伤值。非破坏性检测方法是利用光、热等物理方法测量基体材料结构中的不均匀性关系，然后估算出基体的损伤情况。破坏性检测方法非常直观、精确，但是这类方法破坏了零件基体，而且测量效率低。非破坏性检测手段虽然效率高也不破坏基体，但是存在测量精度低、测量范围窄、测量成本高等缺点。因此，如何综合破坏性检测和非破坏性检测技术的优势，在保证所需测量精度的前提条件下实现零件亚表面损伤的无损、快速、低成本检测，已然成为亚表面损伤检测技术研究的主要目标。目前可用于测量亚表面损伤的检测方法如表 5.5 所示。

表 5.5　可用的亚表面损伤检测方法

类型	名称	描述
破坏性检测方法	化学刻蚀法	对测试工件进行部分或者全部破坏,一般采用机械加工的方法,且需结合扫描电镜、原子力显微镜等高倍显微镜
	逐层抛光刻蚀法	
	截面显微法	
	角度抛光法	
	Ball Dimpling 法	
	磁流变抛光斑点法	
	磁流变斜面抛光法	
非破坏性检测方法	全内发射显微法	对测试工件不产生破坏,利用基体材料的物理性质进行检测
	共焦扫描激光显微法	
	X 射线衍射法	
	激光调制散射法	
	椭圆偏振测量法	
	白光干涉法	
	准偏振角测量法	

5.5.2　碳化钨磨削亚表面损伤研究

罗切斯特大学的 Randi 等为了测量微磨削产生的亚表面损伤,提出了一种名为 Ball Dimpling 的亚表面损伤检测方法[16,17]。该方法的突出特点是在已加工面加工出一个球形凹坑,使已加工面的损伤充分暴露出来,然后对凹坑进行抛光,最后通过凹坑内的各项特征参数测量出已加工面的亚表面损伤深度。这种方法具有测量方便、结果直观、精确等特点,但是在已加工表面加工一个球状凹坑时,会引入新的损伤,从而造成测量结果的不准确。而磁流变抛光以剪切机理对工件表面材料进行去除,不会引入新的附加损伤。同时,由于抛光加工装置采用小口径斜轴磁流变抛光装置,该抛光装置的去除能力不高,不足以在加工面上抛光出一个足以暴露亚表面损伤的凹坑,因此在 Ball Dimpling 的基础上,先加工出一个凹坑,然后利用前面提到的磁流变抛光方法,来测量磨削加工时碳化钨模具的亚表面损伤,具体亚表面损伤方法检测示意图如图 5.34 所示。

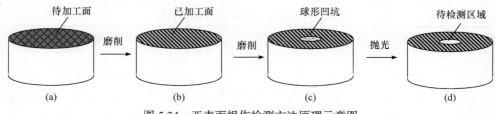

图 5.34　亚表面损伤检测方法原理示意图

具体测量方法的原理和步骤是：①如图 5.34(b)所示，在工件的待加工面上按照既定的加工条件进行磨削后得到已加工面；②如图 5.34(c)所示，在已加工面上利用球形砂轮磨削出一个较浅的球形凹坑，便于更加清晰和直观地观测到已加工面的亚表面损伤；③利用磁流变抛光方式将已加工出的球形凹坑进行磁流变抛光，去除掉磨削凹坑时新产生的亚表面损伤；④如图 5.34(d)所示，将抛光出的球形凹坑作为待检测区域，在高倍显微镜下对其进行检测，得到已加工面的亚表面损伤分布情况。

1. 试验条件及准备

分别针对平磨、粗磨、精磨三种加工方式的加工面进行亚表面损伤测试。试验采用的样品为碳化钨，规格为直径 15mm、厚度 10mm 的圆柱，分别选用粒径为 120#的氧化铝砂轮、320#的电镀金刚石砂轮、2000#的树脂金刚石砂轮作为磨削工具，磨削前对氧化铝砂轮和树脂结合剂砂轮进行修整和修锐，保证砂轮在磨削时能够处于最佳的研磨状态。平面磨削试验在普通的平面磨床上进行(型号 KGS-618M)，粗磨和精磨都在四轴的超精密加工机床上进行。精磨面是在利用 325#砂轮磨削后，再利用 2000#砂轮精磨后得到，如图 5.35(a)所示。凹坑磨削加工同样采用超精密的四轴加工机床，如图 5.35(b)所示。加工时，球形砂轮连续进给直至达到所要求的加工深度，其中所加工的球形凹坑的深度为 0.1mm，直径为 3mm 左右。磨削加工试验条件如表 5.6 所示。

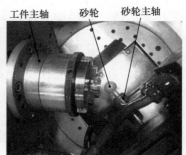

(a) 加工面的磨削实物照片　　　　　(b) 凹坑的磨削实物照片

图 5.35　亚表面损伤磨削实物照片

表 5.6　磨削加工试验条件

加工类型	砂轮类型	切削深度/μm	总深度/μm	进给速度/(mm/min)	工件转速/(r/min)	砂轮转速/(r/min)
平磨	120#氧化铝	5	500	—	—	1000
粗磨	325#金刚石	3	60	10	200	45000
精磨	2000#金刚石	1	30	7.5	200	45000
凹坑磨削	325#金刚石	1	100	0.01	200	45000

磨削试验后，利用金相显微镜和白光干涉仪分别对加工面进行微观形貌和表面质量的检测，如图 5.36 所示。平磨后加工面呈现出高低不平的磨削痕迹，且磨削痕迹呈现模糊状态，表面出现类似磨削烧伤的黑色区域。在微观三维形貌图中，加工面表现为磨削痕迹明显，且有部分表面由于高低不平而无法显示，经测量，加工面的表面粗糙度 R_a 为 90.12nm，RMS 为 121.43nm。图 5.37 为粗磨后加工面的微观形貌，从图中可见清晰地磨削痕迹，加工面较平磨后得到改善，且黑色区

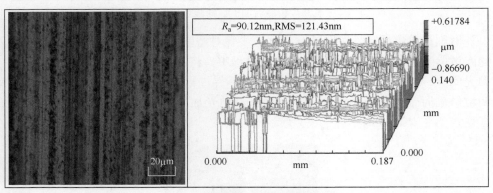

图 5.36　平磨后加工面的微观形貌

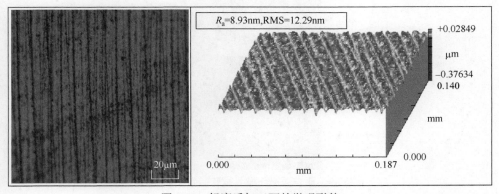

图 5.37　粗磨后加工面的微观形貌

域明显减少，但加工面还存在大量黑色、细小的加工纹路，其表面粗糙度 R_a 为 8.93nm，RMS 为 12.29nm。加工面经过精磨后的表面微观形貌如图 5.38 所示，此时加工面的表面质量得到明显改善，表面没有了黑色斑点和细纹，露出材料基体本身的颜色，证明获得了高质量、超光滑的加工面，经过测试，该加工面的表面粗糙度 R_a 达到 1.72nm，RMS 为 2.21nm。

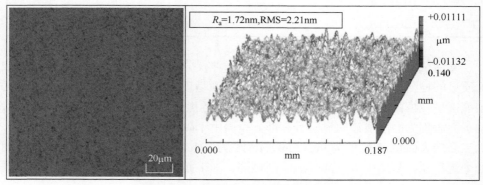

图 5.38　精磨后加工面的微观形貌

　　磨削试验完成后，按照既定的试验步骤对磨削面上的凹坑进行磁流变抛光，抛光试验装置如图 5.39 所示，在抛光过程中，将工件置于磁流变液中并调整好抛光间隙，然后抛光头通过电机的带动对零件进行抛光加工。抛光加工首先去除凹坑磨削时带入的亚表面损伤，然后通过抛光加工暴露出磨削面产生的亚表面损伤。

图 5.39　亚表面损伤抛光试验装置实物照片

2. 试验结果及分析

磁流变抛光后，利用高精度的金相显微镜对加工面的亚表面损伤进行检测，该显微镜的 X、Y、Z 三轴的分辨率达到 0.1μm。测量时，首先在凹坑附近找到磨削面，并测试磨削面的微观形貌，同时将该磨削面设置为基准平面；然后从基准平面出发沿着凹坑轮廓线进行亚表面损伤的观测，并将每个测量区域的起始点和终点的两次均值作为亚表面损伤的深度，每个试件测量 6 个区域的深度。在测量过程中，观测每个被测区域的亚表面损伤情况，当测量至某个深度时，被测区域无亚表面损伤(也就是表面斑点消失)，再向下继续测量也无损伤，则认定该深度为最终的亚表面损伤深度。

图 5.40 为 2000#树脂结合剂金刚石砂轮精磨后碳化钨加工面的亚表面损伤分布情况，从亚表面损伤分布规律来看，该磨粒砂轮磨削后的损伤深度为 1.5μm 左右。325#电镀金刚石砂轮磨削后的亚表面损伤如图 5.41 所示，该磨削面的亚表面深度大约为 19.4μm。碳化钨表面经 120#氧化铝砂轮磨削后的亚表面损伤分布如图 5.42 所示，经过测量，该表面的亚表面损伤深度为 42.4μm。

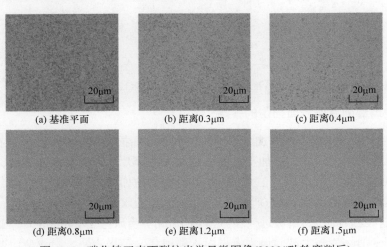

(a) 基准平面   (b) 距离0.3μm   (c) 距离0.4μm

(d) 距离0.8μm   (e) 距离1.2μm   (f) 距离1.5μm

图 5.40 碳化钨亚表面裂纹光学显微图像(2000#砂轮磨削后)

(a) 基准平面   (b) 距离1.8μm   (c) 距离6.4μm

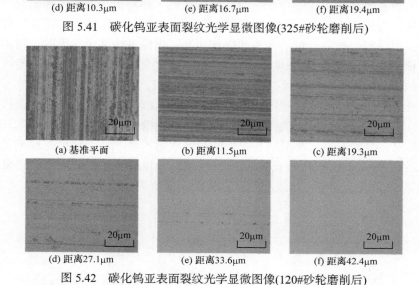

(d) 距离10.3μm　　　　　　(e) 距离16.7μm　　　　　　(f) 距离19.4μm

图 5.41　碳化钨亚表面裂纹光学显微图像(325#砂轮磨削后)

(a) 基准平面　　　　　　(b) 距离11.5μm　　　　　　(c) 距离19.3μm

(d) 距离27.1μm　　　　　　(e) 距离33.6μm　　　　　　(f) 距离42.4μm

图 5.42　碳化钨亚表面裂纹光学显微图像(120#砂轮磨削后)

5.5.3　玻璃磨削后亚表面损伤的去除

图 5.43 显示磁流变研抛加工不同阶段的亚表面损伤演化状况。可以看到，磨削后，由于磨削力较大，被加工表面下同时产生碎片、纵向及横向裂纹，亚表面损伤层厚度可达 50μm[18]。经过 30min 磁流变研抛加工，纵向裂纹被部分去除，亚表面损伤层减薄至 43μm。研抛 180min，纵向裂纹及碎片被完全消除，仅残留横向裂纹，亚表面损伤层被进一步减薄至 15μm。当研抛至 240min 时，亚表面损伤层被完全消除，整个试验过程未见引入新损伤。结果表明，磁流变研抛加工可有效消除微米级的亚表面损伤层。

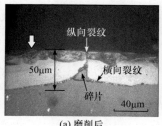
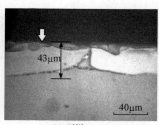

(a) 磨削后　　　　　　　　　　　(b) 研抛30min

(c) 研抛180min　　　　　　　　　(d) 研抛240min

图 5.43　磁流变研抛过程中亚表面损伤的演化(粗箭头指示被加工表面)

参 考 文 献

[1] 徐志强. 小口径非球面斜轴磁流变抛光关键技术研究[D]. 长沙: 湖南大学, 2015.

[2] 尹韶辉, 徐志强, 陈逢军, 等. 一种小口径非球面斜轴磁流变抛光技术[J]. 机械工程学报, 2013, 49(17): 33-38.

[3] Preston F W. Glass technology[J]. Journal of the Society of Glass Technology, 1927, 11: 277-281.

[4] Manas D, Jain V K, Ghoshdastidar P S. Fluid flow analysis of magnetorheological abrasive flow finishing (MRAFF) process[J]. International Journal of Machine Tools & Manufacture, 2008, 48(3-4): 415-426.

[5] 王贵林, 张飞虎, 袁哲俊. 磁流变抛光的确定量加工模型与影响因素[J]. 机械工程师, 2004, (5): 3-6.

[6] Jacobs S D, Golini D, Hsu Y, et a1. Magnetorheological finishing: A deterministic process for optics manufacturing[J]. International Conference on Optical Fabrication and Testing, 1995, 2576: 372-382.

[7] 陈逢军, 尹韶辉, 朱科军, 等. 磁流变光整加工材料去除的二维建模[J]. 中国机械工程, 2009, 22(14): 1647-1650.

[8] Yalcintas M, Dai H. Magnetorheological and electrorheological materials in adaptive structures and their performance comparison[J]. Smart Material Structure, 1999, 8(5): 560-567.

[9] Tang X, Conrad H. An analytical model for magnetorhoelogical fluids[J]. Journal of Applied Physics, 2000, 33: 3026-3031.

[10] Jolly M R, Carlson J D, Munoz B C.A model of the behaviour of magnetorheological materials[J]. Smart Materials and Structures, 1996, 5(5): 5607-5614.

[11] Zhang P, Liu Q, Huang Y. Study on the rheology character of magneto-rheological fluid[J]. Metallic Functional Materials, 2002, 1(5): 22-25.

[12] 陈逢军, 尹韶辉, 余剑武, 等. 磁流变光整加工技术研究进展[J]. 中国机械工程, 2011, 22(19): 2382-2392.

[13] 徐志强, 王秋良, 张高峰, 等. 可控柔性表面抛光研究综述[J]. 表面技术, 2017, 46(10): 99-107.

[14] 陈逢军. 非球面超精密在位测量与误差补偿磨削及抛光技术研究[D]. 长沙: 湖南大学, 2010.

[15] 徐志强, 尹韶辉, 陈逢军, 等. 小口径非球面的超精密车削和抛光组合加工[J]. 纳米技术与精密工程, 2013, 11(6): 479-484.

[16] Randi J A, Lambropoulos J C, Jacobs S D. Subsurface damage in some single crystalline optical materials[J]. Optics, 2005, 44(12): 2241-2249.

[17] 徐志强, 尹韶辉, 姜胜强, 等. 在线电解修整磨削与化学机械抛光相结合的蓝宝石基片组合加工技术[J]. 中国机械工程, 2018, 29(11): 1310-1315.

[18] 王永强. 大抛光模磁流变超光滑平面抛光技术研究[D]. 长沙: 湖南大学, 2016.

第 6 章　小口径非球面玻璃透镜模压成型

本章主要介绍小口径非球面玻璃透镜模压成型的关键技术，包括模压成型用光学玻璃材料特性及选用、模压成型工艺及模压过程仿真。

6.1　模压成型用光学玻璃材料

模压成型用的光学玻璃由高纯度硅、硼、钠、钾、锌、铅、镁、钙、钡等氧化物按特定配方混合，在白金坩埚中高温熔化，再用超声波搅拌均匀和去气泡；然后经长时间缓慢退火降温，去除内应力。冷却后的玻璃块，必须经过光学仪器测量，检验纯度、透明度、均匀度、折射率和色散率是否符合规定。合格的玻璃块经过加热锻压，制成各种形状的预形体毛坯。

6.1.1　玻璃材料的主要成分

玻璃按成分的作用可分为玻璃形成剂、玻璃中间剂与网状修饰剂等[1]。

玻璃形成剂占 40%～50%，是玻璃的主要成分，为玻璃网状结构提供主要架构，大多是ⅢA 与ⅣA 族的氧化物，如 SiO_2、Ba_2O_3 等。

玻璃中间剂的作用是增加玻璃的耐蚀性，取代玻璃组成中的部分形成剂成为玻璃网络架构中的一部分。常用于中间剂的氧化物有 Al_2O_3、TiO_2 和 ZrO_2 等，其中 Al_2O_3 增加到一定成分比重时，具有降低玻璃黏度的功能。氧化物 La_2O_3、Gd_2O_3、WO_3、Nb_2O_5 可有效调整玻璃的折射系数和色散系数等光学性质，但是增加此类化合物，会降低玻璃的机械强度，使其容易破裂。另外，添加 Y_2O_3 和 Ta_2O_5 可以改善玻璃的耐蚀性和均匀性。

网状修饰剂的作用是使玻璃网状结构遭受局部破坏，从而降低玻璃的黏滞性，有助于其更容易实现模压成型，但可能会造成玻璃化学抗蚀性的降低。网状修饰剂主要有两大类材料：一类是ⅠA 族的氧化物，如 Li_2O、Na_2O 和 K_2O_3 等，占 20%～30%，其可大幅降低玻璃的软化温度；另一类是ⅡA 族的氧化物，如 CaO、BaO、ZnO 及 SrO 等，占 0～30%，其不但可以降低玻璃的软化温度，还能适当增加玻璃的耐蚀性。

6.1.2　玻璃材料的低熔点趋势

软化点高的玻璃，成型温度高，在高温条件下可能与模具发生物理或化学反应，缩短模具的使用寿命。从延长模具使用寿命的观点出发，应开发适合低温(600℃以下)条件下模压成型的玻璃材料[2]。图 6.1 是我国湖北新华光信息材料股份有限公司开发和公布的低熔点玻璃种类。

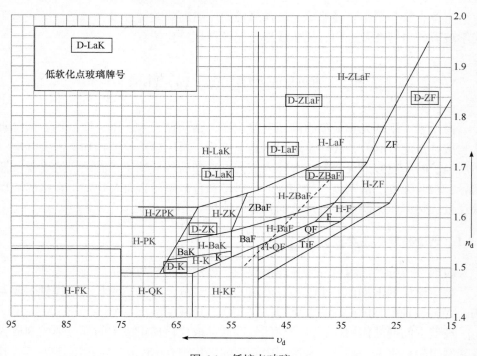

图 6.1　低熔点玻璃

日本和德国对低熔点玻璃的研究起步较早，技术水平先进。日本的住田光学可提供多达 41 个品种的低熔点玻璃，所有品种的平均转变温度仅为 467℃，其中K-PG 325 的转变温度仅为 288℃，而其折射率高达 2.154[3]。豪雅光学和小原光学分别可提供 27 个和 21 个品种的低熔点玻璃[4]。

6.1.3　玻璃材料的环保趋势

随着世界环保呼声的日益高涨，各国纷纷建立了自己的环境保护法，传统火石类光学玻璃及其制品因含铅、镉等有害环境的重金属元素，其应用受到了限制。2006 年 7 月 1 日，欧盟开始实施《废弃电子电机设备指令》(WEEE)与《关于限制在电子电气设备中使用某些有害成分的指令》(ROHS)等环保法令，因此开发适合低温模压成型的玻璃不但能够廉价地制造毛坯，而且不含有污染环境的物质(如 PbO、As$_2$O$_3$)。根据日本环境厅的标准，环保光学玻璃的标准是玻璃中铅含量不超过 50mg/kg，砷、镉的含量不超过 5mg/kg。目前国际上已有不少厂家生产无铅、无砷、无镉的镧系光学玻璃。图 6.2 是我国湖北新华光信息材料股份有限公司发布的环境友好型的光学玻璃种类。

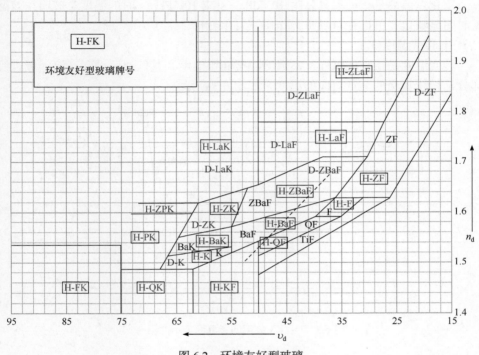

图 6.2　环境友好型玻璃

6.1.4　光学玻璃的热机械性能

1. 光学玻璃的温度点定义

1) 屈服温度(A_t)

屈服温度是指玻璃样品在升温过程中开始停止膨胀，即膨胀系数达到最大值时的温度，可以按 GB/T 7962.16—2010《无色光学玻璃测试方法　第 16 部分：线膨胀系数、转变温度和弛垂温度》规定的方法来进行测量。

2) 应变点温度(S_{tp})

应变点温度是指玻璃黏度为 10$^{14.5}$dPa·s(或 10$^{13.5}$Pa·s)时的温度。玻璃温度若低于该温度，则内应力很难消除，经常需要几个小时才能消除。该温度也称为玻璃退火下限温度。

3) 退火点温度(A_p)

退火点温度是指玻璃黏度为 10^{13}dPa · s(或 10^{12}Pa · s)时的温度。在该温度附近，玻璃内部的应力可以在几分钟内消除。该温度又称为玻璃退火上限温度。

4) 软化点温度(S_p)

软化点温度是指玻璃黏度为 $10^{7.6}$dPa · s(或 $10^{6.6}$Pa · s)时的温度。玻璃在该温度时明显软化，可以在自身重力作用下发生变形。

5) 转变温度(T_g)

转变温度是指玻璃试样从室温升温至屈服温度，其低温区域和高温区域直线部分延长线相交的交点对应的温度，如图 6.3 所示。

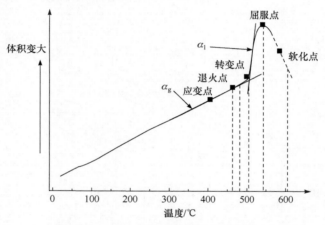

图 6.3　D-ZK3 玻璃的各温度点示意图

2. 光学玻璃的机械性能

在光学玻璃的模压成型过程中，当玻璃预形体的应力和应变满足正比例关系，符合胡克定律时，该比例系数称为玻璃的弹性模量。弹性模量是一个总称，其中包括杨氏模量、剪切模量、体积模量。弹性模量的大小用来衡量玻璃材料产生弹性变形的难易程度，弹性模量越大，玻璃发生特定大小弹性变形所需的应力也越大。图 6.4 是 D-ZK3 光学玻璃弹性模量随温度的变化图。

由图 6.4 可知，D-ZK3 玻璃的弹性模量随着温度的升高逐渐减小，呈反比例关系。当温度升高到某一特定值(通常是转变温度附近)之后，弹性模量会随着温度的升高而急剧减小。

光学玻璃的杨氏模量 E、剪切模量 G 和泊松比 μ_0 的计算公式分别如下：

$$E = \frac{4G^2 - 3GV_t^2\rho}{G - V_t^2\rho} \tag{6.1}$$

$$G = V_s^2 \rho \tag{6.2}$$

$$\mu_0 = \frac{E}{2G} - 1 \tag{6.3}$$

式中，E 是杨氏模量，Pa；G 是剪切模量，Pa；μ_0 是泊松比；V_t 是纵波速度，m/s；V_s 是横波速度，m/s；ρ 是玻璃密度，g/cm^3。

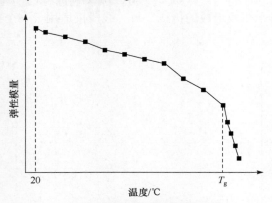

图 6.4　D-ZK3 光学玻璃弹性模量-温度关系图

3. 光学玻璃的比热容

同其他物质一样，玻璃的比热容在绝对零度时为零。随着温度的升高，玻璃的比热容逐渐增大，并在转变温度区域内急剧增长。在此区域内，玻璃由开始的低温致密结构转变为高温疏松结构，这种结构的改变需要吸收更多的热量。当温度超过 T_g 以后，玻璃的比热容却随着温度的升高而降低，如图 6.5 所示，D-ZK3 玻璃的比热容随温度升高而增大，在转变温度附近，比热容的变化趋势发生明显的变化。

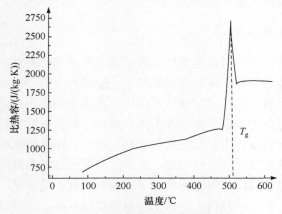

图 6.5　D-ZK3 玻璃比热容-温度关系图

4. 光学玻璃的热膨胀系数

光学玻璃受热后会膨胀，膨胀量通过线膨胀系数或体积膨胀系数表示。线膨胀系数是指在一定温度范围内玻璃温度升高 1℃时单位长度的伸长量。热膨胀系数的大小取决于玻璃的化学成分和温度区域。从 20℃到屈服温度，玻璃的热膨胀系数随着温度的升高而增大，从 20℃开始直到玻璃退火下限温度，玻璃的热膨胀曲线实际上是由若干线段组成的折线，每一线段仅适用于一个狭窄的温度范围，如图 6.6 所示。

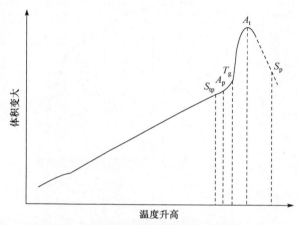

图 6.6　D-ZK3 玻璃热膨胀系数-温度关系图

当温度低于 A_p 时，热膨胀系数和温度是近似线性关系，当温度介于 A_p 和 S_p 时，热膨胀系数和温度的关系是复杂的，呈现非线性的特点。光学玻璃模压成型属于热成型技术，模压成型期间温度变化区间从室温到 A_t 附近，既包含线性关系，也包含复杂的非线性关系。

6.1.5　光学玻璃压型坯料

光学玻璃一次压型坯料是通过熔炼直接滴料压制成型的坯料，光学玻璃二次压型坯料是再次通过热加工压制成型的坯料。按形状大致可以分为以下几种：平板状、球状、棋子状、镜片状。球状预形体主要用于制作小尺寸的高精度透镜产品，因为重量和形状的关系，球状预形体在放置于模具中后容易自动定位，缺点是在研磨抛光的制造过程中花费的成本较高。此外，由于球状的关系，变形量大导致模压的行程和所费时间有所增加。棋子状的预形体成本低廉，但在模具定位上容易出错，成型透镜出现厚度不均匀等现象而导致产品质量不稳定，适合制作中小尺寸的镜片。球面镜片由于形状已经近似玻璃成品，变形量小，容易模压成型，但球面镜片在研磨抛光上的成本比较昂贵，同时存在难定位的问题，一般用来模压成型大尺寸的玻璃透镜。

6.2　光学玻璃模压成型理论

6.2.1　玻璃材料属性的温度依赖性

在玻璃熔体冷却过程中，玻璃态具有从介稳态向平衡态自发转变的趋势，在这一温度区域，玻璃的体积随温度发生连续的变化，与晶体材料不同，如图 6.7 所示。

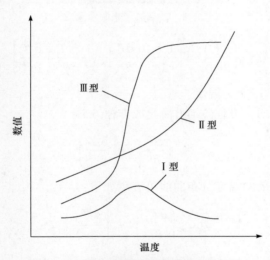

图 6.7　玻璃主要属性随温度的变化情况

玻璃由熔融状态降温转变为固体或者相反转变过程中，玻璃的物理与化学性质随温度变化趋势呈现如图 6.7 所示的三种形态。例如，比容、焓和熵等是按 I 型变化的，另一些性质，如比热容、热膨胀系数、压缩系数等是按 II 型变化的，这些性质在转移温度到软化温度间的变化比前一类性质大得多；III 型则是如导热系数和弹性系数等机械性能随温度变化的曲线。

6.2.2　界面接触的热传递

以红外加热为例，在模压成型过程中，预形体玻璃的热量主要来源于模具、周围的氮气以及红外灯的辐射，如图 6.8 所示。

假设玻璃材料各向同性，且密度、导热效率、黏度和比热容是常数，则其一般能量平衡方程为

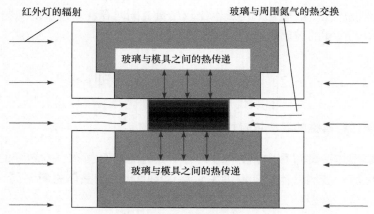

图 6.8　玻璃热量来源示意图

$$\rho C_{p}\left(\frac{\partial T}{\partial t}\right) = k\left[\frac{1}{r}\frac{\partial}{\partial r}\left(r\frac{\partial T}{\partial r}\right) + \frac{1}{r^2}\frac{\partial^2 T}{\partial \theta^2} + \frac{\partial^2 T}{\partial z^2}\right] \tag{6.4}$$

式中，k 为导热效率；T 为温度。

　　仅考虑一维方向，方程(6.4)可简化成方程(6.5)：

$$\rho C_{p}\left(\frac{\partial T}{\partial t}\right) = k\left(\frac{\partial^2 T}{\partial x^2}\right) \tag{6.5}$$

　　玻璃和模具内部的温度分布曲线可表示如下：

$$\rho_{g} C_{pg}\left(\frac{\partial T_{gl}}{\partial t}\right) = k_{g}\left(\frac{\partial^2 T_{gl}}{\partial x^2}\right) \tag{6.6}$$

$$\rho_{m} C_{pm}\left(\frac{\partial T_{m}}{\partial t}\right) = k_{m}\left(\frac{\partial^2 T_{m}}{\partial x^2}\right) \tag{6.7}$$

式中，ρ_{g} 和 ρ_{m} 分别是玻璃和模具的密度；C_{pg} 和 C_{pm} 分别是玻璃和模具的平均比热容；T_{gl} 和 T_{m} 分别是玻璃和模具的温度。

　　假设 h_{con} 是热对流系数，那么模具与周围高温氮气的热对流交换方程如下：

$$-k_{m}\frac{\partial T_{m}}{\partial x} = h_{con}(T_{N} - T_{m}) \tag{6.8}$$

式中，T_{N} 为氮气的温度；k_{m} 为模具的导热效率。

　　玻璃和模具界面的热交换方程如下所示：

$$k_{g}\frac{\partial T_{gl}}{\partial x} = h_{int}(t)(T_{gl} - T_{m}) \tag{6.9}$$

$$k_{\mathrm{m}} \frac{\partial T_{\mathrm{m}}}{\partial x} = h_{\mathrm{int}}(t)(T_{\mathrm{gl}} - T_{\mathrm{m}}) \tag{6.10}$$

式中，$h_{\mathrm{int}}(t)$为玻璃与模具界面的传导系数；k_{g}为玻璃的导热效率。

6.2.3　光学玻璃的黏弹性

黏度是指施加于流体的应力和由此产生的变形速率以一定的关系联系起来的宏观属性，表现为流体的内摩擦。在模压成型过程中，当模压力对玻璃流体施加一剪切力时，其黏度的比值等于作用力除以流体速度。如果正切向力施加于两平板上，则黏度η表示如下：

$$\eta = \frac{Fd}{A_{\mathrm{p}}V} \tag{6.11}$$

式中，F为正切向力差；A_{p}为两平板的面积；V为两平板的相对速度；d为两平板的距离。

通常黏度使用的单位是 Poise(P)，SI 制单位是 Pa·s，1Pa·s=10P。

玻璃黏度主要由玻璃的成分决定，并具有很强的温度依赖性。常用的两个模型是：

(1) Fulcher[5]提出的 Vogel-Fulcher-Tamman(VFT)方程：

$$\lg \eta = -A + \frac{B}{T - T_0} \tag{6.12}$$

式中，A、B为拟合常数；T_0为特定温度，一般低于玻璃的转变温度。

(2) DeBolt 等[6]提出的 Arrhenius 方程：

$$\eta = \eta_0 \exp\left(\frac{\Delta H}{R_{\mathrm{g}}T} \right) \tag{6.13}$$

式中，η_0为常数；ΔH为黏性流的活动能；R_{g}为气体常数。

6.2.4　光学玻璃的时-温等效性

玻璃是典型的黏弹性体，无论其静态黏弹性力学现象还是在模压成型过程中的动态黏弹性力学现象，都存在一个普遍的规律，即温度和时间对玻璃的黏弹性具有某种等效作用，简称时-温等效性(time-temperature equivalence)。

高温玻璃的黏弹性时-温等效力学现象是高分子聚合物类物质分子运动特点和规律的反映。当温度较低时，分子运动所需的松弛时间长，玻璃分子运动对模压力产生的变形响应则需要较长的时间才能达到所需的特定变形量;若升高温度，则玻璃分子的运动速度加快，分子运动所需的相应松弛时间相对较短，就可以在较短的时间内完成模压力作用产生的变形。由此可见，延长松弛时间或升高温度对分子运动的作用是等效的，即对玻璃材料的黏弹性力学行为是等效的，这就是时-温等效性原理。

不同温度下的位移因子 α_T 常用 WLF(Williams-Landel-Ferry)经验方程计算：

$$\lg \alpha_T = \lg\left(\frac{\tau}{\tau_s}\right) = \frac{-C_1(T - T_s)}{C_2 + (T - T_s)} \tag{6.14}$$

式中，τ、τ_s 分别是温度在 T、T_s 时的松弛时间；C_1、C_2 是经验参数；T、T_s 是温度。

WLF 经验方程特别适合用于拟合玻璃态等高聚物($T_g \sim T_g +100℃$)温度范围的黏弹性。但对于不同的高聚物，C_1、C_2 值差别较大。WLF 经验方程是高分子科学中一个非常具有特性的方程，反映了高分子链运动特有的温度依赖关系。它是玻璃高分子结构的本质特征，即高分子的结构变化、性能及其对模压力(作用)的响应强烈依赖于模压力的作用时间或速率。黏弹性可作为时间的函数来表示，称为时间谱；另外，也可以作为温度的函数来表示，称为温度谱。一定条件下，这两种谱可互相转换，即同一个力学松弛现象，既可在较高的温度下较短时间内观察到，也可在较低的温度下较长时间内观察到；换言之，升高温度与延长观察时间对玻璃黏弹性的影响等效。

6.2.5　黏弹性物理模型

在玻璃模压成型过程中,通过加热可将玻璃由固体转变为近似液体的半固态，然后在模压力作用下进行压制，完成所需变形后，通过退火处理，成型透镜再由液态转变为固态(冷却和硬化)，所以模压成型过程中玻璃在不同条件下会分别表现出固体和液体的性质，即表现出弹性和黏性。由于玻璃分子的长链结构和运动性质，玻璃在模压力作用下的变形和流动不是纯弹性或纯黏性，对模压力的响应兼有固体弹性和液体黏性的双重特性，称为黏弹性行为(viscoelastic behavior)，即黏性与弹性的性能组合[7]。如图 6.9 所示，从 t_0 到 t_1，施加恒定作用力 σ_0 于玻璃

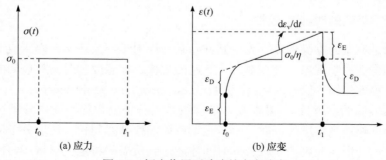

图 6.9　恒力作用下玻璃的应变响应

样品上，其应变响应由三部分构成：①瞬时弹性应变 ε_E；②延迟弹性应变 ε_D 和黏性流应变 ε_v。

当玻璃温度高于软化温度时，玻璃已完全融化为液态，此时的玻璃状态可以用阻尼来模拟。在 t_0 时刻对玻璃施加恒定应力 σ_0，玻璃的黏性流应变随时间的增加而线性增加，且满足：

$$\frac{\mathrm{d}\varepsilon_v}{\mathrm{d}t} = \frac{\sigma_0}{\eta} \tag{6.15}$$

当玻璃的温度小于转变温度时，玻璃呈固态，此时的玻璃可以用弹簧来模拟。在 t_0 时刻对玻璃施加恒定应力 σ_0，t_0 时刻玻璃的应变瞬间增大，以后保持不变。玻璃瞬时弹性应变增大

$$\varepsilon_D = \frac{\sigma_0}{E} \tag{6.16}$$

当玻璃的温度在转变温度和软化点温度之间时，玻璃呈黏弹性，可以用阻尼和弹簧的不同组合方式来模拟。在 t_0 时刻施加应力 σ_0 后，应变瞬间增大。瞬间增大的应变包括两部分：

$$\frac{\mathrm{d}\varepsilon}{\mathrm{d}t} = \frac{\sigma_0}{\eta} + \frac{\sigma_0}{E} \tag{6.17}$$

应力撤销后，瞬时弹性应变 ε_E 和滞后弹性应变 ε_D 都消失，只剩下黏性应变 ε_v 不可恢复。

工程上的黏弹性力学模型常见的有麦克斯韦模型(Maxwell model)、开尔文模型(Kelvin model)、伯格斯模型(Burgers model)及其相应的广义模型，如图 6.10 所示。

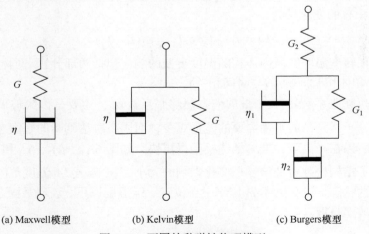

　　(a) Maxwell模型　　　　　　(b) Kelvin模型　　　　　　(c) Burgers模型

图 6.10　不同的黏弹性物理模型

6.2.6　结构松弛

玻璃在转变温度区域内，如果温度发生了改变，玻璃的体积会发生时间响应，体积由于温度改变而随时间变化的现象称为结构松弛[8]，如图 6.11 所示。结构松弛使得玻璃的弹性模量、黏度、折射率、比热容、热焓等均发生变化。在转变温度区域内的玻璃由温度 T_1 在 t_0 时刻突然降到 T_2，在 t_0 时刻玻璃体积由 $V(\infty, T_1)$(∞ 和 0 表示时间上的无穷大和瞬间)瞬间降到 $V(0, T_2)$，体积的变化量为

$$V(\infty, T_1) - V(0, T_2) = \alpha_g (T_1 - T_2) \tag{6.18}$$

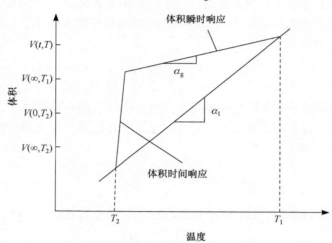

图 6.11　玻璃温度突变时体积随时间的响应

t_0 时刻后，经过一段时间，当玻璃达到平衡态以后，体积变为 $V(\infty, T_2)$。由 T_1 到 T_2，体积总的变化量为

$$V(\infty, T_1) - V(\infty, T_2) = \alpha_l (T_1 - T_2) \tag{6.19}$$

玻璃在转变温度区域内体积随温度突变的响应包括两部分：瞬时体积响应(与温度相关)和体积时间响应(与时间相关)。

固态热膨胀系数 α_g 大于玻璃液态热膨胀系数 α_l，主要是因为玻璃在高温液态时玻璃分子达到新的平衡需要的能量更少，而固态时达到新的平衡态需要的能量更多。所以在高温下，玻璃结构松弛得更快。如图 6.12 所示，α_l 和 α_g 之间的差值反映了结构松弛对玻璃体积变化影响的大小。在 S_{tp} 至 A_t 温度范围内，玻璃处于黏弹性状态，转变温度 T_g 位于中点位置。S_{tp} 温度以下，玻璃是固态，而在 A_t 温度以上玻璃是液态。

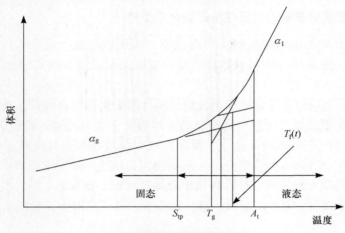

图 6.12　玻璃的体积-温度关系图

6.3　非球面透镜模压成型工艺

6.3.1　非球面透镜模具的材料选择与设计

模压成型用模具如图 6.13 所示,主要由三部分构成,即上模具、下模具和套筒。模压成型是在高温、高压条件下进行的,因此对于模具材料的选择需要特别注意[9]。第一是高温稳定性。光学玻璃模压成型属于热成型技术,透镜模具长期处于高温条件下,因此需要模具在高温条件下不易发生氧化反应。第二是耐热冲击性,透镜模具必须反复经历加热、退火及冷却处理,耐热冲击能力不好,就容易导致其使用寿命缩短。第三是离型性。如果熔融玻璃黏附在模具上,可能导致成型透镜模具质量下降。第四是模具本身需要有足够高的硬度及机械强度。材质过软,在玻璃模压成型时表面容易产生刮伤或变形。第五是可加工性,是指模具材料能加工达到所要求的设计形状和光学等级的表面。一般可用于光学玻璃模压成型的材料主要有碳化硅(SiC)、氮化硅(SiN₄)、碳化钨(WC)等硬质合金。

图 6.13　模压成型用模具

6.3.2　非球面玻璃透镜的模压成型试验用成型机

多工位非球面透镜成型机主要由底座、模压成型室、七个工位的控制器、加热系统、气控系统、冷却水循环系统、温度控制系统、模具供给装置等部分组成。

模压原理是通过使用装有成型玻璃预制件的碳化钨组合模具，在高温条件下以压制方式实现成型，制造出高精度的非球面光学玻璃透镜。成型试验开始前，向模压成型室内充满高纯度氮气，驱除氧气以免玻璃和模具在高温条件下发生有害氧化反应。用油石对成型室内的污染物进行清洗，保持成型室内的清洁。然后依次将模具载入成型室，对模具和预形体进行第一次预热、第二次预热、第三次预热、模压成型，第一次退火、第二次退火、第三次退火，成型完成推出成型室冷却等。

模具移送平台是由直径为 32mm 左右的进给气压缸和直径为 50mm 的前后移送气压缸共同组成的。模具移送平台控制器包含 3 个气压缸，可进行 2 轴方向的运动顺序移送推动，配合移送爪的定位使组合模具沿直线方向向左移动定量距离，如图 6.14 所示。背面的左右进给压缸、前后进给压缸、油压缓冲器都要进行适当压力、速度及位置的调整。

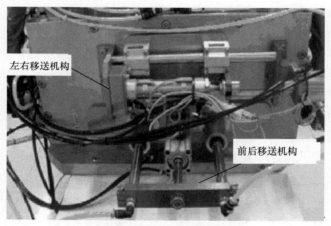

左右移送机构

前后移送机构

图 6.14　模具移送平台控制器

冷却装置采用冷却水来进行冷却，与组合模具上端相连的是一个有进水管和出水管的冷却水容器，通过不停地水循环，快速将组合模具冷却至室温，如图 6.15 所示。组合模具经冷却装置后已经降低到室温，便于后续手动拆开组合模具进行模具清理和再次模压成型试验。取出成型透镜，完成光学玻璃透镜的模压成型试验。

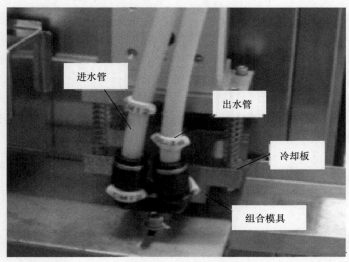

图 6.15　冷却装置

6.3.3　模压温度的选择

判定模压温度是否合适一般需要考虑两个方面的因素：①足够的高温能确保预形体软化，并可在模压力作用下完成所需变形；②预形体不易与模具发生粘连现象。模压温度过低导致所需变形无法完成，甚至可能导致预形体破裂；较高的模压温度容易完成预形体所需变形，但温度过高容易导致玻璃与模具发生严重的粘连现象。

模压温度一般高于转变温度、低于软化温度，如 D-ZK3 玻璃材料的转变温度是 511℃，软化温度是 605℃。为了得到合适的模压温度，试验从 510℃(然后逐渐升高 10℃)开始进行模压成型试验。

当模压温度为 510℃，模压成型试验结束后，拆开模具，发现球状预形体已经被压碎，如图 6.16(a)所示。试验结果表明，510℃时玻璃还未软化并保持其脆性，在模压力作用下发生破裂现象。过低的温度不仅导致预形体玻璃破裂，而且容易导致模具表面质量的快速下降。

(a) 破裂现象　　　　　　　(b) 有微裂纹的透镜　　　　　　(c) 合格的透镜

图 6.16　不同温度条件下模压成型的玻璃透镜

依次提高模压温度，当模压温度上升至 540℃时，球状预形体玻璃在模压力作用下充满型腔，模压成型出单面非球面透镜，但是成型透镜的表面布满微细裂纹，如图 6.16(b)所示。此时玻璃在模压力作用下可以充满模具型腔和完成所需变形，但表面布满微细裂纹，导致成型透镜不合格。当模压温度升高至 560℃时，可以模压成型出表面合格的非球面透镜样品，成型透镜表面光滑，如图 6.16(c)所示。

当模压温度升高至 610℃时，玻璃预形体在模压成型过程容易与模具表面发生严重的粘连现象。粘连现象导致成型透镜表面和模具表面质量的严重下降，影响成型透镜的良品率。当温度升高至 640℃时，球状预形体在自身重力作用下就可以充满下模具的型腔。

经过以上试验分析，在相同的模压压力下，模压温度在 560~590℃时，可以成功模压成型出合格的成型透镜，且不会发生严重的粘连现象，可以获得较高的良品率。图 6.17 是单个单面非球面成型玻璃透镜的放大图。图 6.18 是模压成型试验中制造的成型透镜样品[9]。

图 6.17　单个透镜样品

图 6.18　一批透镜样品

6.3.4　成型透镜的成型精度

试验完成后，选取合格的成型透镜，清理其表面，然后用双面胶将成型透镜粘贴于高平整度的夹具上，如图 6.19 所示。将固定好的成型透镜放置在测量平台上，通过非球面轮廓测量仪的软件控制系统调整好成型透镜表面的中心和测量距离，启动测量设备对其表面轮廓进行测量，如图 6.20 所示。

图 6.19　测量前透镜的固定

图 6.20　成型透镜的测量

如图 6.21 所示，将成型透镜的测量结果与非球面透镜模具型腔的轮廓测量结果进行对比分析可知：模压成型前透镜模具型腔的轮廓与成型透镜的轮廓刚好相反，但是也有细微差别。模压前透镜模具的深度是 579μm，模压成型得到的透镜高度是 575μm，中心处的变化率约是 7‰。此外，成型透镜的面形精度相对于原模具有明显下降。

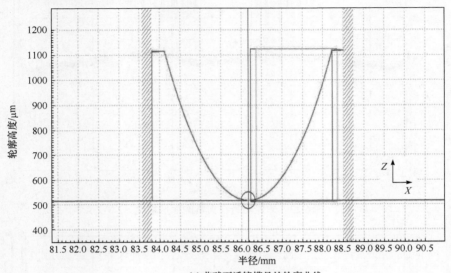

(a) 非球面透镜模具的轮廓曲线

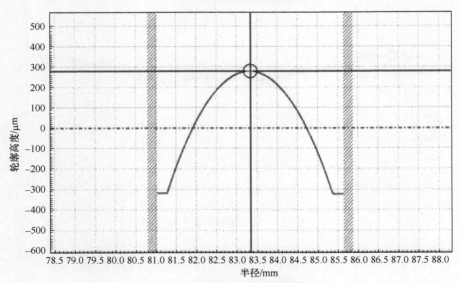

(b) 非球面成型透镜的轮廓曲线

图 6.21　非球面透镜模具和成型透镜的轮廓曲线

　　另一个模压的实例如图 6.22 和图 6.23 所示，模具面形误差 PV 值为 118.4nm(图 6.22)，模压后镜片面形误差 PV 值为 231.3nm (图 6.23)。

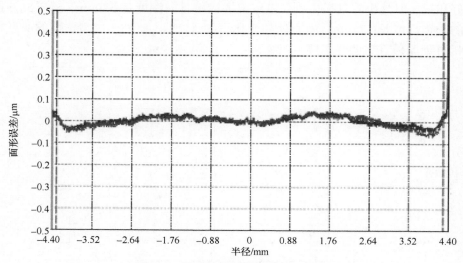

图 6.22　非球面透镜模具的面形精度

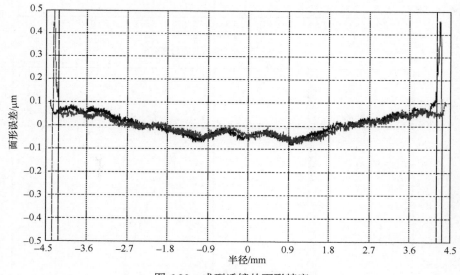

图 6.23　成型透镜的面形精度

6.4　残余应力的影响因素及仿真预测

　　模压成型过程中产生的应力会对成型透镜带来不良影响，过大的残余应力可能使成型透镜在退火或脱模过程中发生破裂，导致成型透镜的良品率低；过大的残余应力导致透镜产品在使用过程中可能因为轻微碰撞或较大温差而发生微裂现象，甚至破裂，缩短使用寿命；残余应力的分布不均可能会降低成型透镜的光学性能，故有必要对其进行深入研究分析[9]。

6.4.1　玻璃模压成型的有限元分析

针对光学玻璃模压成型的有限元数值仿真分析，主要包括力学和热学两部分。使用 Marc 软件进行有限元分析时(图 6.24)，一般包含以下三个步骤：①针对单个单元的力学特性、传热特性等进行分析，并建立求解单个单元的特性方程；②将所有的单元集合起来进行整体结构或传热分析，建立整体方程；③求解方程并计算单元值。

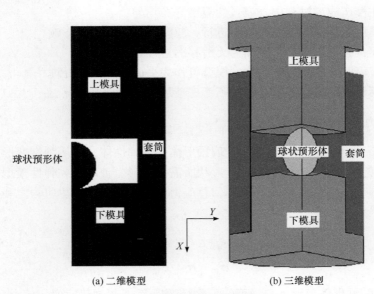

(a) 二维模型　　　　　　　　　(b) 三维模型

图 6.24　模压成型的仿真模型

应用有限元法求解模压成型过程中的力学问题，大致可以分为以下六步[10]：①离散化，即将要分析的模型分成有限个单元体，并把相邻单元通过节点连接起来构成单元的集合体，代替原来的结构；②确定位移函数，即用节点位移来表示单元内任意一点的位移、应力和应变；③分析单元的力学特征和计算等效节点载荷，即用黏弹性力学的几何方程导出用节点位移表示的单元应变，并将作用在单元上的集中力、体积力都等效地移植到节点上，形成等效的节点载荷；④整体分析，即集合所有单元的刚度方程，建立整个模压成型仿真模型的平衡方程，得到总体刚度矩阵；⑤消除总体刚度矩阵的奇异性，加载应用位移边界条件；⑥求解平衡方程和计算单元应力。

在光学玻璃模压成型时，预形体在高温条件下模压成型，然后退火降温至室温，其中传热是一个重要方面。针对模压成型过程的传热分析与力学分析基本相同，一般包含以下步骤：①单元的离散化；②单元传热特性的分析；③计算等效节点温度；④将单元集合起来，建立整体有限元分析方程；⑤应用热边界条件；⑥求解方程。

6.4.2　模压成型仿真预测模型的建立

光学玻璃模压成型过程中，现实环境比较复杂，需要对其进行一些简化，从而建立数值仿真模型。为了保证模型的正确建立，基于以下假设进行分析：

(1) 忽略动量的影响，将玻璃流体看成不可压缩的同向材料；

(2) 在模压成型过程中，模具的温度分布均匀；

(3) 模压成型在无氧的环境下进行，忽略空气中氧气的影响；

(4) 模具和玻璃材料接触面为无滑移的边界条件；

(5) 玻璃厚度方向长度较大，模型可作为平面应变问题处理；

(6) 模压成型仿真分析过程中不考虑玻璃发生破裂的情况。

6.4.3　应力分析的本构方程

高温条件下，被模压成型的玻璃预形体是黏弹性体，经历弹性变形、塑性变形、黏性变形，最终完成透镜设计形状所需的变形。玻璃的黏弹性模型的总应变等于蠕变应变和热应变之和，同样，总应力等于蠕变应力和热应力之和，用公式表示如下[9-11]：

$$\varepsilon_{\text{all}} = \varepsilon_{\text{c}} + \varepsilon_{\text{th}} \tag{6.20}$$

$$\sigma_{\text{all}} = \sigma_{\text{c}} + \sigma_{\text{th}} \tag{6.21}$$

式中，ε_{all} 为预形体玻璃的总应变；ε_{c} 为蠕变应变；ε_{th} 为热应变；σ_{all} 为玻璃的总应力；σ_{c} 为蠕变应力；σ_{th} 为热应力。

6.4.4　加热阶段的分析

先对模压成型机床的加热过程进行仿真分析，预形体初始温度为 20℃，加热温度直接设定为 570℃。刚开始加热时，两种加热方式的初始温度都是 20℃，加热完成后，玻璃的温度是 570℃，如图 6.25 所示。为了研究预形体玻璃内部的温度分布情况，在玻璃预形体的圆心和底部位置处分别选取 A、B 两节点，如图 6.26 所示。

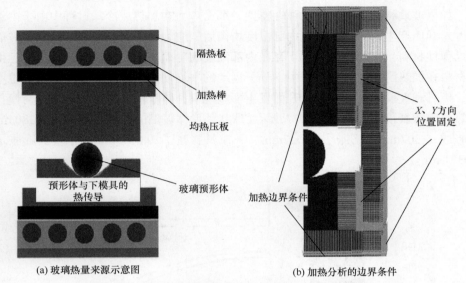

(a) 玻璃热量来源示意图　　　　　(b) 加热分析的边界条件

图 6.25　玻璃热量来源与加热阶段仿真分析的边界条件

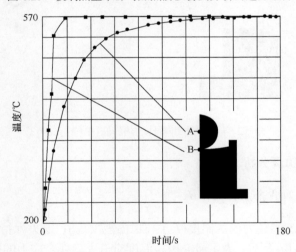

图 6.26　A、B 两点的温度历程图

　　加热过程中，A、B 两点的温度历程如图 6.26 所示。在加热开始时，由于 B 点和下模具表面紧密接触，碳化钨模具导热性能良好且与高温均热压板直接接触，B 点温度很快就接近 570℃。而在整个加热阶段，预形体与模具的接触面小，玻璃导热性差，而 A 点处于远离高温模具的球心位置，故 A 点温度上升较慢。A、B 两点的温差由初期 0℃ 迅速升高到 300℃，然后逐渐减小，直到加热到 180s 时，A 点与 B 点的温度才都达到了 570℃，温差小于 0.1℃，此时玻璃预形体已经满足均热的要求。

如果玻璃材料没有任何黏弹性特性，那么应力在加热或冷却过程中由于内部温度差异而产生，一旦预形体内部温度均衡后，应力也将全部消失。但是，玻璃是黏弹性材料，在加热阶段由于存在内部温度梯度而留下无法消失的热应力。由于材料在加热阶段的升温过程中，分子运动的平均动能增大，分子间的距离也增大，模具和玻璃材料因温度上升而发生膨胀现象，体积随之增大。预形体与模具的热应变仿真预测结果如图 6.27 所示。球状预形体玻璃的直径从原来的 5.280mm膨胀成 5.307mm，膨胀了 0.027mm。下模具膨胀了 0.0198mm，上模具膨胀了0.0331mm。

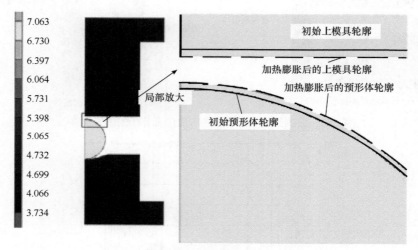

图 6.27　预形体和模具的热膨胀(单位：mm)

6.4.5　残余应力仿真分析

1. 模压温度对残余应力的影响

模压成型工艺参数为模压温度(T_m)、加压速率(V_m)、退火保持力(F_a)、退火速率(U_a)、摩擦系数(μ)等[12]。为了研究模压温度对退火后残余应力的影响，设定三组模压温度，即 560℃、570℃、580℃，其他加工参数均相同，V_m=0.1mm/s，F_a=500N，U_a=1℃/s；相同的摩擦系数 μ=0.5。仿真结果如图 6.28 所示。

退火后脱模前，玻璃的残余应力如图 6.28 所示。560℃加压后最大残余应力为13.01MPa，退火后脱模前降到 12.17MPa，570℃加压后最大残余应力由 7.114MPa降到 6.522MPa，580℃加压后最大残余应力由 4.355MPa 降到 2.741MPa。三组模压温度下，退火后的残余应力由小到大依次对应温度为 580℃、570℃、560℃。图 6.29 是模压温度与退火后脱模前的最大残余应力关系曲线[13]。

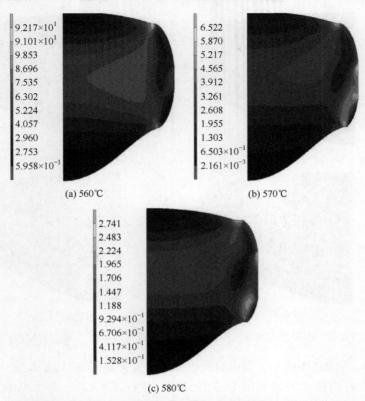

图 6.28　不同模压温度下退火后残余应力(脱模前，单位：MPa)

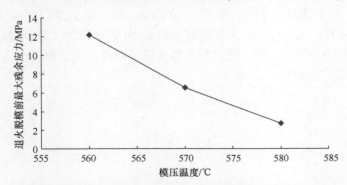

图 6.29　模压温度与退火后脱模前的最大残余应力关系曲线

2. 加压速率对退火残余应力的影响

为了研究加压速率对退火后残余应力的影响，设定四组加压速率，其他加工参数均相同，即 T_m=570℃，F_a=500N，U_a=1℃/s；相同的摩擦系数 μ=0.5。仿真结果如图 6.30 所示。

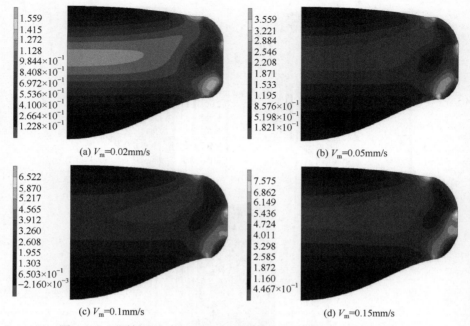

图 6.30 不同加压速率加压退火后脱模前透镜残余应力(单位：MPa)

退火后,不同加压速率下退火后脱模前残余应力如图 6.31 所示。V_m=0.02mm/s 时，加压后的残余应力最大值为 3.123MPa，经过退火后，最大残余应力降到 1.559MPa；V_m=0.05mm/s 时，加压后的最大残余应力由 6.263MPa 降到 3.559MPa；V_m=0.1mm/s 时，加压后的最大残余应力由 7.114MPa 降到 6.522MPa；而 V_m=0.15mm/s 时，加压后的最大残余应力由 8.191MPa 降到 7.575MPa。当然，脱模后残余应力还会急剧下降。通过四组加压速率对比，可以得出加压速率越大，退火后残余应力越大[14]。

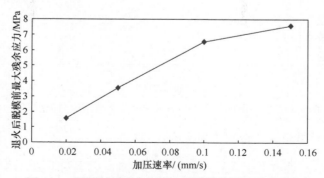

图 6.31 不同加压速率下退火后脱模前最大残余应力

3. 退火保持力对退火残余应力的影响

设定相同的加工参数：T_m=570℃，V_m=0.1mm/s，U_a=1℃/s；相同的摩擦系数 μ=0.5。通过施加不同的退火保持力进行仿真，结果如图 6.32 所示。

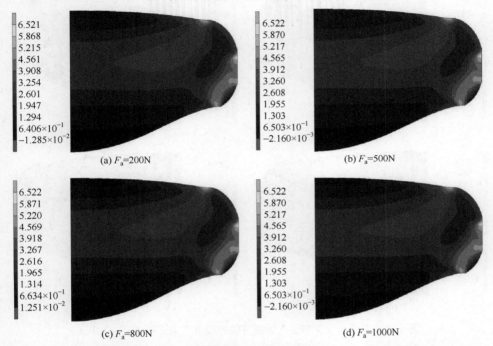

图 6.32　不同退火保持力作用下退火后脱模前透镜残余应力(单位：MPa)

由图 6.32 可知，不同的退火保持力对退火后脱模前的残余应力影响不大。四组退火保持力下的应力云图几乎是一样的：在 200N 保持力下，透镜的最大残余应力为 6.521MPa；在 500N、800N 和 1000N 保持力作用下，透镜的最大残余应力均是 6.522MPa，仅比 200N 作用下的退火后最大残余应力大 0.001MPa。所以，退火保持力对退火后脱模前透镜残余应力几乎没有影响[15]。

4. 退火速率对退火残余应力的影响

为了研究退火速率对退火后残余应力的影响，设定相同的加工参数：T_m=570℃，V_m=0.1mm/s，F_a=500N；相同的摩擦系数 μ=0.5。通过设置不同的退火速率进行仿真。图 6.33 是不同退火速率退火后脱模前的残余应力云图。四组退火速率下的残余应力云图变化不大。在本书研究的范围内，无论是残余应力分布、最大残余应力还是最小残余应力，区别均不大。这说明退火速率在 1~2.5℃/s 范围内，退火后透镜的残余应力基本一样。在讨论的退火速率范围内，最大残余应力随着退火速率的增大呈减小趋势。

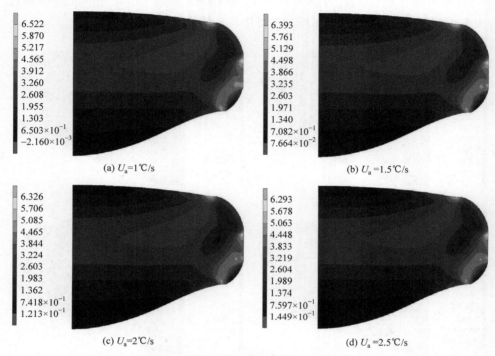

图 6.33　不同退火速率退火后脱模前的残余应力云图(单位：MPa)

5. 摩擦系数对退火残余应力的影响

摩擦系数(μ)在同一模压系统中可以视为常数，影响摩擦系数的因素主要有：
(1) 模具和玻璃材质；
(2) 模具镀膜的材料和方法；
(3) 模压温度影响玻璃的流动性，继而影响摩擦系数；
(4) 模具和玻璃之间的氮气流量、流速等。

为了研究摩擦系数对退火后残余应力的影响，设定相同的加工参数：T_m=570℃，V_m=0.1mm/s，F_a=500N，U_a=1℃/s。通过改变摩擦系数进行仿真，如图 6.34 所示。

随着摩擦系数的增大，退火后脱模前的最大残余应力也增大。摩擦系数从 0.2 增加到 0.7，最大残余应力则从 4.687MPa 增大到 7.408MPa。摩擦系数增大，摩擦力越大，高温玻璃的流动性减弱，应力不能及时松弛完，所以造成了这种现象。明确摩擦系数对残余应力的影响，可以为选择模具和镀膜提供指导。

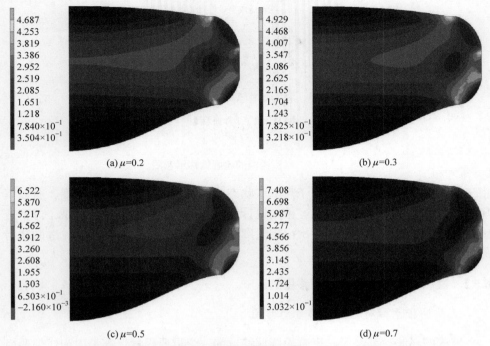

<table>
</table>

(a) μ=0.2　　　　　　　　　　　　　　　(b) μ=0.3

(c) μ=0.5　　　　　　　　　　　　　　　(d) μ=0.7

图 6.34　不同摩擦系数下退火后脱模前残余应力云图(单位：MPa)

6.5　轮廓偏移量预测及补偿

　　高温光学玻璃在模压作用下充满模具型腔，当温度降到室温后，温度的下降导致成型透镜的体积将不可避免地发生收缩。此外，玻璃属于非晶体材料，其材料属性如膨胀系数、黏度、蠕变、结构松弛等材料属性与温度、时间具有相关性，呈现非线性的特点，导致其轮廓偏移变得更加复杂。传统经验是通过"试错法"来修复模具，延长产品生产周期，提高生产成本，但是工艺稳定性难以保证[16-18]。

6.5.1　轮廓偏移及结构松弛

　　在光学玻璃模压成型过程中，玻璃与模具因为温度变化而发生热胀冷缩现象，而玻璃材料属性具有非晶体的非线性特征，导致模压成型后非球面玻璃透镜的轮廓曲线与用户设计的目标轮廓曲线存在偏差，如图 6.35 所示。

　　在图 6.35 中，实线非球面曲线代表用户设计的成型透镜轮廓曲线，虚线代表模压成型得到的成型透镜轮廓曲线，图中设定 X 方向是径向方向，Z 方向是轴向方向。预形体在高温条件下完成对模具型腔的充填，并复制模具型腔表面的形状。

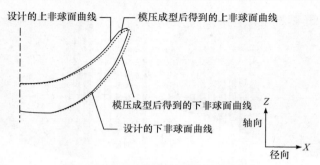

图 6.35　成型透镜的轮廓偏移示意图

由于此时模具和成型透镜都处于热膨胀状态，其轮廓曲线已经发生改变，所以模压阶段成型透镜的轮廓曲线已经偏离设计曲线，而在随后的退火过程中，成型透镜由于降温收缩和结构松弛再次出现轮廓偏移，导致成型透镜最后的轮廓曲线与原设计曲线存在偏差[19]。

6.5.2　模压成型参数对轮廓偏移量的影响

1. 热膨胀系数对轮廓偏移量的影响

玻璃的热胀冷缩性质是影响轮廓偏移量的一个重要因素，这是因为成型透镜的轮廓偏移量是成型透镜退火、冷却至室温后的轮廓曲线与目标透镜原设计值之间的差值。所以首先研究玻璃的热膨胀系数对轮廓偏移量的影响。

由图 6.36 可知，当玻璃的液态热膨胀系数从 $5.5 \times 10^{-6} \, ℃^{-1}$ 分别增大到 $6.6 \times 10^{-6} \, ℃^{-1}$ 和 $7.8 \times 10^{-6} \, ℃^{-1}$ 时，成型透镜的最大轮廓偏移量由 3.74μm 分别增大到 4.46μm 和 5.36μm，成型透镜的轮廓偏移量随玻璃液态热膨胀系数增大而增大。不考虑非晶体玻璃材料的黏弹性和结构松弛特性，成型透镜的收缩量等于玻璃的膨胀量减去模具的膨胀量。所以，随玻璃液态热膨胀系数增大，成型透镜的轮廓偏移量也增大。

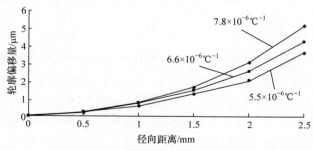

图 6.36　玻璃液态热膨胀系数对轮廓偏移量的影响

由图 6.37 可知，随着模具的热膨胀系数从 $3.9 \times 10^{-6} ℃^{-1}$ 增大到 $4.9 \times 10^{-6} ℃^{-1}$ 和 $6.0 \times 10^{-6} ℃^{-1}$，成型透镜的最大轮廓偏移量由 5.36μm 减小到 4.27μm 和 3.38μm，轮廓偏移量随模具膨胀系数增大而减小。同样，不考虑玻璃材料的非晶体特性，成型透镜的收缩量等于玻璃的膨胀量减去模具的膨胀量。所以，随着模具膨胀系数的增大，成型透镜轮廓偏移量逐渐减小。

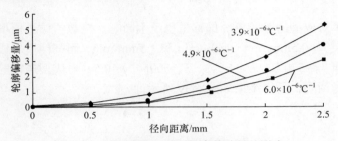

图 6.37　模具膨胀系数对轮廓偏移量的影响

2. 模压温度对轮廓偏移量的影响

为了分析模压温度对轮廓偏移量的影响，分别设定 560℃、570℃、580℃三组不同的模压温度进行数值仿真分析，其他加工参数均相同：$V_p=2mm/min$、$F_a=500N$、$U_a=1℃/s$、$\mu=0.5$。三组不同模压温度对轮廓偏移量的影响对比如图 6.38 所示。

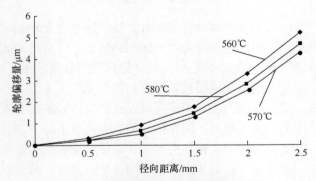

图 6.38　模压温度对轮廓偏移量的影响

由图 6.38 可知，轮廓偏移量变化趋势是从透镜中心到边缘逐渐增大，560℃时成型透镜偏移量最大，570℃时成型透镜偏移量相对较小，而 580℃时处于中间状态，呈现无规律性。这种无规律现象可能与玻璃材料的温度相关性有关。温度高，黏弹性玻璃具有更好的流变性能，玻璃预形体可以更容易实现对模具型腔的充填，而且在模压过程中玻璃分子能较快完成排序达到新的平衡状态，故在模压阶段产生较小的应力，在退火过程中收缩量减小，轮廓偏移量也相应减小。但是，随着模压温度的升高，玻璃的热膨胀量也相应增大，导致其冷却至室温时体积的收缩量也增大，轮廓偏移量也相应增大。成型透镜的轮廓偏移是玻璃热膨胀和退火阶段体积松弛共同作用的结果，轮廓偏移量的变化无规律性。

3. 模压速率对轮廓偏移量的影响

模压速率对成型透镜的轮廓偏移量也产生影响。在数值仿真模型中，模压速率 V_p 分别设定为 0.5mm/min、1mm/min 和 1.5mm/min，而其他模压成型工艺参数保持不变，即 T_m=570℃、U_a=1℃/s、F_a=500N、μ=0.5，对成型透镜的轮廓偏移量进行数值仿真预测，所得结果如图 6.39 所示。

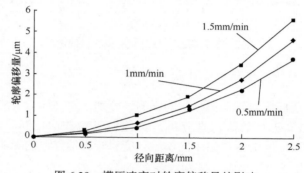

图 6.39　模压速率对轮廓偏移量的影响

由图 6.39 可知，与目标非球面曲线相比，模压速率为 0.5mm/min 时，成型透镜的轮廓偏移量最小；模压速率增大到 1.5mm/min 时，成型透镜的轮廓偏移量最大。模压速率对轮廓偏移量的影响趋势是轮廓偏移量随着模压速度的增加而增大，呈正比例关系。由于其他模压成型参数设置相同，模压速率越大，玻璃完成所需变形时间就越短，成型透镜内部分子排序越混乱，离达到新的平衡状态越远，导致了模压阶段产生的应力也越大，而在相同的退火速率条件下，成型透镜内部结构变化也越大，其消除的应力也相应更多，从而导致轮廓偏移量增大。所以，无论从减小残余应力的角度，还是从减小轮廓偏移量的角度，都应该适当减小模压速率。

4. 保持压力对轮廓偏移量的影响

同一个模型，分别在退火阶段设置 300N、500N、800N 三组不同的保持压力，探讨保持压力对轮廓偏移量的影响。从仿真预测结果中提取成型透镜曲线的节点坐标做对比分析，如图 6.40 所示。

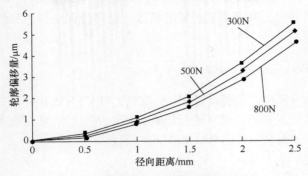

图 6.40　保持压力对轮廓偏移量的影响

由图 6.40 可知，随着保持压力的增大，成型透镜的轮廓偏移量逐渐减小。在退火阶段，随着温度的下降，成型透镜和模具开始收缩，它们之间产生微小间隙，从而使得玻璃与模具型腔面脱离。尤其当玻璃温度处于应变点以上时，存在的间隙可能导致成型透镜发生变形，降低成型透镜的精度。此时适当地保持压力，能确保成型透镜紧贴模具的型腔表面，减少成型透镜的变形。

5. 保压时间对轮廓偏移量的影响

同一个模型，分别在退火阶段设置 30s、50s、80s 三组不同的保压时间，探讨保压时间对轮廓偏移量的影响。从仿真预测结果中提取成型透镜曲线的节点坐标做对比分析，所得结果如图 6.41 所示。

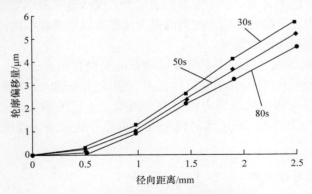

图 6.41　保压时间对轮廓偏移量的影响

由图 6.41 可知，随着保压时间的延长，成型透镜的轮廓偏移量逐渐减小。在退火阶段，随着温度的下降，成型透镜和模具开始收缩，从而使得玻璃与模具型腔面脱离，产生微小间隙。当玻璃的温度处于应变点以上时，间隙的存在可能导致成型透镜发生变形，降低成型透镜的精度。适当地保持压力和保压时间可以减少成型透镜的变形。

　　6. 退火速率对轮廓偏移量的影响

　　在数值仿真分析时，分别设定 1℃/s、2℃/s 和 3℃/s 三组不同的退火速率，其他模压成型参数设置相同，对其进行仿真分析，从所得结果提取成型透镜非球面轮廓曲线的节点坐标做对比分析，如图 6.42 所示。

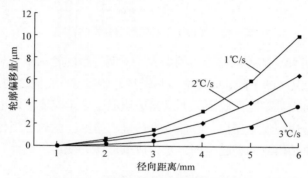

图 6.42　退火速率对轮廓偏移量的影响

　　由图 6.42 可知，随着退火速率的增大，其轮廓偏移量相应减小，呈反比例关系。退火速率越大，成型透镜在退火阶段进行应力松弛的时间越短，透镜内部的应力释放得越少，因结构松弛导致的变形量越小，所以其轮廓偏移量也越小，但是其相应的残余应力越大。若不考虑残余应力，仅从追求较小轮廓偏移量的角度出发，退火速率越大越好，因为较大的退火速率可以带来较小的轮廓偏移量，有利于提高成型透镜的面形精度。

　　所以，在模压成型过程中，结合试验目的来设置退火速率：一方面，成型透镜的轮廓偏移量与退火速率呈反比关系，退火速率越大，轮廓偏移量越小；另一方面，成型透镜的残余应力值与退火速率呈正比关系，退火速率越大，成型透镜的残余应力越大，而过大的残余应力可能导致成型透镜破裂或降低其光学性能。

6.5.3　模压成型补偿技术

　　1. 模压成型补偿原理

　　光学玻璃在高温高压条件下完成对光学模具型腔的充填，完成成型透镜加工所需的变形，然后经过后续退火及冷却处理得到最终的成型透镜产品。在光学玻璃的模压成型过程中，因为热胀冷缩因素和非晶体玻璃材料的特性而产生复杂变形，成型透镜的轮廓曲线与原设计值之间存在偏差，从而导致模压成型得到的玻璃透镜精度不够[20, 21]。

模具型面的表面精度和模压成型工艺参数是影响成型透镜产品质量的两个重要因素[22]。这两个因素是可控的：一方面通过提高模具的表面质量；另一方面优化成型工艺参数，如设置合理的成型参数(三步加热减小加热阶段的温差、延长均热时间、减小模压速率、延长保压时间、适当提高退火速率等)。此方法具有通用性，改善作用也存在一定的限制，只能减小成型透镜的轮廓偏移量，但难以消除。另一种方法就是对碳化钨模具的非球面型腔曲线进行补偿设计，使得成型透镜在退火处理至室温后刚好与成型透镜的设计曲线形状一致，其补偿思路如图 6.43 所示。

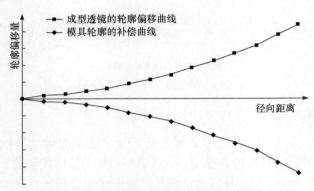

图 6.43　成型透镜形状偏差和模具补偿示意图

目前对光学玻璃模压成型补偿技术的研究还不成熟，通常情况下，模压成型的厂商往往依靠直觉知识、以模压成型试验中得到的直接经验作为技术手段，通过"试错法"来逐步减小成型透镜的轮廓偏移量，费时费力，且很难进一步提高成型透镜的精度[23]。

如图 6.44 所示，"试错法"先以透镜的设计参数作为模具轮廓的设计参数，加工制造出模具并进行模压成型试验，测量成型透镜的轮廓并与原设计曲线进行对比，然后用求解得到的轮廓偏移量反向补偿模具型面的轮廓曲线，得到模具的修正曲线，然后用该曲线对模具型面进行修正加工。一套模具通常需要经过多次试模压—测量透镜形状—模具型腔补偿修正—再试模压，历经几周甚至几个月的时间才能得到符合客户精度要求的光学玻璃产品。模具补偿的思路如图 6.44(a)所示。这种方法建立在经验和试验基础上，周期长，成本高，从某种程度上抵消了模压成型技术的快速和低成本的生产优势。随着有限元技术的快速发展，已经能够通过有限元手段数值仿真光学玻璃的模压成型过程，预测成型透镜的轮廓偏移量。将传统的"试错法"通过数值仿真技术来实现，可以缩短光学产品的开发周期，优化模压成型工艺，降低生产成本，提高玻璃成型产品的质量。

基于该思路，本节借助计算机仿真技术，基于 MSC.Marc 有限元分析软件，对模压成型补偿技术进行数值仿真分析，如图 6.44(b)所示。

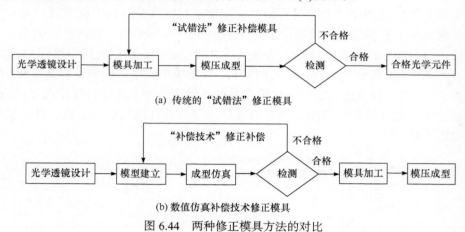

(a) 传统的"试错法"修正模具

(b) 数值仿真补偿技术修正模具

图 6.44　两种修正模具方法的对比

2. 节点几何修正补偿原理

模压成型补偿技术的数值仿真研究基于光学透镜的设计曲线，通过 MSC.Marc 软件建立可靠的数值仿真模型，得到成型透镜的轮廓偏移量，然后在该仿真模型上进行模拟"试错法"补偿修正模具轮廓曲线的过程，直至成型透镜的精度达到用户设计要求。针对模具轮廓曲线的补偿方法，主要有应力反向补偿法、节点几何修正法和基于全局曲面变形的模具自动补偿法。考虑到成型透镜轮廓偏移的复杂性，本书采用较为成熟的节点几何修正法来模拟补偿仿真模型中的模具轮廓曲线，补偿的对象由模具实体转移到仿真模型中模具型面的轮廓曲线。

节点几何修正补偿原理如图 6.45 所示，主要分七步进行：①参考透镜的设计曲线方程，沿径向方向等距取点，记下各点的 X、Z 方向的坐标值；②按光学玻璃透镜的设计曲线确定碳化钨模具型腔的初始轮廓曲线，建立数值仿真模型，对成型透镜的轮廓曲线进行预测；③将仿真预测得到的轮廓曲线与设计的轮廓曲线对比，得到各点 Z 方向的偏移量；④将计算得到的各点 Z 方向的偏移量反向补偿原设计值，得到一系列新的节点值；⑤对新的节点进行曲线拟合，得到经补偿修正的模具轮廓曲线；⑥基于新的模具轮廓曲线，再次建立模压成型数值仿真模型并进行仿真预测，得到新的轮廓偏移量；⑦判断新的轮廓偏移量是否满足要求，若满足，则得到新的模具型面的修正曲线轮廓和节点值，不满足要求则继续对模具轮廓曲线进行修正补偿。

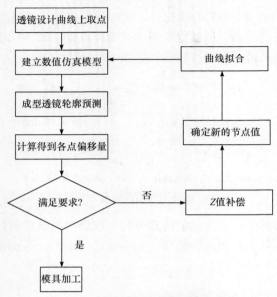

图 6.45 节点几何修正补偿流程图

新节点值的计算公式如下：

假设 $Z_{obj}(x)$ 是透镜设计曲线方程，$Z_{obj}(x_i)$ 是光学透镜设计曲线沿径向方向所取有限个节点的相应 z_i 值，模压成型数值仿真分析后，处理结果后得到各个节点 x_i 变形后的 z 值，用函数 $Z_{sp}(x_i)$ 标识，那么偏移量函数 $Z_e(x_i)$ 的计算公式如下：

$$Z_e(x_i)=Z_{sp}(x_i)-Z_{obj}(x_i) \tag{6.22}$$

则修正后模具曲线上相应节点 z 值用函数 $M(x_i)$ 的计算公式如下：

$$M(x_i)=Z_{obj}(x_i)-a\times Z_e(x_i) \tag{6.23}$$

式中，i 为节点数；a 为补偿因子，介于 0 和 1 之间；i 个节点 Z 方向的偏差 $Z_e(x_i)$ 的求解是光学玻璃透镜数值仿真补偿技术中最重要的一步。各个节点的 Z 方向偏差代表了成型透镜轮廓曲线上各点的相应偏移量，因此当节点 i 足够多时，i 个节点的 Z 方向偏差的集合实际上形成了整个透镜轮廓曲线的偏移情况。直接在仿真软件里用逆向工程技术将偏移值反补于模具曲线的相应节点，得到修正后的模具轮廓，重新数值仿真分析，直至偏移量满足用户要求。

3. 修正后模具轮廓节点的曲线拟合

根据数值仿真预测及轮廓偏移量计算，得到模具轮廓曲线上有限个节点的新节点值，然后进行曲线拟合，建立新的模具曲线及数值仿真模型。曲线拟合的方法有最小二乘法、移动最小二乘法、NURBS 三次曲线拟合和基于径向基函数

(radial basis function，RBF)的曲线拟合，其中最小二乘法的精度最差，使用 RBF 进行曲线拟合的精度最高，但其数学表达式难以求得，而 NURBS 三次曲线拟合的数学表达式容易求得，且精度较高，如图 6.46 所示。

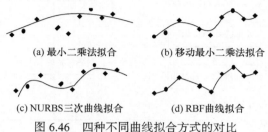

(a) 最小二乘法拟合　　　　(b) 移动最小二乘法拟合

(c) NURBS三次曲线拟合　　　　(d) RBF曲线拟合

图 6.46　四种不同曲线拟合方式的对比

　　根据模压成型补偿技术的数值仿真分析，求解得到满足用户要求的修正模具曲线，然后以此为依据对碳化钨模具的型腔面进行加工，得到满足客户设计要求的透镜模具[24, 25]。

　　4. 补偿技术数值仿真分析的具体过程

　　如图 6.47 所示，模压成型补偿技术的数值仿真分析过程设计如下：

　　(1) 假设模具型面与目标光学透镜的形状一致，根据光学玻璃透镜的设计要求，在 CAD 或 UG 软件里按模具及预形体的实际尺寸绘制出二维图纸。通过 Marc 软件提供的接口导入仿真软件，建立数值仿真模型，进行模压成型的数值仿真并得到成型透镜的轮廓偏移量。

　　(2) 对仿真结果进行处理，提取成型透镜轮廓曲线上的节点值。为了简化计算，取 N 个点，然后与原设计曲线相应 N 个点的值进行比较，求得相应节点的偏移量。

　　(3) 将各点相应的差值分别反向补偿于相应的原模具轮廓曲线的节点，然后对新的节点进行曲线拟合得到模具的修正轮廓曲线。

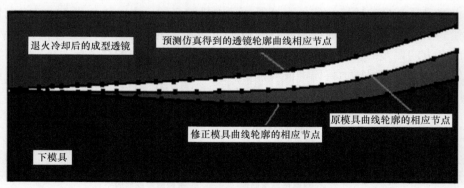

图 6.47　模具轮廓曲线修正的局部截图

（4）按照修正模具轮廓曲线重新建立数值仿真分析模型，加载相同的边界条件和成型参数，再次对其进行数值仿真分析，得到新的轮廓偏移量。

（5）重复（2），并判断轮廓偏移量是否满足要求。若满足，则停止，用得到的模具修正轮廓曲线来进行透镜模具的加工；若不满足，则继续进行，直至满足要求。

参 考 文 献

[1] 龚浏澄，王苏平. 玻璃钢简明技术手册[M]. 北京：化学工业出版社, 2004.

[2] Endo H, Shimeno K. Low-melting glass, resin composition comprising same, and resin molded article[P]: US20110201725A1. 2011-8-18.

[3] Hong J, Zhao D, Gao J, et al. Lead-free low-melting point sealing glass in SnO-CaO-P₂O₅ system[J]. Journal of Non-Crystalline Solids, 2010, 356(28-30): 1400-1403.

[4] 王丽荣. 用于精密模压的低熔点玻璃[J]. 玻璃与搪瓷, 2012, 3(40): 29-32.

[5] Fulcher G S. Analysis of recent measurements of the viscosity of glasses[J]. Journal of the American Ceramic Society, 1925, 8(6): 339-355.

[6] DeBolt M A, Easteal A J, Macedo P B, et al. Analysis of structural relaxation in glass using rate heating data[J]. Journal of the American Ceramic Society, 1976, 59(1-2): 16-21.

[7] Yan J W, Zhou T F, Masuda J, et al. Modeling high-temperature glass molding process by coupling heat transfer and viscous deformation analysis[J]. Precision Engineering, 2009, 33 (2): 150-159.

[8] Jain A. Experimental study and numerical analysis of compression molding process for manufacturing precision aspherical glass lens[D]. Columbus: The Ohio State University, 2006.

[9] 朱科军. 光学玻璃透镜模压成形的数值仿真和实验研究[D]. 长沙：湖南大学, 2013.

[10] Zhang Y, Yan G, Li Z, et al. Quality improvement of collimating lens produced by precision glass molding according to performance evaluation[J]. Optics Express, 2019, 27(4): 5033-5047.

[11] Narayanaswamy O S. A model of structural relaxation in glasses[J]. Journal of American Ceramic Society, 1971, 54(10): 491-498.

[12] Tsai Y C, Hung C, Hung J C. Glass material model for the forming stage of the glass molding process[J]. Journal of Materials Processing Technology, 2008, 201(1): 751-754.

[13] 尹韶辉，王玉方，朱科军，等. 微小非球面玻璃透镜超精密模压成型数值模拟[J]. 光子学报, 2010, 39(11): 2020-2024.

[14] Ananthasayanam B, Joshi D, Stairiker M, et al. High temperature friction characterization for viscoelastic glass contacting a mold[J]. Journal of Non-Crystalline Solids, 2014, 385: 100-110.

[15] 尹韶辉，朱科军，余建武，等. 小口径非球面玻璃透镜模压成形[J]. 机械工程学报, 2012, 48(15): 182-192.

[16] Fotheringham U, Baltes A, Fischer P, et al. Refractive index drop observed after precision molding of optical elements: A quantitative understanding based on the Tool-Narayanaswamy-Moynihan model[J]. Journal of the American Ceramic Society, 2008, 91(3): 780-783.

[17] Yin S H, Jia H P, Zhang G H, et al. Review of small aspheric glass lens molding technologies[J]. Frontiers of Mechanical Engineering, 2017, 12(1): 66-76.

[18] 朱科军, 尹韶辉, 余剑武, 等. 非球面玻璃透镜模压成形有限元分析[J]. 中国机械工程, 2013, 24(18): 2509-2514.

[19] Su L J, Wang F, He P, et al. An integrated solution for mold shape modification in precision glass molding to compensate refractive index change and geometric deviation[J]. Optics and Lasers in Engineering, 2014, 53: 98-103.

[20] Zhou T F, Yan J W, Masuda J, et al. Investigation on shape transferability in ultraprecision glass molding press for microgrooves[J]. Precision Engineering, 2011, 35(2): 214-220.

[21] Tao B, He P, Shen L, et al. Annealing of compression molded aspherical glass lenses[J]. Journal of Manufacturing Science and Engineering, 2014, 136(1): 011008.

[22] 李康森. 光学玻璃精密模压成形数值模拟与试验基础研究[D]. 深圳: 深圳大学, 2018.

[23] 李婵. 超声振动辅助微光学玻璃元件模压仿真和实验研究[D]. 长沙: 湖南大学, 2018.

[24] 何源. 非球面凹凸玻璃透镜模压成形过程的有限元分析[D]. 湘潭: 湘潭大学, 2017.

[25] 朱科军, 欧阳波, 许博文, 等. 热压成型参数对非球面透镜轮廓偏差的影响[J]. 表面技术, 2018, (7): 67-72.

第 7 章　非球面形状在位测量

在非球面加工中，一个最为关键的问题是如何提高工件的面形精度。在切削、磨削加工后进行测量，根据测量的结果对系统误差及偶然误差进行分析，通过规划刀具砂轮的加工轨迹来进行数字控制补偿修正，从而提高工件的面形精度。而在进行研磨加工时，根据测量所得的工件的形状误差，控制工具的不同研磨时间来修正补偿加工，从而实现高精度加工。因此，测量技术是补偿加工的基础。

目前，用于生产中的测量系统有非接触式测量系统[1]或者接触式测量系统[2]。非接触式测量法主要利用激光扫描、激光三角法、光干涉法等方法实现，其测量速度快，精度不高，且容易受外在很多因素的干扰；而接触式测量系统虽然速度慢，但是适于超精密测量。目前应用比较广泛的非球面测量装置有两种：一种为英国 Taylor Hobson 公司的接触式表面形状测量装置 Form Talysurf，其顶端触针为金刚石测头，曲率半径为 2μm，测头上的位移计为 He-Ne 激光测长装置，其测量方法非常复杂，测量周期长；另一种为日本松下公司的高精度表面形状测量仪 UA3P，它采用激光测长仪进行原子力测量，最大可以测量 75°的倾斜度的面形。这两种常用的测量系统主要用于离线测量。非球面工件在加工机床上加工完毕后被卸下，然后利用上述离线测量装置对其进行面形误差与表面质量的测量，最后对测量结果进行数据处理与补偿再加工。在上述方式中，非球面工件的非加工时间在整个制造过程中占很大的比例，增加了加工成本，因此，有必要研究在位高精度测量系统。

7.1　非球面形状离线与在位测量

目前采用的高精度测量仪器基本上属于离线测量，其通常的测量过程如图 7.1(a) 所示。即将加工后的工件从机床上取下，然后安装在离线测量仪器上进行测量，完毕后如果需要重新加工，必须将工件再重新安装到加工机床上进行再次磨削。这种方式使得工件的非加工时间增加，并导致工件的二次安装误差。为了有效解决这些问题，并能为后续的误差补偿加工提供便利，进而提高工件的加工精度，提出了利用在位测量装置进行工件的在位测量，其过程如图 7.1(b)所示[3]。工件加工完毕后直接在机床上进行测量，测量后，若精度不合格，则继续进行补偿加工。

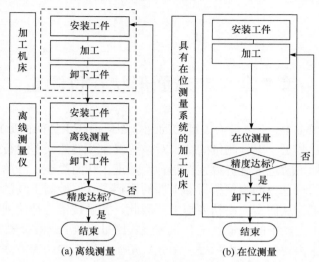

图 7.1　离线测量与在位测量过程的比较[3]

7.2　接触式气浮在位测量系统

7.2.1　在位测量装置

在位测量采用接触式测量方式。由于超精密机床的运动部件具有很高的精度，空气静压主轴回转精度为 20nm，X、Z 轴水平直线度分别为 0.15μm/300mm 和 0.1μm/250mm，数控系统分辨率为 1nm，比许多测量仪器或测量机的运动精度还高，将机床与测量仪器有机结合起来，机床既作为加工设备，又作为测量设备，从而实现了在位测量。

在设计与安装在位测量系统时，必须考虑刀具与机床、工件的干涉问题。对于微小零件的超精度在位测量，测头的半径应足够小，以避免尺寸误差造成的测量误差。非球面光学元件的在位测量装置至少要达到 0.001μm 的分辨率和 0.01μm 的精度[4]。日本理化学研究所研究了一种在位测量装置，如图 7.2 所示。测量杆由气浮轴承支撑，其前端装有曲率半径为 0.25mm 的微小红宝石，另一端装有反射式激光位移传感器反射镜。反射式激光位移传感器包括激光光源、激光光线感测头、检测器。光线感测头由入射光纤和接收光纤组成。当激光光源发出的光经入射光纤照射到反射镜(被测物)上后，被反射回的光又经由接收光纤传回到检测器上；由于面形精度的误差，微小测头的偏移使安装在测量杆上的反射镜不断移动，从而使反射光与入射光形成光干涉效应。系统利用光干涉原理可以计算出反射镜位移偏移量，即得到被测物体的位移量。该在位测量装置的特点在于利用接触式的微小测头，其接触压力低，采用高精度的激光干涉位移测量计。测量装置测头的规格如表 7.1 所示，测量计分辨率为 0.001μm，测头接触压力为 0.063N。

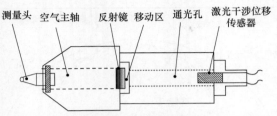

图 7.2   在位测量装置测量示意(日本理化学研究所)

表 7.1   测量测头规格表

名称	规格
传感器	激光干涉位移测量计
轴承	空气轴承
空气压力	274～412kPa
范围	±24μm
直线度	0.25%以下
轴承刚性	13.3μm/N
负载	0.02～0.1N

7.2.2   测量探针校正

无论采取何种误差补偿方法和流程，通过测量装置所得到的原始数据最为关键，所有的误差补偿方法都建立在测量原始数据的基础上，一旦在测量过程中出现偏差与失误，那么会直接影响补偿结果。虽然在测量过程中也不可避免地会出现各种误差，但尽可能将各种误差值控制在允许的范围之内，使得测量所得数据尽可能接近工件的原始形貌数据，这样通过合理的误差补偿方法才能获得更好的加工结果。虽然采用的红宝石测量头自身具有很高的面形精度，但不可避免地还是会存在一定的形状误差，如果不对测量头进行校正，那么测量头本身的形状误差就会叠加到所测量的工件上面，从而影响最终加工结果。

如图 7.3 所示，在对非球面工件进行测量时，探针测量时所运行的轨迹是沿着非球面的子午线。这是由于工件通过回转加工，所以只要测量出工件非球面子午线的面形精度，一般来说就能如实地反映出整个非球面的面形精度。而在测量过程中，连接到探针尾部的激光干涉位移测量仪记录的是测量头球心点 O 的坐标值，由于测量头安装好后是固定不动的，理论上测量头与工件的接触区域是以测

量头理论 r 为半径的一条圆弧曲线。并且对应工件非球面子午线上曲率不同的被测量点，与测量头接触的点也不断在变化。

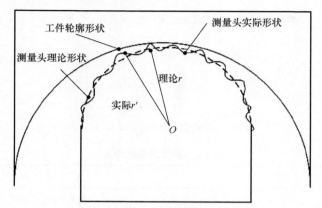

图 7.3　测量头自身的面形误差测量

　　然而，从微观尺度来说，测量头本身的球面度必然会存在一定的误差，那么测量头在测量时对应每一点的实际 r' 值会不停变化，如果不能消除，那么测量头本身的形状误差就会叠加到所测量出的结果中。为了减小这种误差，一旦探针在安装好后，会首先采用标准球校正法来对探针进行校正，其原理如图 7.4 所示。

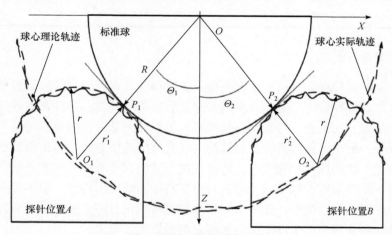

图 7.4　探针标准球校正法

　　选用一个半径为 R 并且面形精度非常高的标准金属球，一般来说，它的面形精度要远高于测量头本身的面形精度。利用探针对标准球进行测量，由于测量头本身面形误差的影响，随着探针的移动可以测出红宝石测量头在不同位置时测量头球心 O 的坐标值。计算机将采集的球心实际位置数据(各离散点的空间坐标值)

通过最小二乘曲线拟合可以得到被测曲面与轴截面相交所成曲线的一个近似解析表达式。

设已知 n 个采集到的数值点$(x_i, y_i)(i=0, 1, 2, \cdots, n-1)$，求 $m-1$ 次最小二乘拟合多项式：

$$P_{m-1}(x) = a_0 + a_1 x + a_2 x^2 + \cdots + a_{m-1} x^{m-1} \tag{7.1}$$

式中，$m \leqslant n$ 且 $m \leqslant 20$。

假设拟合多项式为各正交多项式 $Q_j(x)(j=0, 1, \cdots, m-1)$的线性组合：

$$P_{m-1}(x) = c_0 Q_0(x) + c_1 Q_1(x) + \cdots + c_{m-1} Q_{m-1}(x) \tag{7.2}$$

式中，$Q_j(x)$可以由以下递推公式构造：

$$Q_0(x) = 1$$
$$Q_1(x) = (x - a_1)$$
$$Q_{j+1}(x) = (x - a_{j+1})Q_j(x) - \beta_j Q_{j-1}(x)$$

$j=0, 1, \cdots, m-2$。

根据最小二乘原理，最后可以转化成一般的 $m-1$ 次多项式：

$$P_{m-1}(x) = a_0 + a_1 x + a_2 x^2 + \cdots + a_{m-1} x^{m-1} \tag{7.3}$$

当然，采样点数增多，拟合曲线更接近实际情况，更能反映工件加工的实际情况。但是，采样点太多也存在检测时间过长、增加计算机的运算量、降低测量的实时性等缺点。所以，在实际应用中，进行等间隔采样，测量头在总测量的距离内取 100～300 个点进行采样，这样很好地反映了加工情况，并且保证了效率和准确性。而测量头球心的理论轨迹函数为

$$F(x) = \sqrt{(R+r)^2 - x^2} \tag{7.4}$$

可以通过测量头球心的理论轨迹函数与实际轨迹函数的对比，求出由于测量头实际半径 r' 值的变化引起的 Δz 值的变化：

$$\Delta z = F(x) - P(x) \tag{7.5}$$

对于过测量头球心的理论轨迹函数 $F(x)$曲线上任意一点 P 上切线的斜率 k_F 值与 Δz 值是相互对应的。设探针校正后，需要测量的非球面函数方程为 $f(x)$，那么对于曲线上过任意一点的切线斜率 k_f 值也是唯一确定的。

那么当 $k_F = k_f$ 时，将对应的 Δz 值补入：$Z = f(x) + \Delta z$。

这样将测量头由于自身的面形误差所引起的误差值消除。在每次测量时就可将测量头的面形误差校正函数调入测量结果中，来补偿测量头自身面形精度影响所带来的误差值。

7.2.3　在位测量过程

在位测量装置直接对磨削加工后的工件表面进行在位面形误差的测量。装置采用点接触式的红宝石微小测头，接触压力低，速度慢，精度高。微小测头装在高精度的空气主轴上，后端安装有高精度激光位移传感器。首先根据工件的设计形状生成测量 NC 程序，测量时测头沿着轴对称形状的母线进行路径规划。在每个测量点，空气主轴上的红宝石测头与被测面接触，NC 轨迹与实际运动轨迹的偏差由激光干涉位移传感器获得，并将测量值传送给计算机。然后，生成的 NC 轨迹与获得的位移偏差进行叠加，从而求出接触点的坐标。计算机将测得的数据进行去噪与滤波等处理后得到位移偏差值，并与 NC 轨迹位移进行叠加，利用一定的算法计算出工件形状的误差曲线函数，同时也对加工工件的表面质量给出评价。最后计算出补偿后的 NC 程序，传送到 NC 控制器以驱动各轴的运动，进行误差补偿加工。

图 7.5 表明了测量过程中接触式测头与测量面的位置关系。在测量磨削后的工件面时，测头按照目标轮廓曲线上的每个设计点 $D(X_{di}, Z_{di})$ 进行测量，对应工件实际磨削轮廓曲线上的点 F_i。由于具有一定的尺寸，球头测头不一定与设计点相对应的 F_i 点直接接触，而是与加工表面的相切点 $M(X_{mi}, Z_{mi})$ 接触。实际的面形误差 $F_i D_i$ 或者 δ 可以表示如下：

$$\delta = \Delta E_{t} - \Delta E_{g} \tag{7.6}$$

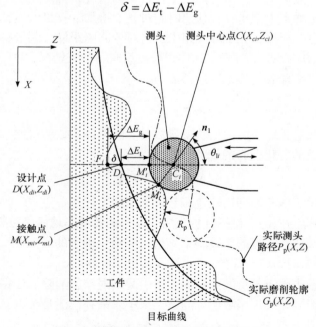

图 7.5　接触式测头与测量面的位置关系

式中，ΔE_t 或者 $D_i M_i'$ 为测头输出的面形误差；ΔE_g 或者 $F_i M_i'$ 为整个测量的偏差。

由于测头形状为球头，总是存在测量误差，因此本书提出了一种考虑测头半径的计算实际磨削曲线的方法。测头中心的位置坐标设为 $C(X_{ci}, Z_{ci})$，微小测头前端的曲率半径为 R_p，则有

$$X_{ci} = X_{di} \tag{7.7}$$

$$Z_{ci} = Z_{di} + \Delta E_t + R_p \tag{7.8}$$

从而得到测头中心的坐标。将各个离散的测头中心坐标进行 NURBS 样条拟合，得到测头中心曲线 $P_p(X, Z)$，如图 7.5 所示，测头中心曲线 $P_p(X, Z)$ 与实际磨削曲线 $G_p(X, Z)$ 在法矢量方向上偏离半径 R_p，因此通过测头中心曲线在该点的法矢量，可以得到实际曲线上的实际接触点的坐标，有

$$X_{mi} = X_{ci} + R_p \sin \theta_1 \tag{7.9}$$

$$Z_{mi} = Z_{ci} - R_p \cos \theta_1 \tag{7.10}$$

其中，θ_{1i} 为点 $C(X_{ci}, Z_{ci})$ 的法矢量 $\boldsymbol{n}_{1i} = (a_{1i}, c_{1i})$ 与 Z 轴负向的夹角，且有 $a_{1i}/c_{1i} \tan \theta_{1i}$。将求得的各个离散坐标点进行 NURBS 样条拟合，可以得到实际的工件面磨削轮廓曲线 $Z = G_p(X, Z)$。

7.3　接触测量误差分析

上述测量值中包含了微小红宝石测头曲率半径误差、被测物对称轴半径方向误差、被测物对称轴倾斜误差、弹性变形产生的测量误差造成的影响。本节就各个误差因素对形状测量精度的影响进行分析，并进行必要的修正，从而提取正确的测量结果。

7.3.1　测头曲率半径误差的影响

当测头曲率半径(R_p)的误差为 ΔR_p 时，会产生如图 7.6(a)所示的形状测量误差。测量点的倾角为 θ_p，则误差曲线 $E(\theta_p)$ 可以近似表示为

$$E(\theta_p) = \Delta R_p \left(\frac{1}{\cos \theta_p} - 1 \right) \tag{7.11}$$

曲率半径误差 ΔR_p 与最大测量误差 E_{PV} 的关系如图 7.6(b)所示。被测量面的最大倾斜角 θ_p 为 45°时，最大测量误差 E_{PV} 在 0.1μm 以下时必须使 ΔR_p 在 0.24μm 以下。

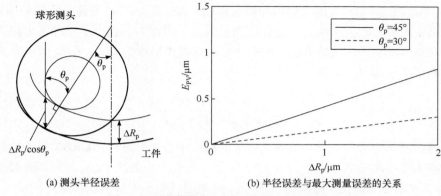

(a) 测头半径误差　　　　　　(b) 半径误差与最大测量误差的关系

图 7.6　测头曲率半径误差对测量误差的影响

当用半径为 0.25mm 的测头直接进行在位测量时，会带来测量误差，其与测头的半径及测量倾角有一定的关系，测头半径越大，测量倾角越大，则测量误差越大；应选用尽可能小的测球。但是经过测量数据误差修正，可以使得测量误差尽量小；另外，该在位测量装置测头只能测量工件的面形精度，很难准确测量工件的微观轮廓，也无法测量工件的表面粗糙度。

7.3.2　被测物对称轴半径方向误差的影响

图 7.7(a)为当被测物对称轴 X 方向的误差为 ΔX_p 时产生的形状测量误差情况。测量点的倾角为 θ_p，则误差曲线 $E(\theta_p)$ 可以近似表示为

$$E(\theta_p) = \Delta X_p \tan \theta_p \tag{7.12}$$

根据式(7.12)，曲率半径误差 ΔX_p 与最大测量误差 E_{PV} 的关系如图 7.7(b)所示。当被测量面的最大倾斜角 θ_p 为 45°时，最大测量误差 E_{PV} 在 0.1μm 以下时必须使 ΔX_p 在 0.1μm 以下。

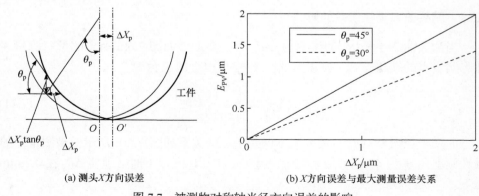

(a) 测头 X 方向误差　　　　　　(b) X 方向误差与最大测量误差关系

图 7.7　被测物对称轴半径方向误差的影响

7.3.3　被测物对称轴倾斜误差的影响

当被测物对称轴的倾斜误差为 $\Delta\tau$ 时，产生的形状测量误差如图 7.8(a)所示。测量点的径向位置为 X，则误差曲线 $E(\theta_\mathrm{p})$ 可以近似地表示为

$$E(\theta_\mathrm{p}) = \frac{X\tan(\Delta\tau)}{\cos^2\theta_\mathrm{p}} \tag{7.13}$$

根据式(7.13)，当 X 为 100mm 时，倾斜误差 $\Delta\tau$ 与最大测量误差 E_PV 的关系如图 7.8(b) 所示。当被测量面的最大倾斜角 θ_p 为 45° 时，最大测量误差 E_PV 在 0.1μm 以下时必须使倾斜误差 $\Delta\tau$ 在 0.03° 以下。

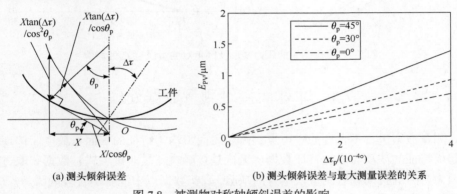

(a) 测头倾斜误差　　　　　　(b) 测头倾斜误差与最大测量误差的关系

图 7.8　被测物对称轴倾斜误差的影响

7.3.4　弹性变形产生的测量误差的影响

图 7.9 为测头测量斜面时的情况，测头受到横向压力而产生弹性变形，从而产生测量误差。设测量压力为 W，测量点的倾角为 θ_c，摩擦系数为 μ，则有

$$F_\mathrm{t} = W\sin\theta_\mathrm{c} - \mu W\cos\theta_\mathrm{c} = (\sin\theta_\mathrm{c} - \mu\cos\theta_\mathrm{c})W \tag{7.14}$$

设定测头的横向压力依赖于轴的刚性 K_x，则 X 方向的变形为

$$E_x = F_\mathrm{t}\cos\theta_\mathrm{c}K_x = WK_x(\sin\theta_\mathrm{c} - \mu\cos\theta_\mathrm{c})\cos\theta_\mathrm{c} \tag{7.15}$$

因此，测量误差 E_z 可以表示为

$$
\begin{aligned}
E_z &= E_x\tan\theta_\mathrm{c} \\
&= WK_x(\sin\theta_\mathrm{c} - \mu\cos\theta_\mathrm{c})\cos\theta_\mathrm{c}\tan\theta_\mathrm{c} \\
&= WK_x(\sin\theta_\mathrm{c} - \mu\cos\theta_\mathrm{c})\sin\theta_\mathrm{c}
\end{aligned}
\tag{7.16}
$$

当测头轴的刚度 K_x 为 13.3μm/N、摩擦系数 μ 为 0.2、测量压力 W 为 0.06N 时，倾角 θ 对测量误差 E_z 的影响变化如图 7.9 所示。从图中可以知道，当倾角小于 30° 时，测量误差小于 0.1μm。

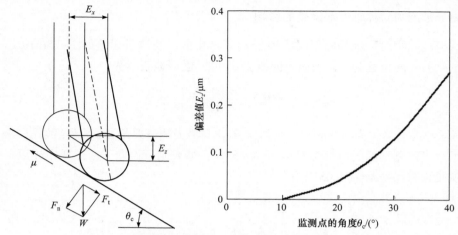

图 7.9　测量测头的压力变形及倾角对测量误差 E_z 的影响

7.4　非球面接触测量数据处理

　　测量数据包含不合理的噪声点、体现表面不均匀特征的表面粗糙度、体现表面起伏特征的波动与形状特征数据。无论是接触式还是非接触式，数据获取过程中因为人为的扰动或者测量仪本身的缺陷，真实数据点中混有不合理的噪声点(毛刺点)，从而使所获得的测量数据与实物存在一定的偏差。为了提取真实的形状特征，首先要对测量数据进行去毛刺处理。去毛刺处理后的测量数据即表面形貌由一定范围的频率成分组成。高频成分(短波)对应粗糙面，低频成分(长波)对应轮廓形状的渐变，为波纹或形状。粗糙度与波纹是一个相对的概念，而形状误差是通过滤波去除含有波动与粗糙度的短波长成分后的数据。本节主要介绍测量非球面数据的处理方法，提出多重过滤法进行去噪处理，采用改进型的回归滤波法快速有效地进行数据的平滑滤波。

7.4.1　去噪处理

　　随机误差产生的噪声点表现在两方面：一是在测量数据中会出现一些强干扰信号，表现为幅值大、频率高，往往只占形状曲线上的极小一段；二是测量数据中还有一些与被测表面变化接近的低频随机信号，幅值较小，重构出的曲线、曲面会出现毛刺。这种低频随机信号采用一般的滤波方法很难完全滤除。最简单的噪声处理方法是人机交互方法[5]：通过图形显示来判别明显的坏点，并在数据序列中人为将这些点删除，但这种方法不适宜处理数据量很大的情况。由于一般测量数据的排列形式大致为阵列数据，数据具有行×列的特点，这些数据噪声点的处理可按扫描线逐行采用平滑滤波的方法进行处理。常用的方法有空间域方法如邻域平均法[6]、中值滤波法[7]，频率域方法如低通滤波法[8]。其中邻域平均法简单，对高斯噪声有较好的平滑能力，实际应用较广。其他去除噪声和滤波的方法有：基于参数化的频谱分析[9,10]、基于曲面拟合理论[11]及基于空域顶点估计理论[12,13]等。要对采样数据进行去噪或者去毛刺处理，除人工交互操作，还可以采用以下方法实现[14]：

(1) 考虑两点之间的角度，若某点与它前一点的角度超过规定值，则剔除该点。

(2) 将这些点移到一个平均值。

(3) 将测量点沿给定的轴在规定的距离范围内向上或向下移动。

上面的方法会产生数据不准确与适应性较弱的缺点，因此本节提出一种新的方法，即多重过滤法，它可以对现行方法进行完善并使数据更加准确。通过一定的优化算法，数据处理速度会更快。如图 7.10 所示，各种数据类型包括非均匀稀疏点集和均匀稀疏点集。多重过滤法去噪处理的算法流程如图 7.11 所示。

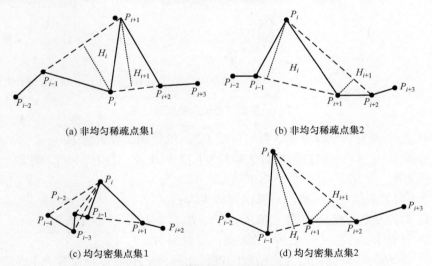

(a) 非均匀稀疏点集1　　　　　　　(b) 非均匀稀疏点集2

(c) 均匀密集点集1　　　　　　　(d) 均匀密集点集2

图 7.10　各个数据点疏密分布的示意图

对非均匀稀疏点集和均匀密集点集采用的算法略有区别。对于非均匀稀疏点，去噪处理算法流程如下：

(1) 取测量数据集的连续三点 P_{i-1}、P_i、P_{i-1}。

(2) 计算 P_i 点到直线 $P_{i-1}P_{i+1}$ 的距离，设置为 H_i。

(3) 对 H_i 与工件面的允许去噪精度 $[\varepsilon]$ 进行比较，若 $H_i \geqslant [\varepsilon]$，则设置 P_i 为待定点。

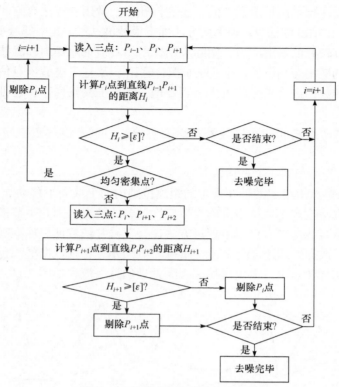

图 7.11 多重过滤法去噪处理流程

(4) 若(3)成立，则计算 P_{i+1} 点到直线 P_iP_{i+2} 的距离，设置为 H_{i+1}。

(5) 将 H_{i+1} 与零件曲面的允许去噪精度$[\varepsilon]$进行比较，若 $H_{i+1}{\geqslant}[\varepsilon]$，则 P_{i+1} 为剔除点；否则，若 $H_{i+1}{<}[\varepsilon]$，则 P_i 为剔除点。

对于均匀密集点，去噪处理算法流程则为：

(1) 取测量数据集的连续三点 P_{i-1}、P_i、P_{i+1}。

(2) 计算 P_i 点到直线 $P_{i-1}P_{i+1}$ 的距离，设置为 H_i。

(3) 将 H_i 与零件曲面的允许精度$[\varepsilon]$进行比较，若 $H_i{\geqslant}[\varepsilon]$，则设置 P_i 为剔除点。

7.4.2 滤波处理

去噪是数据处理的基础，平滑或滤波处理则可进一步消除或尽量减少噪声的影响。滤波是将表面形貌上的一定频率成分进行分离的过程：选择一定的截止波长，对一定范围的频率成分进行提取与消除，从而获得希望得到的成分。通常的经典滤波器有低通(LP)滤波器、高通(HP)滤波器、带通(BP)滤波器、带阻(BS)滤波器；每一种又有模拟(AF)、数字(DF)两种滤波器[15]。现代滤波器包含维纳滤波器、卡尔曼滤波器、线性预测、自适应滤波器等[16]。对大范围测量数据云的滤波处理常采用数字图像处理中的程序判断滤波法、递推平均滤波法、中位值平均滤波法[17]以及小波变换与卡尔曼滤波相结合的自适应滤波法[18]等。上述方法面临着既要消除噪声点又要保持真实点不受损过多的矛盾，而且要求数据点相互间的排列具有规则性。

1. 高斯滤波法

高斯滤波器是一类根据高斯函数的形状来选择权值的线性平滑滤波器。高斯滤波法就是将测量轮廓数据与高斯权函数进行卷积，从而得到轮廓曲线。它广泛应用在图像处理、计算机视觉、通信技术、计量测试、时频分析、小波变换等众多领域，主要由连续的高斯分布进行离散求解，并进行采样、量化，使模板归一化处理。高斯函数即正态分布函数，表示为[19]

$$s(x) = \frac{1}{\alpha_c \lambda_c} \exp\left[-\pi \left(\frac{\lambda}{\alpha_c \lambda_c} \right)^2 \right] \tag{7.17}$$

式中，λ_c 为截止波长；λ 为正弦曲线的波长。

当 $\lambda_c = \lambda$ 时，在取样长度值上的响应为保证滤波器在截止波长处通过率为 50%，使频带内最大传输 50%时即有 $A_{\text{output}} / A_{\text{input}} = 0.5$，则 $\alpha_c = 0.4697$，高斯滤波函数可以表示为

$$w(x) = \int_{-\infty}^{\infty} y(\xi) s(x - \xi) \mathrm{d}\xi = \int_{-\infty}^{\infty} s(\xi) y(x - \xi) \mathrm{d}\xi \tag{7.18}$$

在实际测量过程中，采样点是离散、有限长度的。因此，需要对上述连续信号进行离散与有限处理：

$$w_i = \sum_{k=-m}^{m} y_{i-k} s_k \Delta x, \quad s_k = \frac{1}{\alpha_c \lambda_c} \exp\left[-\pi \left(\frac{k \Delta x}{\alpha_c \lambda_c} \right)^2 \right], \quad i = 0, 1, \cdots, n \tag{7.19}$$

式中，$w_i = w(i \Delta x)$ 为滤波处理后的离散点；$y_{i-k} = y[(i-k)\Delta x]$ 为离散的采样数据点；s_k 为高斯权函数的离散表示；m 为高斯权函数的宽度；Δx 为采样间隔。高斯滤波器的优点是具有线性相位，对于抑制服从正态分布的噪声非常有效。在大多数情况下，对其他类型的噪声也有很好的效果。特别典型的是同一模式的权重因子可以作用在每一个窗口内，也意味着线性滤波器是空间不变的，这样就可以使用卷积模板来实现滤波。

普通的高斯滤波器在不同位置的权函数窗口的幅度是一样的，只是所利用的范围不同。在边界处，滤波器权函数窗口只有在中间位置时的一半，即在加权平

均时，只利用了待计算数据点一侧的数据。因此，在边界处总的权重只有在中间位置时的一半，这就导致实际的高斯滤波器在边界处对数据的处理与在中间处不同，从而导致了边界处的畸变。为了消除边界效应对滤波结果的影响，一般都要在数据的左右边界处各舍去一半截止波长的数据，即采用高斯滤波器不能在原始数据全部长度上进行评定。这在原始采样数据较多时是可行的，然而，当原始数据长度有限时，滤波后所保留的信息是否足够就是一个很大的问题。同时，对于表面上的深谷或高峰，标准高斯滤波器得到的滤波中线会在这些位置被拉低或拉高，从而产生虚假的滤波中线。

2. 稳健高斯回归滤波法

如前所述，高斯滤波器并不是一种稳健的算法。高斯回归滤波器通过计算每个轮廓点的权函数，并最小化目标函数而计算中线上的坐标。校正后高斯权函数在边界处具有与中间处不同的权函数形状。可以简单地理解如下[20]：①当数据处于中间位置时，高斯权函数具有对称的形状；②当数据靠近左边界时，由于参加加权平均的两侧数据量不同，需要加大邻近待处理数据点右侧附近的点的数据权重，相应地减少较远点的权重，因此高斯权函数仅剩右半窗，而且变得更加陡峭；③反之，当数据靠近右边界时，高斯函数仅剩左半窗，同样变得更陡峭。

为了消除不稳定效应，提高滤波精度，采用稳健高斯回归滤波法可以达到这种效果。稳健高斯回归滤波法继承了高斯滤波和回归高斯滤波的优点，它将稳健回归算法循环应用到高斯滤波器中，利用中值统计法得到的系数作为停止迭代的条件，直到获得满意的长波元素。高斯回归滤波基线表示为[21]

$$w_j(x) = \frac{\int_0^l z(\xi)\delta_j(\xi)s(x-\xi)\mathrm{d}\xi}{\int_0^l \delta_j(\xi)s(x-\xi)\mathrm{d}\xi} \tag{7.20}$$

式中，$w_j(x)$为第 j 次迭代后的滤波基线；$z(\xi)$为原始数据；$s(x)$为高斯滤波权函数；$s(x-\xi)$为标准高斯权函数；$\delta_j(x)$为增加的第 j 次每个轮廓点上垂直方向的权函数。该稳健高斯滤波实际上有两个权函数：$s(x)$用于频率滤波，$\delta_j(x)$用于幅度抑制。该基线离散处理之后可以得到

$$w_j(i) = \frac{\sum_{k=0}^{n-1} z(k)\delta_j(k)s(i-k)}{\sum_{k=0}^{n-1} \delta_j(k)s(i-k)} \tag{7.21}$$

每次迭代循环时，新的 $\delta_j(x)$ 采用式(7.22)计算[21, 22]：

$$\delta_{j+1}(x) = \begin{cases} [1-(\Delta z/c_{B})^2]^2, & |\Delta z/c_{B}| < 1 \\ 0, & 其他 \end{cases} \tag{7.22}$$

式中，Δz 为原始表面曲线数据 $z(x)$ 与获得的滤波曲线 $w_j(x)$ 的残差值。由于临界值 c_{B} 未知，采用统计学的方式进行评价，通过式(7.23)获得

$$c_{B} = 4.4\mathrm{median}(|z(x) - w_j(x)|) \tag{7.23}$$

比较前后两次 c_{B} 的改变，若其变化在误差范围内，则结束循环，得到最终滤波后的形状曲线离散点集。具体的算法步骤如下：

(1) 初始化参数值 $j=0$，$c_{B,0} \to \infty$，$\delta_j(x)=1$。

(2) 计算滤波基线 $w_j(x)$。

(3) 计算临界值 $c_{B,j+1} = 4.4\mathrm{median}(|z(x) - w_{j+1}(x)|)$。

(4) 循环判断。若 $c_{B,j} - c_{B,j+1} < t$，则停止迭代循环；否则跳至(5)。t 为设置的一个最小容差值。

(5) 利用式(7.22)计算新的垂直权函数。

(6) 增加循环标识 $j=j+1$，进入下一迭代循环，跳至(2)。当截止波长 λ 分别为 0.25mm 和 0.8mm 时，该算法可以对数据的两端进行滤波而不需要损失有限的数据。图 7.12 是对实测数据采用同一截止波长进行高斯滤波与稳健回归滤波的结果对比，可以看出，高斯滤波变形较大，但在轮廓有深谷和尖峰的地方，中线被拉下或拉上，产生变形；稳健回归滤波则能很好地消除边界效应，从而可以利用全部采样数据，并且能消除测量数据异常点(深谷或尖峰)对基准线的影响；因此，稳健回归滤波对于去除表面粗糙度得到形状基准(面)非常有效[23]。

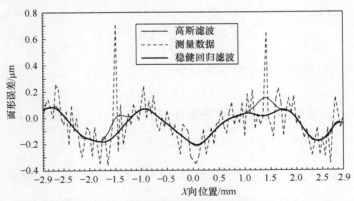

图 7.12　对测量数据采用高斯滤波与稳健回归滤波进行比较

3. 改进型回归滤波法

上述稳健回归滤波虽然能有效地提取测量数据的形状基准，但是其迭代计算

涉及的计算量比较大，特别是对于大量数据耗时较长。因此，这里提出一种改进型回归滤波算法，即不增加幅度方向上的修正权函数，而是将每次回归滤波后的结果作为初始值。根据原始测量数据 $z(x)$ 与获得的滤波曲线 $w_i(x)$ 的残差值的均值

$$\Delta z = \text{median}(|z(x) - w_i(x)|) \tag{7.24}$$

来比较每个点的实际残差值，若某个点 $\Delta z_i > 4.4\Delta z$，则表示该点为深谷或者尖峰，设置该点为 $z(x_{i+1}) = w_i(x) \pm \Delta z$，重新计算，同时为了提高卷积运算速度，引入快速傅里叶变换(FFT)算法。改进型的回归滤波基线可表示为

$$w_{j+1}(x) = \frac{\int_0^l z_j(\xi)s(x-\xi)\mathrm{d}\xi}{\int_0^l s(x-\xi)\mathrm{d}\xi} = \frac{z_j(x) * s(x)}{\int_0^l s(x-\xi)\mathrm{d}\xi} \tag{7.25}$$

该基线离散之后可以得到：

$$w_{j+1}(i) = \frac{\sum_{k=0}^{n-1} z_j(k)s(i-k)}{\sum_{k=0}^{n-1} s(i-k)} \tag{7.26}$$

式中，$z_j(k)$ 为经过处理后的第 j 次原始数据；$z_0(k)$ 为最初的原始数据；$w_{j+1}(i)$ 为第 $j+1$ 次滤波基线。为了提高运算速度，以上直接卷积法可以用 FFT 算法替代，以提高速度。离散卷积 $z_j(x) * s(x)$ 的 FFT 方法如下：

(1) 分别计算 $z_j(k)$ 和 $s(k)$，$0 \leqslant k < N$ 的离散 FFT 公式为

$$Z_j(n) = \sum_{k=0}^{N-1} z(k)\exp\left(\frac{-2\mathrm{i}\pi kn}{N}\right), \quad S(n) = \sum_{k=0}^{N-1} s(k)\exp\left(\frac{-2\mathrm{i}\pi kn}{N}\right), \quad n = 0,1,\cdots,N-1 \tag{7.27}$$

(2) 卷积运算转换为频率的 FFT 计算：

$$z_j(k) * s(k) = Z_j(n)S(n) = Y(n) \tag{7.28}$$

(3) 进行 $Y(N)$ 的快速傅里叶逆变换(IFFT)：

$$y(k) = \frac{1}{N}\sum_{n=0}^{N-1} Y(n)\exp[2i\pi kn/N], \quad k = 0,1,\cdots,N-1 \tag{7.29}$$

相应地，基于快速傅里叶变换的高斯回归稳健权函数的滤波基线为

$$w_{j+1}(i) = \frac{\sum_{k=0}^{n-1} z_j(k)s(i-k)}{\sum_{k=0}^{n-1} s(i-k)} = \frac{z_j(x) * s(x)}{\sum_{k=0}^{n-1} s(i-k)} = \frac{\text{IFFT}[\text{FFT}(z(x))\text{FFT}(s(x))]}{\sum_{k=0}^{n-1} s(i-k)} \tag{7.30}$$

改进型的回归滤波算法步骤如下：

(1) 初始化参数条件 $j=0$，$\Delta z_j \to \infty$，获取 $z_j(k)$。

(2) 计算滤波基线 $w_{j+1}(x)$。

(3) 计算第 j 次的均差值 $\Delta z_{j+1} = \text{median}(|z_j(x) - w_{j+1}(x)|)$。

(4) 判断各个数据点是否为异常点并修改，即 $z_{j+1}(x_i)$，$i=0,1,\cdots,n-1$，若 $|z_j(x_i) - w_{j+1}(x)| > 4.4 \Delta z_{j+1}$，则令 $z_{j+1}(x_i) = w_{j+1}(x) \pm \Delta z_{j+1}$，否则 $z_{j+1}(x_i) = z_j(x_i)$。

(5) 若 $\Delta z_j - \Delta z_{j+1} < t$，则停止迭代循环并结束，否则跳至(2)。

(6) $j=j+1$，$i=0$，进入下一迭代循环，跳至(2)。

图 7.13 为高斯回归滤波与改进型回归滤波的比较，采用改进型回归滤波法同样可以消除边界效应，抑制异常点对形状基线的影响，并能更快地达到稳健回归滤波的滤波效果。

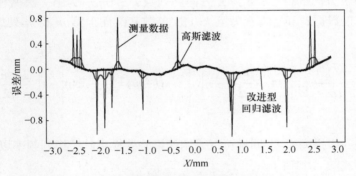

图 7.13 高斯回归滤波与改进型回归滤波的比较

4. 改进型三维回归滤波法

为自由曲面的数据处理与补偿加工做准备，作者对自由曲面数目进行了改进型三维滤波处理。三维的高斯函数表示如下[24]：

$$s(x,y) = \frac{1}{\alpha^2 \lambda_{\text{cx}} \lambda_{\text{cy}}} \exp\left[-\pi\left(\frac{x}{\alpha \lambda_{\text{cx}}}\right)^2 - \pi\left(\frac{y}{\alpha \lambda_{\text{cy}}}\right)^2\right] = \frac{1}{\alpha^2 \lambda_{\text{cx}} \lambda_{\text{cy}}} \exp\left[-\frac{\pi}{\alpha^2}\left(\frac{x^2}{\lambda_{\text{cx}}^2} + \frac{y^2}{\lambda_{\text{cy}}^2}\right)\right]$$

(7.31)

式中，λ_{cx}、λ_{cy} 分别为 X、Y 两方向上的截止波长。

同样，类似于二维的高斯评定基线，改进的三维高斯回归评定基线可以表示为

$$w_{j+1}(x,y) = \frac{\int_0^{l_y} \int_0^{l_x} z_j(\xi,\eta) s(x-\xi, y-\eta) \mathrm{d}\xi \mathrm{d}\eta}{\int_0^{l_y} \int_0^{l_x} s(x-\xi, y-\eta) \mathrm{d}\xi \mathrm{d}\eta}$$

(7.32)

式中，l_x、l_y 分别为 X、Y 方向的数据处理长度。根据高斯函数的分离性 $s(x-\xi,y-\eta)=s(x-\xi)s(y-\eta)$，则有

$$w_{j+1}(x,y)=\frac{\int_0^{l_y}\left(\int_0^{l_x}z_j(\xi,\eta)s(x-\xi)\mathrm{d}\xi\right)s(y-\eta)\mathrm{d}\eta}{\int_0^{l_x}s(x-\xi)\mathrm{d}\xi\cdot\int_0^{l_y}s(y-\eta)\mathrm{d}\eta} \tag{7.33}$$

由于测量的三维数据为离散数据，式(7.33)需要离散化处理为

$$w_{k+1}(i,j)=\frac{\sum_{i=0}^{m-1}\left(\sum_{j=0}^{n-1}z_k(m,n)s(j-n)\Delta x\right)s(i-m)\Delta y}{\sum_{j=0}^{n-1}s(j-n)\Delta x\sum_{i=0}^{m-1}s(i-m)\Delta y} \tag{7.34}$$

式中，m 为 Y 方向的行数；n 为 X 方向的列数；$z_k(m,n)$ 为第 k 次循环后的 m 行 n 列数的修正数据；$w_{k+1}(i,j)$ 为第 $k+1$ 次离散基准面上第 m 行 n 列处的离散数据，且

$$s(j-n)=\frac{1}{\alpha\lambda_{\mathrm{cx}}}\exp\left[-\pi\left(\frac{(j-n)\Delta x}{\alpha\lambda_{\mathrm{cx}}}\right)^2\right],\quad s(i-m)=\frac{1}{\alpha\lambda_{\mathrm{cy}}}\exp\left[-\pi\left(\frac{(i-m)\Delta x}{\alpha\lambda_{\mathrm{cy}}}\right)^2\right] \tag{7.35}$$

为了进一步提高速度，同样可以采用傅里叶变换将其转换到频率域进行计算，对于离散形式的二维 FFT 如下：

$$Z(x,y)=\sum_{m=0}^{M-1}\sum_{n=0}^{N-1}z(m,n)\exp\left[-\mathrm{i}2\pi\left(\frac{mx}{M}+\frac{ny}{N}\right)\right],\quad x=0,1,\cdots,M-1;y=0,1,\cdots,N-1 \tag{7.36}$$

IFFT 为

$$Z(m,n)=\sum_{x=0}^{M-1}\sum_{y=0}^{N-1}Z(x,y)\exp\left[-\mathrm{i}2\pi\left(\frac{mx}{M}+\frac{ny}{N}\right)\right],\quad m=0,1,\cdots,M-1;n=0,1,\cdots,N-1 \tag{7.37}$$

由傅里叶变换的分离性可知，一个二维傅里叶变换可分解为两步进行，其中每一步都是一个一维傅里叶变换：先对 $z(m,n)$ 按列进行傅里叶变换得到 $Z(m,y)$，再对 $Z(m,y)$ 按行进行傅里叶变换，便可得到 $f(x,y)$ 的傅里叶变换结果 $Z(x,y)$。显然，对 $z(m,n)$ 先按行进行离散傅里叶变换，再按列进行离散傅里叶变换也是可行的。

$$w_{k+1}(i,j) = \frac{z_k(x,y) * s(x,y)}{\sum\limits_{j=0}^{n-1} s(j-n)\Delta x \sum\limits_{i=0}^{m-1} s(i-m)\Delta y} = \frac{\text{IFFT}[\text{FFT}z_k(x,y)\text{FFT}s(x,y)]}{\sum\limits_{j=0}^{n-1} s(j-n)\Delta x \sum\limits_{i=0}^{m-1} s(i-m)\Delta y} \tag{7.38}$$

改进型三维回归滤波算法的具体步骤如下。

(1) 初始化参数 $k=0$，$\Delta z_k \to \infty$，并获取二维方向上各个离散数据点 $z_k(x,y)$。

(2) 计算三维滤波基面 $w_{k+1}(x,y)$。

(3) 计算第 k 次残差均值 $\Delta z_{k+1} = \text{median}(|z_k(x,y) - w_{k+1}(x,y)|)$。

(4) 判断各个数据点 $z_k(x_i, y_j)$，$i=0,1,\cdots,n-1$，$j=0,1,\cdots,m-1$。若 $|z_k(x_i,y_j) - w_{k+1}(x,y)| > 4.4\Delta z_{j+1}$，则令 $z_{k+1}(x_i,y_j) = w_{k+1}(x,y) \pm \Delta z_{k+1}$；否则，$z_{k+1}(x_i,y_j) = z_k(x_i,y_j)$。

(5) 若 $\Delta z_k - \Delta z_{k+1} < t$，则停止迭代循环并结束；否则，跳至(2)。

(6) 重设参数 $k=k+1$，$i=j=0$，进入下一迭代循环，跳至(2)。

7.4.3　测量数据拟合处理

要计算形状误差，必须要知道滤波后的曲线形状，因此需要采用合适的拟合方法以便能准确地表征实际加工曲线的轮廓。分别采用最小二乘法与 NURBS 法对滤波后的离散数据进行拟合处理并比较与分析。

1. 最小二乘法拟合

最小二乘法是通过最小化误差的平方和寻找一组数据的最佳函数匹配的方法进行曲线拟合。它可以从一组测定的数据中寻求变量之间的关系，也可以确定 N 个试验数据点 $P_i(x_i,y_i)$ ($i=0,1,\cdots,N-1$) 与近似函数 $y=f(x)$ 的误差关系。具体做法是：对给定测量数据 $P_i(x_i,y_i)$ ($i=0,1,\cdots,N-1$)，使误差 $\varepsilon_i = f(x_i) - y_i$ ($i=0,1,\cdots,N-1$) 的平方和最小，即

$$\sum_{i=1}^{m} \varepsilon_i^2 = \sum_{i=1}^{m} (f(x_i) - y_i)^2 \to \min \tag{7.39}$$

式(7.39)的含义就是寻求与给定点 $P_i(x_i,y_i)$ ($i=0,1,\cdots,N-1$) 的距离平方和为最小的曲线 $y=f(x)$。

若拟合曲线为 n 次多项式函数关系：

$$y = f(x) = a_n x_n + a_{n-1} x_{n-1} + \cdots + a_1 x + a_0 = \sum_{k=0}^{m} a_k x^k \tag{7.40}$$

则上述问题可以归结确定 $y=f(x)$ 中的待定常数 $a_0, a_1, \cdots, a_n$，使函数 $F(a_n, a_{n-1}, \cdots,$ $a_1, a_0) = \sum\limits_{i=0}^{m} \varepsilon_i^2 = \sum\limits_{i=0}^{m} \left(\sum\limits_{k=0}^{n} a_k x_i^k - y_i \right)^2$ 最小。当多项式拟合函数 $n=1$ 时，则变为线性拟

合或直线拟合。根据多元函数求极值的必要条件：

$$\frac{\partial F}{\partial a_n} = \frac{\partial F}{\partial a_{n-1}} = \cdots = \frac{\partial F}{\partial a_1} = \frac{\partial F}{\partial a_0} = 0 \tag{7.41}$$

整理后可得到关于 a_0，a_1，$\cdots$，a_n 的线性方程组，用矩阵表示为

$$\begin{bmatrix} m+1 & \sum\limits_{i=0}^{m} x_i & \cdots & \sum\limits_{i=0}^{m} x_i^n \\ \sum\limits_{i=0}^{m} x_i & \sum\limits_{i=0}^{m} x_i^2 & \cdots & \sum\limits_{i=0}^{m} x_i^{n+1} \\ \vdots & \vdots & & \vdots \\ \sum\limits_{i=0}^{m} x_i^n & \sum\limits_{i=0}^{m} x_i^{n+1} & \cdots & \sum\limits_{i=0}^{m} x_i^{2n} \end{bmatrix} \begin{bmatrix} a_0 \\ a_1 \\ \vdots \\ a_n \end{bmatrix} = \begin{bmatrix} \sum\limits_{i=0}^{m} y_i \\ \sum\limits_{i=0}^{m} x_i y_i \\ \vdots \\ \sum\limits_{i=0}^{m} x_i^n y_i \end{bmatrix} \tag{7.42}$$

可以证明，方程(7.42)的系数矩阵是一个对称正定矩阵，存在唯一解。式(7.42)中解出 $a_k(k=0, 1, \cdots, n)$，从而可得多项式：

$$y = f(x) = \sum_{k=0}^{m} a_k x^k \tag{7.43}$$

图 7.14 为利用不同阶次的最小二乘法拟合测量数据的结果，可以知道，次数越高，拟合的精度越高，当然计算量也越大。

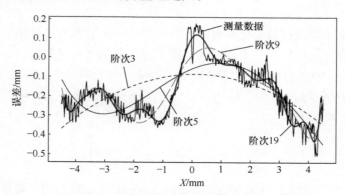

图 7.14　不同阶次的最小二乘法拟合曲线

2. NURBS 拟合

NURBS 是非均匀有理 B 样条(non uniform rational B-spline)的英文缩写，它将描述自由型曲线曲面的 B 样条方法与精确表示二次曲线曲面的数学方法相互统一[25]，三维空间中的曲线可以表示为

$$B(u) = \frac{\sum_{i=0}^{n} h_i P_i N_{i,k}(u)}{\sum_{i=0}^{n} h_i N_{i,k}(u)} \tag{7.44}$$

式(7.44)所描绘的曲线为有理 B 样条曲线。如果基函数 $N_{i,k}(u)$ 的节点是均匀分布的，则 $B(u)$ 称为均匀有理 B 样条曲线；如果是非均匀的，则为非均匀有理 B 样条曲线。基函数的均匀分布，即节点矢量在参数轴上的均匀选择，会使生成曲线有一些局限性(如节点区间对应的曲线长不等)；基函数参数的非均匀分布则改变了这一情况，应适当选择，使对应曲线段等长或接近等长，从而实现较好的控制。

图 7.15 显示了采用最小二乘拟合与 NURBS 曲线拟合离散的轮廓曲线的区别。很明显，NURBS 拟合更能准确地反映实际曲线的形状轮廓。

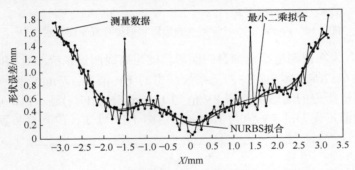

图 7.15 NURBS 拟合和最小二乘法拟合曲线的比较

7.4.4 在位测量与离线测量对比

为了评价在位测量的精度，磨削后的非球面模具的面形误差同样用另外两种离线测量仪进行测量。一种是由日本松下公司独立开发的用于测量高精度光学元件的超高精度三维检测仪 UA3P[26]。该设备利用原子之间相互排斥的作用力(斥力)进行测量的"原子力探针"，采用 He-Ne 稳定激光实现非球面光学镜头以及超精密模具等三维形状测量。其测量分辨率为 0.01μm、测定精度可达 0.01μm，测量角度可以达到 60°，探针的测量压力为 30mg，探针材料为圆锥状钻石。UA3P 探针顶端的曲率半径和顶角分别只有 22μm 和 45°，可以精细地测量部件的沟道或凹陷。该设备具有丰富的测量软件功能：自动寻找中心、自动校准、拟合功能、粗糙度测量、自由曲面测量、用户自定义设计式软件及偏心倾斜评价软件等。测量速度为 0.01~20mm/s。

另一种为如图 7.16 所示的英国 Taylor Hobson 公司的形状测量装置 Form

Talysurf[27]。它是专门针对镜片行业而设计的，目前成为形状测量行业的基准。Form Talysurf 的特征是：0.8nm 分辨率，12.5mm 量程，200mm 驱动箱上的直线度为 0.1μm，X 轴水平数据间距为 0.125μm。

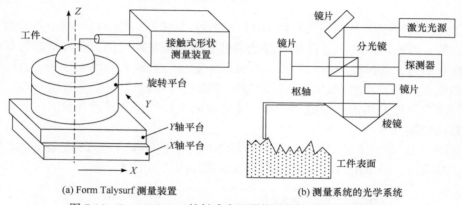

(a) Form Talysurf 测量装置　　　　　　　　(b) 测量系统的光学系统

图 7.16　Form Talysurf 接触式表面形状测量装置原理示意图[24]

　　图 7.17 为在位测量系统测量的面形精度与离线测量系统测量的面形精度的比较[28]。图 7.17(a)显示由在位测量系统获得的 PV 值为 177nm，图 7.17(b)显示由 UA3P 测量所得的面形误差的 PV 值为 178nm，图 7.17(c)显示由 Form Talysurf 测量所得的面形误差的 PV 值为 185nm。由图 7.17 可知，位测量装置上直接获

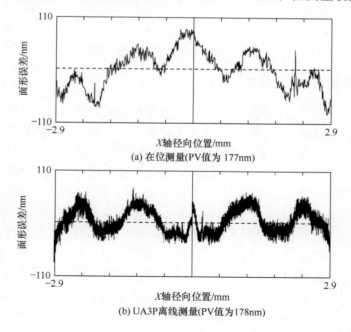

(a) 在位测量(PV值为 177nm)

(b) UA3P离线测量(PV值为178nm)

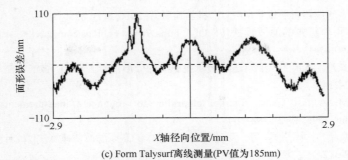

(c) Form Talysurf离线测量(PV值为185nm)

图 7.17　在位测量系统测量的面形精度与离线测量系统测量的面形精度的比较

得的面形误差曲线和 PV 值与离线测量装置上获得的数据基本一致,这表明了在位测量装置的高精度。

参 考 文 献

[1] Fan K C. A non-contact automatic measurement for free-form surface profiles[J]. Computer Integrated Manufacturing Systems, 1997, 10(4): 277-285.

[2] Arai Y, Shibuya A, Yoshikawa Y, et al. Online measurement of micro-aspheric surface profile with compensation of scanning error[J]. Key Engineering Materials, 2008, 381-382: 175-178.

[3] 陈逢军. 非球面超精密在位测量与误差补偿磨削及抛光技术研究[D]. 长沙: 湖南大学, 2010.

[4] 陈逢军. 一种超精密非球面在位测量方法[C]. 中国光学学会 2011 年学术大会, 2011: 1.

[5] 樊计昌, 刘明军, 海燕. 小波(包)滤波方法的 GUI 及其在深地震测深数据处理中的应用[J]. 科技导报, 2009, 27(2): 78-82.

[6] 夏永泉, 徐洁, 崔伟. 均值滤波中邻域均值的快速计算[J].郑州轻工业学院学报(自然科学版), 2008, 23(3): 57-59.

[7] 蔡建新, 汪仁煌, 杨磊. 一种新的快速中值滤波算法[J]. 计算机时代, 2008, (12): 58-59.

[8] 王蕴珊. 形貌检测频域低通滤波器及检测误差修正[J]. 半导体光电, 1999, 20(1): 15-18.

[9] Pauly M, Markus G. Spectral processing of point-sampled geometry[C]. International Conference on Computer Graphics and Interactive Techniques, 2001: 379-386.

[10] Zhou K, Bao H J, Shi J Y. 3D surface filtering using spherical harmonics[J]. Computer-Aided Design, 2004, 36(4): 363-375.

[11] Ohtake Y. Multi-level partition of unity implicits[J]. ACM Transactions on Graphics, 2003, 22(3): 463-470.

[12] Jones T R, Durand F, Desbrun M. Non-iterative, feature preserving mesh smoothing[J]. ACM Transactions on Graphics, 2003, 22: 943-949.

[13] Hu G F, Peng Q S, Forrest A R. Mean shift denoising of point-sampled surfaces[J]. The Visual Computer, 2006, 22(3): 147-157.

[14] 董明晓, 郑康平. 一种点云数据噪声点的随机滤波处理方法[J]. 中国图象图形学报, 2004, 9(2): 245-248.

[15] 程军. 传感器的噪声及其抑制方法[J]. 电子工程师, 2003, (3): 58-60.

[16] 曹勇. 数字滤波器发展现状研究[J]. 科学与财富, 2016, 8(5): 825.

[17] Carekee. 几种经典的滤波算法[EB/OL]. https://www.cnblogs.com/carekee/articles/2265917. html[2009-06-11].

[18] 李强, 吴文进. 基于多尺度自适应卡尔曼滤波的分形信号去噪[J]. 弹箭与制导学报, 2009, 29(5): 212-214.

[19] Krystek M. A fast Gauss filtering algorithm for roughness measurements[J]. Precision Engineering, 1996, 19(2): 198-200.

[20] 许景波, 袁怡宝, 朴伟英, 等. 表面粗糙度测量中的高斯滤波快速算法[J]. 计量学报, 2005, 26(4): 309-312.

[21] Cleveland W S. Robust locally weighted regression and smoothing scatterplots[J].Journal of the American Statistical Society, 1979, 74(368): 829-836.

[22] Brinkmann S, Bodschwinna H, Lemke H W. Accessing roughness in three-dimensions using Gaussian regression filtering[J]. International Journal of Machine Tools & Manufacture, 2001, 41(13-14): 2153-2161.

[23] 陈逢军, 尹韶辉, 范玉峰, 等. 一种非球面超精密单点磨削与形状误差补偿技术[J]. 机械工程学报, 2010, 46(23): 186-191.

[24] Luo N L, Sullivan P J, Stout K J. Gaussian filtering of three-dimensional engineering surface[J]. Proceedings of the SPIE, 1993, 2101: 527-538.

[25] Piegl L, Tiller W. The NURBS Book[M]. 2nd ed. New York: Springer, 1997.

[26] Takeuchi H, Yoshizµmi K, Tsutsµmi H. Ultrahigh accurate 3-D profilometer using atomic force probe measure nanometer[J]. Journal of the Japan Society of Precision Engineering, 2002, 68(3): 361-366.

[27] 泰勒霍普森有限公司. Form Talysurf PGI 1240 非球面测量系统[EB/OL]. http://taylor-hobson. com.cn/products/surface-profiles[2009-06-11].

[28] Chen F J, Yin S H, Huang H, et al. Profile error compensation in ultra-precision grinding of aspheric surfaces with on-machine measurement[J].International Journal of Machine Tools & Manufacture, 2010, 50(5): 480-486.